CSS3+DIV网页样式设计与布局

雨辰网络研究中心 编著

内 容 简 介

本书以完整的网页设计为主线，以 21 天为学习任务周期，将每天的知识学习和技能训练分为两部分，每天只需学习两小时，就能顺利地完成一个项目的学习。

本书共分 21 个章节。其中第 1～8 天主要讲解利用 CSS3 技术来美化网页上的文本、图像、表单等相关样式；第 9～12 天主要讲解利用 CSS 与 DIV 进行滤镜、网页布局的相关内容剖析；第 13～15 天主要讲解 CSS 与 JavaScript、XML 和 Ajax 等技术的结合完善网页功能；第 16～21 天通过精选 6 类常见的网站应用来讲解综合利用 CSS3+DIV 技术的设计方法。

随书配以制作精良的多媒体互动教学光盘，让读者学以致用，达到最佳的学习效果。采用环境教学、图文并茂的方式，使读者能够轻松上手、迅速学会。

图书在版编目（CIP）数据

21 天精通 CSS3+DIV 网页样式设计与布局 / 雨辰网络研究中心编著. —北京：中国铁道出版社，2013.9

ISBN 978-7-113-16722-6

Ⅰ. ①2… Ⅱ. ①雨… Ⅲ. ①网页制作工具 Ⅳ. ①TP393.092

中国版本图书馆 CIP 数据核字(2013)第 120292 号

书　　名：21 天精通 CSS3+DIV 网页样式设计与布局
作　　者：雨辰网络研究中心　编著

策　　划：刘　伟　　　读者服务热线：010-63560056
责任编辑：张　丹　　　特邀编辑：赵树刚
责任印制：赵星辰　　　封面设计：多宝格

出版发行：中国铁道出版社（北京市西城区右安门西街 8 号　　邮政编码：100054）
印　　刷：化学工业出版社印刷厂
版　　次：2013 年 9 月第 1 版　　2013 年 9 月第 1 次印刷
开　　本：787mm×1092mm　1/16　印张：24.75　字数：580 千
书　　号：ISBN 978-7-113-16722-6
定　　价：59.80 元（附赠光盘）

前　言

《21 天精通》系列图书是专门为研究网页设计与网站建设的爱好者所创作的，旨在帮助读者快速学会和用好网页设计与网站建设的各项技能。此系列图书由雨辰网络研究中心策划编写。

为什么要写这样一本书

伴随着网页设计的逐渐增多，特别是近年来移动网页的需求迅猛发展，使得新技术、新应用层出不穷，但如何设计更符合需求的网页，如何让访问者在电脑、平板电脑和手机之间保持视觉一致，访问更接近真实场景，怎样才能更准确地设计和布局页面，是网络公司急需思考和有待解决的技术问题，这就导致了近年来 DIV 的不断发展。而 CSS3 作为网页设计与布局的最新技术，必将在各类网页设计与布局的应用中体现出更大的作为。

俗话说“读万卷书，不如行万里路”，实践对于学习知识的重要性可见一斑。本书从网页设计与布局的基础开始讲解，结合理论知识，使用通俗易懂的语言，深入浅出地将网页设计与布局的魅力展现在读者眼前，真正做到“从实践中来，到实践中去”，让读者轻松学会，快速成长为一名合格的网页设计人员。

从项目实战入手，结合理论知识的讲解，便成了本书的立足点。我们的目标就是让初学者、应届毕业生、网站设计人员快速成长为网站开发方面的专业人员，拥有较强的实战经验，在未来的职场中占有一个高的起点。

本书特色

■ 零基础、入门级的讲解

无论读者是否从事网络设计相关行业、是否接触过网页设计，都能从本书中找到最佳的学习起点。本书采用零基础、入门级的讲解方式，从最基础的 CSS 基本语法讲起，接着讲解了 CSS 在网页设计中对文本、图片、表单、表格等元素的设置与美化技巧，同时对 CSS 在页面布局和高级扩展方面也做了详细深入的讲解，并在最后综合应用板块详尽地讲述了不同类型、不同风格网站的设计方法与技巧。

■ 实战为主，图文并茂

在讲解过程中，每一个知识点均配有实例辅助讲解，每一个操作步骤均配有对应的插图。

这种图文并茂的讲解方法，使读者在学习过程中能够直观、清晰地看到操作过程及效果，便于读者理解和掌握。

- **您问我答，扩展学习**

本书在每章的最后都安排有“技能训练”环节，为读者提供了各种操作技巧和实战技能，将高手所掌握的一些秘籍提供给读者。采用这种“在学中练，在练中学”的方式增强读者的实训技能，同时也能使读者更快速地掌握所学习的内容。

- **细致入微、贴心提示**

本书在讲解过程中使用了“注意”、“提示”、“技巧”等小栏目，使读者在学习过程中能更清楚地了解相关操作、理解相关概念，轻松掌握各种操作技巧。

光盘特点

- **20 小时全程同步教学录像**

录像涵盖本书所有知识点，详细讲解每个知识点和项目的开发过程及关键点，读者可以轻松掌握网站建设知识，而且扩展的讲解部分能使读者获得更多的知识。

- **超多、超值资源大放送**

赠送本书所有案例源代码、网站建设经验技巧大汇总、常见错误及解决方案、流行系统代码、常见面试题目及本书内容的教学用 PPT 等超值资源。

“网页设计与布局”学习最佳途径

本书以学习“网页设计”的最佳制作流程来分配章节，从 CSS 的基本语法讲起，然后讲解了网页设计的各种技巧和方法，同时在 CSS+DIV 页面布局环节特别讲解了各种特效和布局案例，并在最后的项目实战环节补充了不同类型、不同风格网站的设计方法与技巧，以便进一步提高读者的实战技能。下图为网页制作流程图。

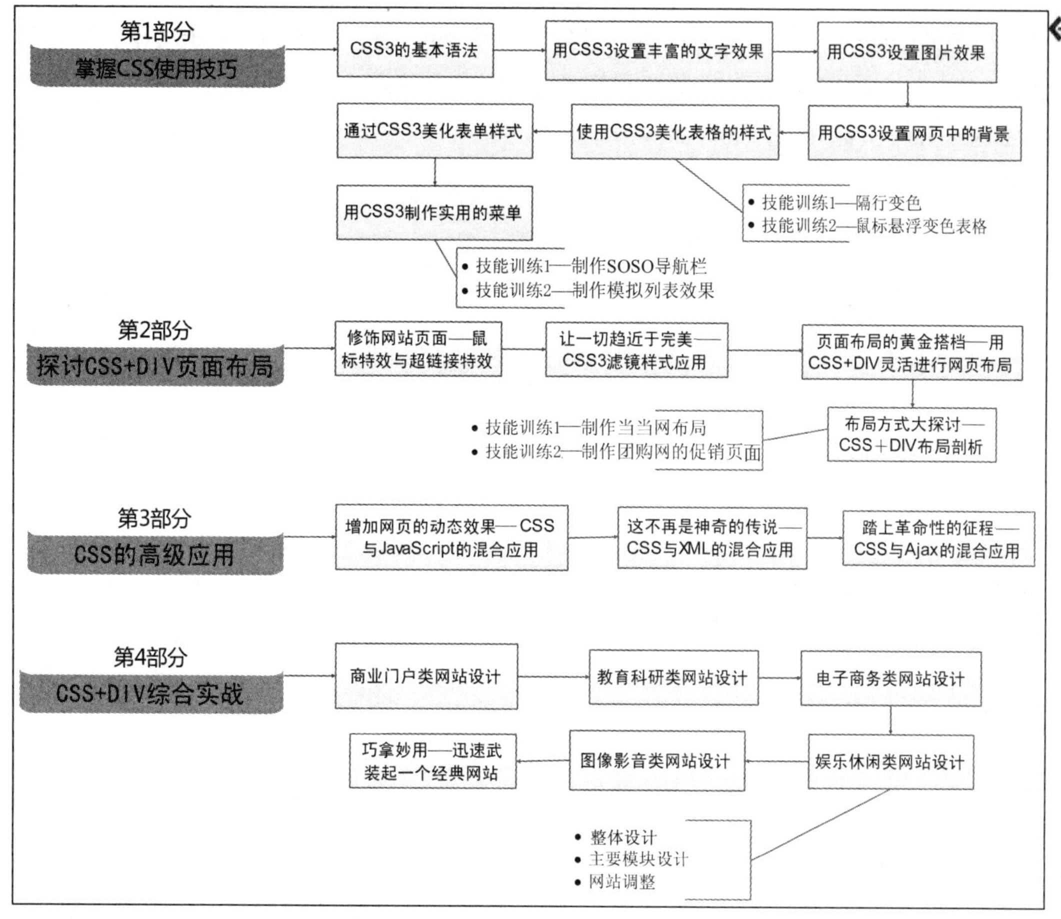

读者对象

- 没有任何网页设计基础的初学者。
- 有一定基础，想更深入学习网页设计的人员。
- 有一定的网页制作基础，但没有实战经验的人员。
- 大专院校及培训学校的老师和学生。

创作团队

本书由雨辰网络研究中心策划编著，参加编写和资料搜集的有孙若淞、刘玉萍、宋冰冰、张少军、王维维、肖品、周慧、刘伟、李坚明、徐明华、李欣、樊红、赵林勇、刘海松、裴东风等。

在本书的编写过程中，尽所能地将最好的讲解呈现给读者，但难免存在疏漏和不妥之处，敬请读者不吝指正。若您在学习中遇到困难或疑问，或有何建议，可写信至信箱6v1206@gmail.com。微信：i6v1206

编者

2013 年 6 月

目　　录

第1部分　掌握CSS使用技巧

第 2 部分 探讨 CSS+DIV 页面布局

第 3 部分 CSS 的高级应用

第4部分 CSS+DIV综合实战

第1部分

掌握 CSS 使用技巧

在进行 CSS3+DIV 布局排版之前，首先要了解有关 CSS3 的一些基本知识。这一部分主要安排学习 CSS3 的基本概念、CSS3 的基本语法、使用 CSS3 设置丰富的文字效果、使用 CSS3 设置图片效果、使用 CSS3 设置网页中的背景、使用 CSS3 美化表格的样式、使用 CSS3 美化表单和使用 CSS3 制作实用的表单等内容。

8 天学习目标

- □ 激动人心的体验——CSS3 样式体现
- □ CSS3 的基本语法
- □ 用 CSS3 设置丰富的文字效果
- □ 用 CSS3 设置图片效果
- □ 用 CSS3 设置网页中的背景
- □ 使用 CSS3 美化表格的样式
- □ 通过 CSS3 美化表单样式
- □ 用 CSS3 制作实用的菜单

第1天　激动人心的体验——CSS3样式体现

学时探讨：

今日主要探讨 CSS3 样式的基本知识。制作一个美观、大方、简约的页面以及高访问量的网站，是每个网页设计者的追求。然而仅仅通过 HTML 网页代码是很难实现的，因为 HTML 语言仅仅定义了网页结构，对于文本样式并没有过多涉及。这就需要一种技术对页面布局、字体、颜色、背景和其他图文效果的实现提供更加精确的控制，这种技术就是 CSS3。

学时目标：

通过此章节 CSS3 样式的学习，读者可学会 CSS3 的基本用法，了解 CSS3 的继承性等知识。

1.1　认识 CSS3

通过使用 CSS3，在修改网站外观时只需要修改相应的代码，从而提高工作效率。

1.1.1　CSS3 简介

随着 Internet 不断发展，对页面效果的诉求越来越强烈，只依赖 HTML 这种结构化标记实现样式已经不能满足网页设计者的需要。其表现在以下几个方面：

（1）维护困难。为了修改某个特殊标记格式，需要花费很多时间，尤其对整个网站而言，后期修改和维护成本较高。

（2）标记不足。HTML 本身标记十分少，很多标记都是为网页内容服务的，而关于内容样式的标记，如文字间距、段落缩进则很难在 HTML 中找到。

（3）网页过于臃肿。由于没有同意对各种风格样式进行控制，HTML 页面往往体积过大，占用了很多宝贵的空间。

（4）定位困难。在整体布局页面时，HTML 对于各个模块的位置调整显得捉襟见肘，过多的 table 标记将会导致页面的复杂和后期维护的困难。

在这种情况下，就需要寻找一种可以将结构化标记与丰富的页面表现相结合的技术，CSS 样式技术应运而生。

CSS（Cascading Style Sheet）称为层叠样式表，也可以称为 CSS 样式表或样式表，其文件扩展名为.css。CSS 是用于增强或控制网页样式，并允许将样式信息与网页内容分离的一种标记性语言。

引用样式表的目的是将“网页结构代码”和“网页样式风格代码”分离，从而使网页设计者可以对网页布局进行更多的控制。利用样式表，可以将整个站点上的所有网页都指向某个CSS文件，设计者只需要修改CSS文件中的某一行，整个网页上对应的样式都会随之发生改变。

1.1.2 CSS3发展历史

万维网联盟（W3C），这个非营利的标准化联盟，于1996年制定并发布了一个网页排版样式标准，即层叠样式表，用来对HTML有限的表现功能进行补充。

随着CSS的广泛应用，CSS技术越来越成熟。CSS现在有3个不同层次的标准，即CSS1、CSS2和CSS3。

CSS1（CSS Level 1）是CSS的第一层次标准，它正式发布于1996年12月17日，于1999年1月11日进行了修改。该标准提供简单的样式表机制，使得网页设计者可以通过附属的样式对HTML文档的表现进行描述。

CSS2（CSS Level 2）1998年5月12日被正式作为标准发布。CSS2基于CSS1，包含了CSS1的所有特色和功能，并在多个领域进行完善，把表现样式文档和文档内容进行分离。CSS2支持多媒体样式表，使得网页设计者能够根据不同的输出设备给文档制定不同的表现形式。

2001年5月23日，W3C完成了CSS3的工作草案，在该草案中制定了CSS3的发展路线图，详细列出了所有模块，并计划在未来逐步进行规范。在以后的时间内，W3C逐渐发布了不同模块。

1.1.3 浏览器与CSS3

CSS3制定完成之后，具有了很多新功能，即新样式，但这些新样式在浏览器中不能获得完全支持，主要在于各个浏览器对CSS3很多细节处理上存在差异，例如一种标记某个属性一种浏览器支持，而另外一种浏览器不支持，或者两种浏览器都支持，但显示效果不一样。

各主流浏览器为了自身产品的利益和推广，定义了很多私有属性，以便加强页面显示样式和效果，导致现在每个浏览器都存在大量的私有属性。虽然使用私有属性可以快速构建效果，但对网页设计者而言却很麻烦，设计一个页面就需要考虑在不同浏览器上显示的效果，稍不注意就会导致同一个页面在不同浏览器上的显示效果不一致，甚至有的浏览器不同版本之间也具有不同的属性。

如果所有浏览器都支持CSS3样式，那么网页设计者只需要使用一种统一标记，就会在不同浏览器上显示统一的样式效果。

当CSS3被所有浏览器接受和支持的时候，整个网页设计将会变得非常容易，其布局更加合理，样式更加美观，整个Web页面显示也会焕然一新。虽然现在CSS3还没有完全普及，各个浏览器对CSS3的支持还处于发展阶段，但CSS3是一个新的、发展潜力很高的技术，在样式修饰方面是其他技术无可替代的，此时学习CSS3技术，才能保证技术不落伍。

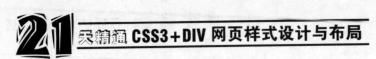

1.2 样式表的基本用法

下面讲述使用 CSS3 的方法和技巧。

1.2.1 在 HTML 中插入样式表

直接把 CSS 代码添加到 HTML 的标记中，即作为 HTML 标记的属性标记存在。通过这种方法可以很简单地对某个元素单独定义样式。

使用行内样式的方法是直接在 HTML 标记中使用 style 属性，该属性的内容就是 CSS 的属性和值，例如：

```
<p style="color:red">段落样式</p>
```

【案例 1-1】如下代码就是一个使用 CSS 的实例（详见随书光盘中的“源代码\ch01\1.1.html”）。

```
<html>
<head>
<title> </title>
</head>
<body>
<p
style="color:blue;font-size:20px;text-decoration:underline;text-align:cent
er">在 HTML 中插入样式表</p>
</body>
</html>
```

在 Firefox 浏览器中的执行结果如下图所示。可以看到 p 标记中使用了 style 属性，并且设置了 CSS 样式，设置蓝色字体，居中显示，带有下画线。

提示

尽管行内样式的使用方法比较简单，但这种方法不常使用，因为它修改起来比较麻烦。为了实现内容和控制代码的分离，下面将会讲述链接 CSS 的方法。

1.2.2 单独的链接 CSS 文件

为了将“页面内容”和“样式风格代码”分离成两个或多个文件，实现页面框架 HTML 代码和 CSS 代码的完全分离，用户可以使用链接样式的 CSS。

同一个CSS文件，根据需要可以链接到网站中所有的HTML页面上，使得网站整体风格统一、协调，并且后期维护的工作量也大大减少。

链接样式是指在外部定义CSS样式表并形成以.css为扩展名的文件，然后在页面中通过<link>链接标记链接到页面中，而且该链接语句必须放在页面的<head>标记区，如下：

```
<link rel="stylesheet" type="text/css" href="1.css" />
```

上述代码分析如下：

（1）rel指定链接到样式表，其值为stylesheet。

（2）type表示样式表类型为CSS样式表。

（3）href指定了CSS样式表所在的位置，此处表示当前路径下名为1.css的文件。

这里使用的是相对路径。如果HTML文档与CSS样式表没有在同一路径下，则需要指定样式表的绝对路径或引用位置。

【案例 1-2】如下代码就是一个使用链接CSS文件的实例（详见随书光盘中的“源代码\ch01\1.2.html和1.2.css”）。

```
<html>
<head>
<title>链接样式</title>
<link rel="stylesheet" type="text/css" href="1.2.css" />
</head><body>
<h1>CSS 链接文件的使用方法</h1>
<p>使用链接文件修饰样式</p>
</body></html>
```

其中1.2.css代码如下：

```
h1{text-align:center;color:blue;}
p{font-weight:100px;text-align:center;font-style:italic;color:red;}
```

在Firefox浏览器中的执行结果如下图所示。

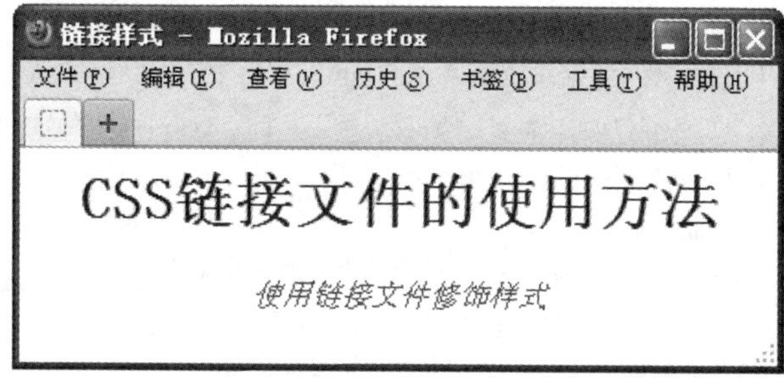

在设计整个网站时，可以将所有页面链接到同一个CSS文件，使用相同的样式风格。如果整个网站需要修改样式，只修改CSS文件即可，并且同一个CSS文件能被不同的HTML所链接使用。

1.3 CSS3 新增的选择器

选择器（Selector）也被称为选择符。所有 HTML 语言中的标记都是通过不同的 CSS 选择器进行控制的。在 HTML5 中，常见的新增选择器包括属性选择器、结构伪类选择器和 UI 元素状态伪类选择器等。

1.3.1 属性选择器

不通过标记名称或自定义名称，通过直接标记属性来修饰网页，直接使用属性控制 HTML 标记样式，称为属性选择器。

属性选择器就是根据某个属性是否存在或属性值来寻找元素，因此能够实现某些非常有意思和强大的效果。在 CSS2 中已经出现了属性选择器，但在 CSS3 中又新加了 3 个属性选择器。也就是说，现在 CSS3 中共有 7 个属性选择器，共同构成了 CSS 功能强大的标记属性过滤体系。

在 CSS3 中，常见的属性选择器如表 1-1 所示。

表 1-1 CSS3 属性选择器

属性选择器格式	说 明
E[foo]	选择匹配 E 的元素，且该元素定义了 foo 属性。注意，E 选择符可以省略，表示选择定义了 foo 属性的任意类型元素
E[foo= "bar "]	选择匹配 E 的元素，且该元素将 foo 属性值定义为了 bar。注意，E 选择符可以省略，用法与上一个选择器类似
E[foo~= "bar "]	选择匹配 E 的元素，且该元素定义了 foo 属性，foo 属性值是一个以空格符分隔的列表，其中一个列表的值为 bar。 注意，E 选择符可以省略，表示可以匹配任意类型的元素。例如，a[title~="b1"]匹配<a title="b1 b2 b3"></a>，而不匹配<a title="b2 b3 b5"></a>
E[foo|="en"]	选择匹配 E 的元素，且该元素定义了 foo 属性，foo 属性值是一个用连字符（-）分隔的列表，值开头的字符为 en。注意，E 选择符可以省略，表示可以匹配任意类型的元素。例如，[lang|="en"]匹配<body lang="en-us"></body>，而不是匹配<body lang="f-ag"></body>
E[foo^="bar"]	选择匹配 E 的元素，且该元素定义了 foo 属性，foo 属性值包含了前缀为 bar 的子字符串。注意，E 选择符可以省略，表示可以匹配任意类型的元素。例如，body[lang^="en"]匹配<body lang="en-us"></body>，而不匹配<body lang="f-ag"></body>
E[foo$="bar"]	选择匹配 E 的元素，且该元素定义了 foo 属性，foo 属性值包含后缀为 bar 的子字符串。注意，E 选择符可以省略，表示可以匹配任意类型的元素。例如，img[src$="jpg"]匹配<img src="p.jpg"/>，而不匹配<img src="p.gif"/>
E[foo*="bar"]	选择匹配 E 的元素，且该元素定义了 foo 属性，foo 属性值包含 bar 的子字符串。注意，E 选择符可以省略，表示可以匹配任意类型的元素。例如，img[src$="jpg"]匹配<img src="p.jpg/>，而不匹配<img src="p.gif"/>

【案例 1-3】如下代码就是一个使用属性选择器的实例（详见随书光盘中的“源代码\ch01\1.3.html”）。

```
<html>
<head>
<title>属性选择器</title>
<style>
[align]{color:red}
[align="left"]{font-size:20px;font-weight:bolder;}
[lang^="en"]{color:blue;text-decoration:underline;}
[src$="gif"]{border-width:5px;boder-color:#ff9900}
</style>
</head>
<body>
<p align=center>这是使用属性定义样式</p>
<p align=left>这是使用属性值定义样式</p>
<p lang="en-us">此处使用属性值前缀定义样式</p>
<p>下面使用了属性值后缀定义样式
<img src="2.gif" border="1"/>
</body>
</html>
```

在 Firefox 中浏览效果如下图所示。可以看到第一个段落使用属性 align 定义样式，其字体颜色为红色。第二个段落使用属性值 left 修饰样式，并且大小为 20 像素，加粗显示，其字体颜色为红色，是因为该段落使用了 align 这个属性。第三个段落显示红色，且带有下画线，是因为属性 lang 的值前缀为 en。最后一个图片以边框样式显示，是因为属性值后缀为 gif。

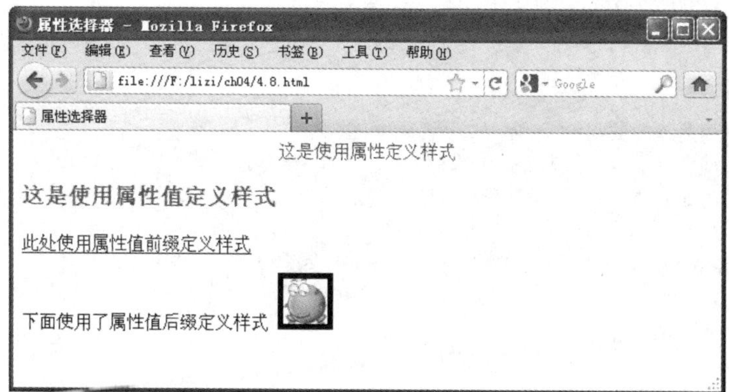

1.3.2 结构伪类选择器

结构伪类（Structural Pseudo-classes）是 CSS3 新增的类型选择器。顾名思义，结构伪类就是利用文档结构树（DOM）实现元素过滤，也就是说，通过文档结构的相互关系来匹配特定的元素，从而减少文档内对 class 属性和 ID 属性的定义，使得文档更加简洁。

在 CSS3 版本中，新增了结构伪类选择器，如表 1-2 所示。

表 1-2　结构伪类选择器

选 择 器	含　义
E:root	匹配文档的根元素，对于 HTML 文档，就是 HTML 元素
E:nth-child(n)	匹配其父元素的第 *n* 个子元素，第一个编号为 1
E:nth-last-child(n)	匹配其父元素的倒数第 *n* 个子元素，第一个编号为 1
E:nth-of-type(n)	与:nth-child()作用类似，但是仅匹配使用同种标签的元素
E:nth-last-of-type(n)	与:nth-last-child()作用类似，但是仅匹配使用同种标签的元素
E:last-child	匹配父元素的最后一个子元素，等同于:nth-last-child(1)
E:first-of-type	匹配父元素下使用同种标签的第一个子元素，等同于:nth-of-type(1)
E:last-of-type	匹配父元素下使用同种标签的最后一个子元素，等同于:nth-last-of-type(1)
E:only-child	匹配父元素下仅有的一个子元素，等同于:first-child:last-child 或 :nth-child(1):nth-last-child(1)
E:only-of-type	匹配父元素下使用同种标签的唯一一个子元素，等同于:first-of-type:last-of-type 或 :nth-of-type(1):nth-last-of-type(1)
E:empty	匹配一个不包含任何子元素的元素，注意，文本节点也被看做子元素

【案例 1-4】如下代码就是一个使用结构伪类选择器的实例（详见随书光盘中的“源代码\ch01\1.4.html”）。

```
<html>
<head><title>结构伪类</title>
<style>
tr:nth-child(even){
background-color:#f5fafe
}
tr:last-child{font-size:20px;}
</style>
</head>
<body>
<table border=1 width=80%>
<th>编号 </th><th>名称</th><th>价格</th>
<tr><td>001</td><td>芹菜</td><td>1.2 元/kg </td></tr>
<tr><td>002</td><td>白菜</td><td>0.65 元/kg </td></tr>
<tr><td>003</td><td>西红柿</td><td>1.8 元/kg </td></tr>
<tr><td>004</td><td>萝卜</td><td>0.78 元/kg </td></tr>
</table>
</body>
</html>
```

在 Firefox 中浏览效果如下图所示，可以看到表格中奇数行显示指定颜色，并且最好一行字体以 20 像素显示，其原因就是采用了结构伪类选择器。

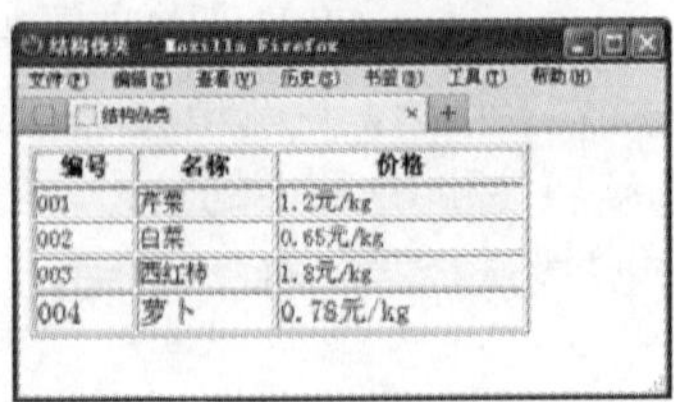

1.3.3 UI 元素状态伪类选择器

UI 元素状态伪类（The UI Element States Pseudo-Classes）也是 CSS3 新增的选择器，其中 UI 即 User Interface（用户界面）的简称。UI 设计则是指对软件的人机交互、操作逻辑、界面美观的整体设计。好的 UI 设计不仅要让软件显得有个性、有品位，还要让软件的操作变得舒适、简单、自由，充分体现软件的定位和特点。

UI 元素的状态一般包括可用、不可用、选中、未选中、获取焦点、失去焦点、锁定、待机等。CSS3 定义了 3 种常用的状态伪类选择器，详细说明如表 1-3 所示。

表 1-3　UI 元素状态伪类表

选 择 器	说　明
E:enabled	选择匹配 E 的所有可用 UI 元素。注意，在网页中，UI 元素一般是指包含在 form 元素内的表单元素。例如 input:enabled 匹配<form><input type=text/><input type=buttion disabled=disabled/></form>代码中的文本框，而不匹配代码中的按钮
E:disabled	选择匹配 E 的所有不可用元素，注意，在网页中，UI 元素一般是指包含在 form 元素内的表单元素。例如 input:disabled 匹配<form><input type=text/><input type=buttion disabled=disabled/></form>代码中的按钮，而不匹配代码中的文本框
E:checked	选择匹配 E 的所有可用 UI 元素。注意，在网页中，UI 元素一般是指包含在 form 元素内的表单元素。例如 input:checked 匹配<form><input type=checkbox/><input type=radio checked=checked/><./form>代码中的单选按钮，但不匹配该代码中的复选框

【案例 1-5】如下代码就是一个使用 UI 元素状态伪类选择器的实例（详见随书光盘中的“源代码\ch01\1.5.html）。

```
<html>
<head>
<title>UI 元素状态伪类选择器</title>
<style>
input:enabled {    border:1px dotted #666;    background:#ff9900;    }
input:disabled {    border:1px dotted #999;    background:#F2F2F2;    }
</style>
</head>
<body>
<center>
<h3 align=center>用户登录</h3>
<form method="post" action="">
用户名：<input type=text name=name><br>
密  码：<input type=password name=pass disabled="disabled"><br>
<input type=submit value=提交>
<input type=reset value=重置>
</form>
<center>
</body>
</html>
```

在 Firefox 中浏览效果如下图所示，可以看到表格中可用的表单元素都显示浅黄色，而不可用元素显示灰色。

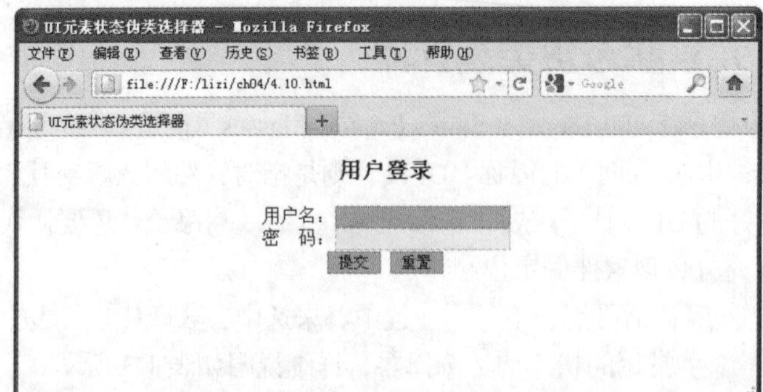

1.4 技能训练——制作彩色标题

使用 CSS 可以给网页标题设置不同的字体样式。即建立一个 CSS 规则，将样式应用到页面中出现的所有<h1>标记（或者是整个站点、当使用一个外部样式表的时候）。随后，如果网站设计者想改变整个站点上所有出现<h1>标记的颜色、尺寸、字体，只需要修改一些 CSS 规则。

具体操作步骤如下。

Step01 构建 HTML 页面。创建 HTML 页面，完成基本框架并创建标题，其代码如下：

```
<html>
<head>
<title> </title>
</head>
<body>
<body>
<h1>
<span class=c1>五</span>
<span class=c2>彩</span>
<span class=c3>缤</span>
<span class=c4>纷</span>
<span class=c5>的</span>
<span class=c6>世</span>
<span class=c7>界</span></h1>
</body>
</html>
```

在 Firefox 中浏览效果如下图所示，可以看到标题 h1 在网页显示，没有任何修饰。

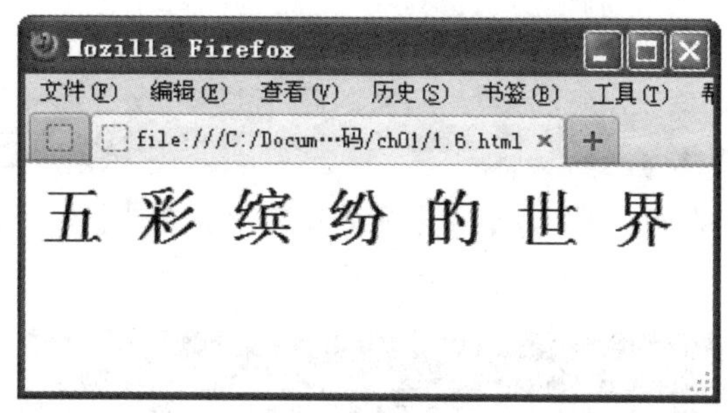

Step02 使用内嵌样式。如果要对 h1 标题进行修饰，则需要添加 CSS，此处使用内嵌样式，在<head>标记中添加 CSS，其代码如下：

```
<style>
h1 {}
</style>
```

在 Firefox 中浏览效果如下图所示，可以看到此时没有任何变化，只是在代码中引入了<style>标记。

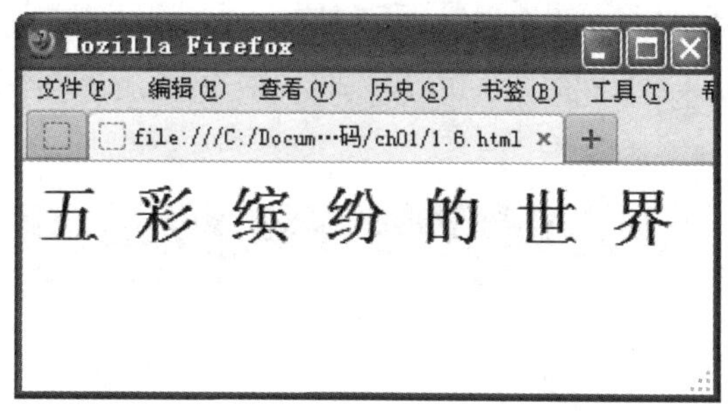

Step03 改变颜色、字体和尺寸。添加 CSS 代码，改变标题样式，其样式在颜色、字体和尺寸上面设置。其代码如下：

```
h1 {
font-family: Arial, sans-serif;
font-size: 24px;
color: #369;
}
```

在 Firefox 中浏览效果如下图所示，可以看字体大小为 24 像素，颜色为浅蓝色，字形为 Arial。

Step04 加入灰色边框。为h1标题加入边框，其代码如下：

```
padding-bottom: 6px;
border-bottom: 4px solid #ccc;
```

在Firefox中浏览效果如下图所示，可以看到文字下面添加了一个边框，边框和文字的距离是6像素。

Step05 增加背景图。使用CSS样式为标记<h1>添加背景图片，其代码如下：

```
background: url(01.jpg) repeat-x bottom;
```

在Firefox中浏览效果如下图所示，可以看到文字下面添加了一个背景图片，图片在水平（*X*轴）方向进行平铺。

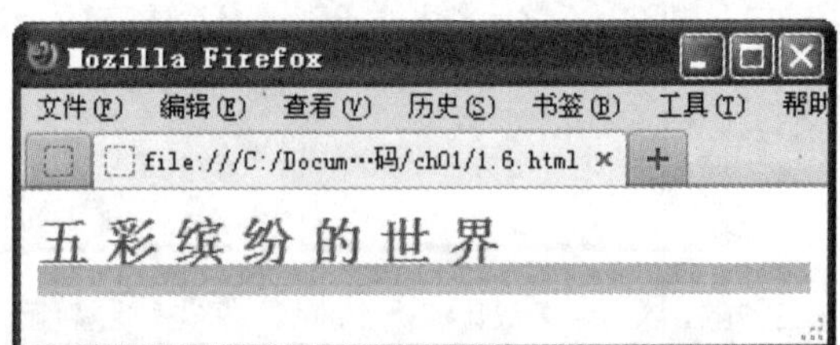

Step06 定义背景图宽度。使用CSS属性将背景图变小，使其正好符合7个字的宽度。其代码如下：

```
width:200px;
```

在Firefox中浏览效果如下图所示，可以看到文字下面的背景图缩短，正好和文字宽度相同。

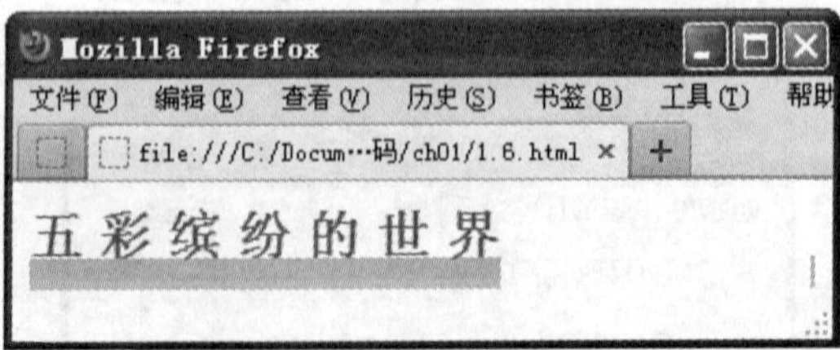

Step07 定义字的颜色。在CSS样式中为每个字定义颜色，其代码如下：

```
.c1{
    color:  #B3EE3A;
```

```
    }
    .c2{
        color:#71C671;
    }
    .c3{
        color:  #00F5FF;
    }
    .c4{
        color:#00EE00;
    }
    .c5{
        color:# FF0000;
    }
    .c6{
        color:#800080;
    }
    .c7{
        color: #0000FF;
    }
```

在 Firefox 中浏览效果如下图所示，可以看到每个字显示不同的颜色，加上背景色共有 8 种颜色。

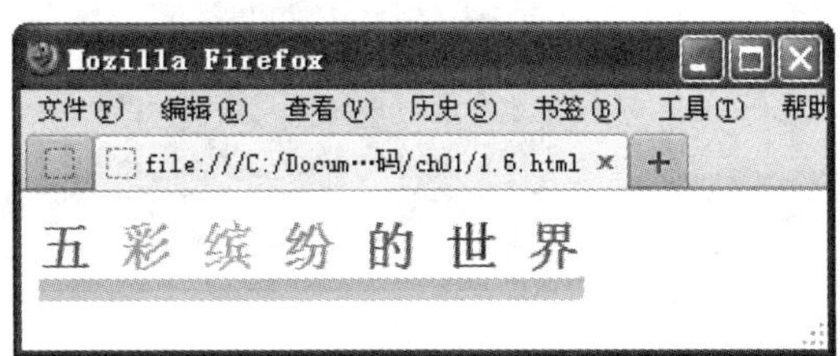

第 2 天　CSS3 的基本语法

学时探讨：

今日主要探讨 CSS3 的基本语法。通过使用 CSS 样式规则能够修饰 HTML 标记，起到美化网页的作用。但其更大的作用是将网页内容和网页样式分离，这样就方便了日后的维护。本章将介绍 CSS3 的基础语法和使用。

学时探讨：

通过此章节 CSS3 样式的学习，读者可学会 CSS3 选择器的使用方法，了解 CSS3 的继承性和选择器的声明等知识。

2.1　CSS3 选择器

选择器不只是 HMTL 文档中的元素标记，它还可以是类（Class，这不同于面向对象中的列）、ID（元素的唯一特殊名称，便于在脚本中使用）或元素的某种状态（如 a:link）。根据 CSS 选择符用途可以把选择器分为标签选择器、类选择器、全局选择器、ID 选择器和伪类选择器等。

2.1.1　标签选择器

标签选择器最基本的形式如下：

```
tagName{property:value}
```

通过一个具体标记来命名，可以对文档里这个标记出现的每一个地方应用样式定义。这种做法通常用在设置那些在整个网站都会出现的基本样式。

【案例 2-1】如下代码就是一个使用标签选择器的实例（详见随书光盘中的“源代码\ch02\2.1.html）。

```
<html>
<head>
<title>标签选择器</title>
<style>
p{color:red;font-size:30px;}
</style>
</head>
<body>
```

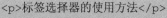

```
<p>标签选择器的使用方法</p>
</body>
</html>
```

在 Firefox 中浏览效果如下图所示，可以看到段落以红色字体显示，大小为 30 像素。

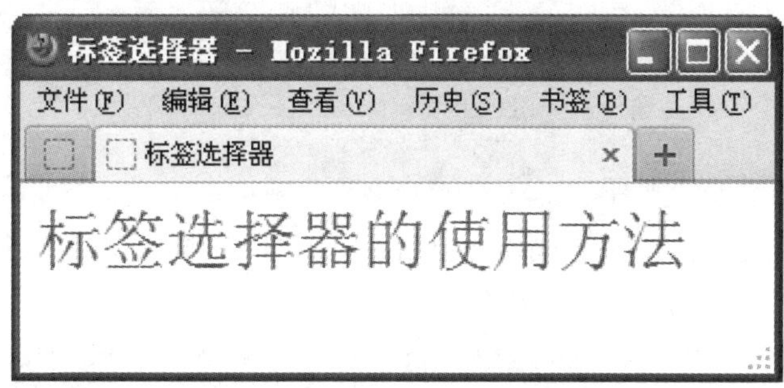

2.1.2 类选择器

在一个页面中，使用标签选择器会控制该页面中所有此标记的显示样式。如果需要为此类标记中的一个标记重新设定，此时仅使用标签选择器是不能达到效果的，还需要使用类别（class）选择器。

类选择器用来为一系列标记定义相同的呈现方式，常用语法格式如下：

```
.classValue {property:value}
```

classValue 是选择器的名称，具体名称可由 CSS 制定者自己命名。如果一个标记具有 class 属性且 class 属性值为 classValue，那么该标记的呈现样式由该选择器指定。在定义类选择符时，需要在 classValue 前面加一个句点（.）。

使用示例如下：

```
.rd{color:red}
.se{font-size:3px}
```

上面定义了两个类选择器，分别为 rd 和 se。类的名称可以是任意英文字符串或以英文开头与数字的组合，一般情况下是其功能及效果的简要缩写。

【案例 2-2】如下代码就是一个使用类选择器的实例（详见随书光盘中的“源代码\ch02\2.2.html”）。

```
<html>
<head>
<title>类选择器的使用方法</title>
<style>
.ab{
  color:red;
  font-size:30px;
}
.cd{
   color:blue;
```

```
    font-size:15px;
}
</style>
</head>
<body>
<h3 class=cd>类选择器的使用方法</h3>
<p class="ab">使用类选择器 ab 控制段落样式的效果</p>
<p class="cd">使用类选择器 cd 控制段落样式的效果</p>
</body>
</html>
```

在 Firefox 中浏览效果如下图所示，可以看到第 1 和第 3 段落以蓝色字体显示，大小为 15 像素；第 2 段落以红色字体显示，大小为 30 像素。

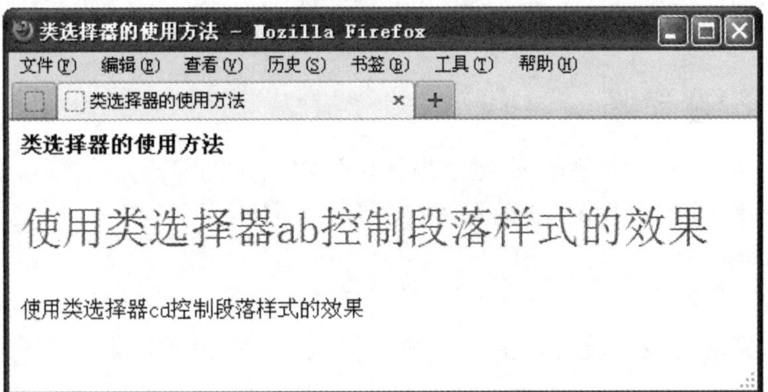

2.1.3 ID 选择器

ID 选择器定义的是某一个特定的 HTML 元素，一个网页文件中只能有一个元素使用某一 ID 的属性值。

定义 ID 选择器的基本语法格式如下：

```
#idValue{property:value}
```

在上述基本语法格式中，idValue 是选择器名称，可以由 CSS 定义者自己命名。如果某标记具有 id 属性，并且该属性值为 idValue，那么该标记的呈现样式由该 ID 选择器指定。在正常情况下 id 属性值在文档中具有唯一性。

【案例 2-3】如下代码就是一个使用 ID 选择器的实例（详见随书光盘中的“源代码\ch02\2.3.html”）。

```
<html>
<head>
<title>ID 选择器</title>
<style>
#id1{
   color:green;
   font-weight:bold;
```

```
}
#id2{
    color:red;
    font-size:22px;
}
</style>
</head>
<body>
<h3 id=id1> ID 选择器的使用方法</h3>
<p id=id2>使用 ID 选择器 id2 控制段落样式的效果</p>
<p id=id1>使用 ID 选择器 id1 控制段落样式的效果</p>
</body>
</html>
```

在 Firefox 中浏览效果如下图所示，可以看到第 1 段落以绿色字体显示，大小为 22 像素；第 2 段落以红色字体显示，大小为 22 像素；第 3 段落同样以蓝色字体显示，大小为 20 像素。

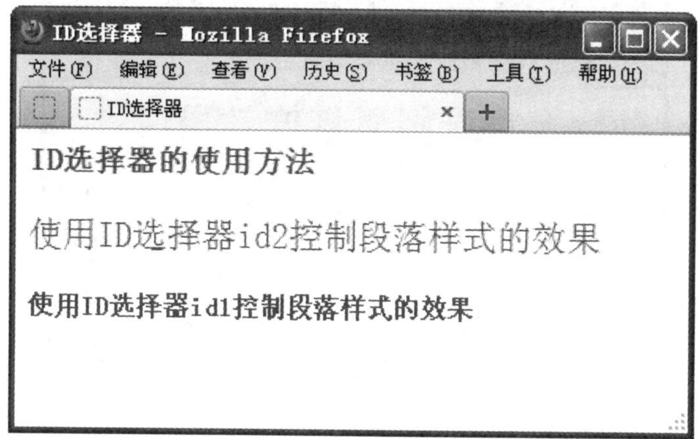

2.1.4 全局选择器

如果想要一个页面中所有的 html 标记使用同一种样式，可以使用全局选择器。全局选择器，顾名思义就是对所有 HTML 元素起作用。其语法格式如下：

```
*{property:value}
```

其中“*”表示对所有元素起作用，property 表示 CSS3 属性名称，value 表示属性值。使用示例如下：

```
*{margin:0; padding:0;}
```

【案例 2-4】如下代码就是一个使用全局选择器的实例（详见随书光盘中的“源代码\ch02\2.4.html”）。

```
<html>
<head>
<title>全局选择器</title>
<style>
```

```
*{
  color:green;
  font-size:30px
}
</style>
</head>
<body>
<p>使用全局选择器修饰效果</p>
<p>使用全局选择器修饰效果</p>
<h1>使用全局选择器修饰效果</h1>
</body>
</html>
```

在 Firefox 中浏览效果如下图所示，可以看到两个段落和标题都是以绿色字体显示，大小为 30 像素。

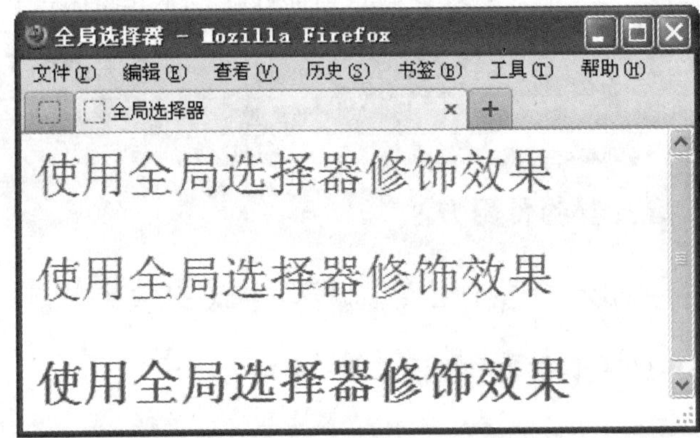

2.1.5 伪类选择器

伪类也是选择器的一种，但是用伪类定义的 CSS 样式并不是作用在标记上的，而是作用在标记的状态上。由于很多浏览器支持不同类型的伪类，没有一个统一的标准，所以很多伪类都不常被用到。伪类包括:first-child、:link:、:vistited、:hover、:active、:focus 和:lang 等。其中有一组伪类是主流浏览器都支持的，即超链接的伪类，包括:link:、:vistited、:hover 和:active。

伪类选择符定义的样式最常应用在标记<a>上，它表示链接 4 种不同的状态：未访问链接（link）、已访问链接（visited）、激活链接（active）和鼠标停留在链接上（hover）。要注意的是，a 可以只具有一种状态（:link），或者同时具有两种或 3 种状态。例如，任何一个有 HREF 属性的 a 标签，在未有任何操作时就已经具备了:link 的条件，也就是满足了有链接属性这个条件；如果是访问过的 a 标记，则会同时具备:link 和:visited 两种状态；把鼠标移到访问过的 a 标记上的时候，a 标记就同时具备了:link、:visited、:hover 3 种状态。

使用示例如下：

```
a:link{color:#FF0000; text-decoration:none}
a:visited{color:#00FF00; text-decoration:none}
a:hover{color:#0000FF; text-decoration:underline}
```

```
a:active{color:#FF00FF; text-decoration:underline}
```

【案例 2-5】如下代码就是一个使用伪类选择器的实例（详见随书光盘中的“源代码\ch02\2.5.html”）。

```
<html>
<head>
<title>伪类</title>
<style>
a:link {color: blue }          /* 未访问的链接 */
a:visited {color: green}       /* 已访问的链接 */
a:hover {color: red }          /* 鼠标移动到链接上 */
a:active {color: orange}       /* 选定的链接 */
</style>
</head>
<body>
<a href="">鼠标放上面</a>
<a href="http://www.sohu.com">链接</a>
</body>
</html>
```

在 Firefox 中浏览效果如下图所示，可以看到两个超链接，第一个超链接是鼠标停留在上方时，显示颜色为蓝色；另一个是访问过后，显示颜色为绿色。

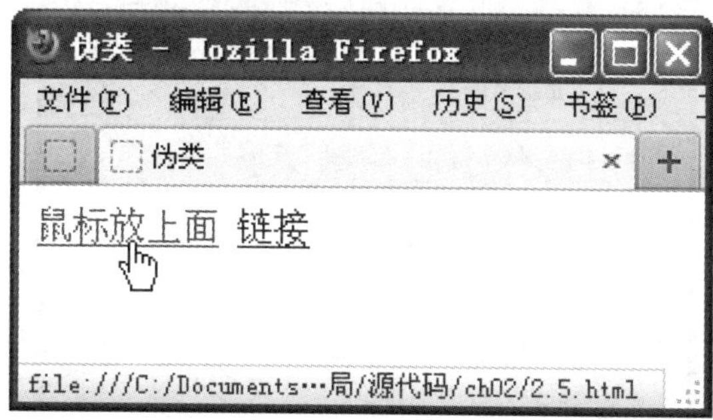

2.2 选择器声明

每个选择器属性可以一次声明多个，即创建多个 CSS 属性修饰 HTML 标记。

2.2.1 集体声明

在一个页面中，有时需要不同种类的标记样式保持一致，如需要 p 标记和 h1 字体保持一致，此时可以将 p 标记和 h1 标记共同使用类选择器。除了这个方法之外，还可以使用集体声明方法。集体声明就是在声明各种 CSS 选择器时，如果某些选择器的风格完全相同，或者部分相同，可以将风格相同的 CSS 选择器同时声明。

【案例 2-6】如下代码就是一个使用集体声明的实例（详见随书光盘中的“源代码\ch02\2.6.html”）。

```
<html>
<head>
<title>集体声明</title>
<style type="text/css">
 h1,h2,h3{
 color:green;
font-size:20px;
font-weight:bolder;
}
</style></head><body>
<h1>使用集体声明的效果 1</h1>
<h2>使用集体声明的效果 2</h2>
<h3>使用集体声明的效果 3</h3>
</body>
</html>
```

在 Firefox 中浏览效果如下图示，可以看到网页上 3 行标题都以绿色字体加粗显示，并且大小为 20 像素。

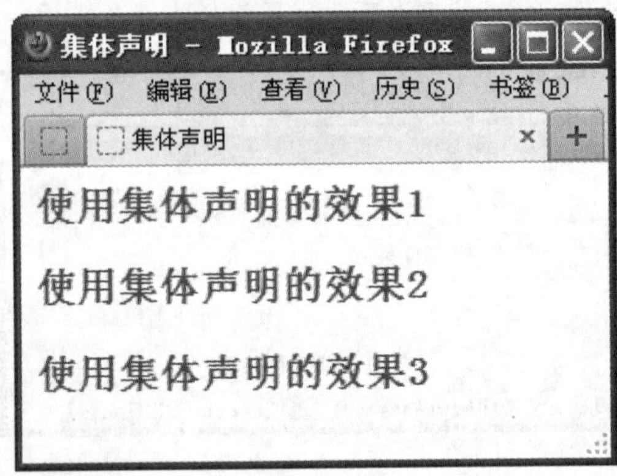

2.2.2 多重嵌套声明

在 CSS 控制 HTML 标记样式时，还可以使用层层递进的方式，即嵌套方式，对指定位置的 HTML 标记进行修饰。例如当<p>与</p>之间包含<a></a>标记时，就可以使用这种方式对 HMTL 标记进行修饰。

【案例 2-7】如下代码就是一个使用多重嵌套声明的实例（详见随书光盘中的“源代码\ch02\2.7.html”）。

```
<html>
<head>
<title>多重嵌套声明</title>
<style>
p{font-size:20px;}
```

```
p a{color:blue;font-size:30px;font-weight:bolder;}
</style></head><body>
<p>下面使用多重嵌套的效果：<a href="">多重嵌套声明</a></p>
</body>
</html>
```

在 Firefox 中浏览效果如下图所示，因为使用嵌套声明，可以看到在段落中超链接显示蓝色字体，大小为 30 像素。

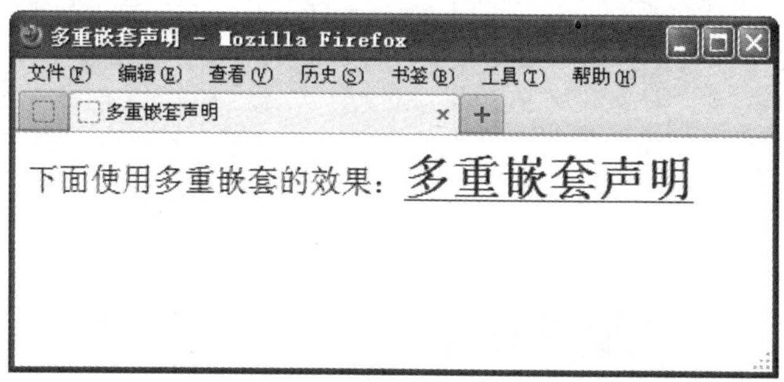

2.3 CSS3 继承

HTML 网页可以看成是一个节点的集合，在一个 HTML 文档中可以包含不同的标记，HTML 文档中的每个成分都是一个节点。一个节点树中的所有节点彼此都是有关系的。一个节点树可以把一个 HTML 文档展示为一个节点集，以及它们之间的连接。在一个节点树中，最顶端的节点被称为根。每一个节点，除根之外，都拥有父节点。一个节点可以有无限的子，叶是无子的节点，同级节点指拥有相同的父的节点，如下图所示。

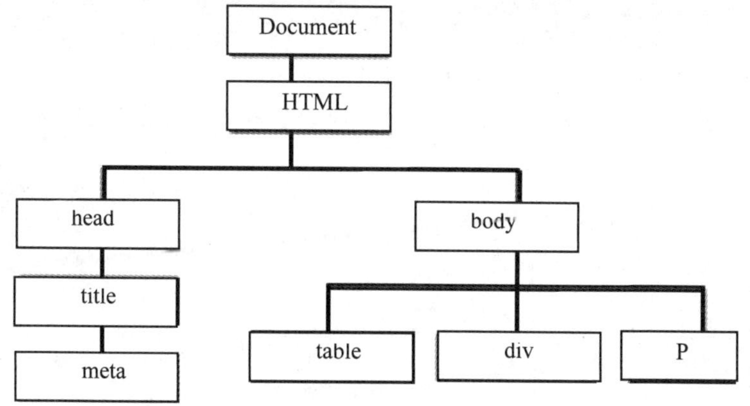

CSS 继承指的是子标记会继承父标记的所有样式风格，并可以在父标记样式风格的基础上加以修改，产生新的样式，而子标记样式风格完全不会影响父标记。

【案例 2-8】如下代码就是一个使用 CSS3 继承的实例（详见随书光盘中的"源代码\ch02\2.8.html"）。

```
<html>
<head><title>多重嵌套声明</title>
<style>
p{font-size:20px;color:green}
span{font-size:30px;}
</style></head><body>
<p>下面使用 CSS3 继承：<span>继承效果</span></p>
</body></html>
```

在 Firefox 中浏览效果如下图示，可以看到在段落中字体颜色为绿色，大小为 20 像素，但段落中 span 标记中的文本为绿色字体，大小为 30 像素。此样式首先继承了父标记中的颜色样式，并重新定义了自己的样式。

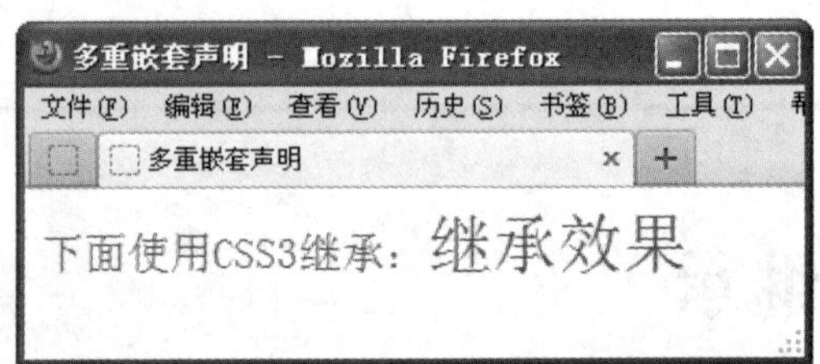

2.4 技能训练——制作网页新闻菜单

在网上浏览新闻，是每个上网者都喜欢做的事情。一个布局合理、样式美观大方的新闻菜单是吸引人的主要因素。本实例使用 CSS3 控制 HTML 标记，创建新闻菜单。具体操作步骤如下。

Step01 分析局部和整体，构建 HTML 网页。在一个新闻菜单中，可以分为 3 个层次，一个新闻父菜单，一个新闻焦点，一个新闻子菜单，分别使用 div 创建。其 HTML 代码如下：

```
<html >
<head><title>导航菜单</title>
</head><body>
 <div class="big">
     <h2> 新闻热点</h2>
     <div class="up">
          <a href="#">12 月份贺岁片纷纷登场</a>
        </div> <div class="down">
          <p>·2013 年元旦 1 日至 3 日放假调休  </p><p>
·财经 | 美国 11 月非农就业数据强势利好  中国核电申请 IPO 项目投资额 1735 亿</p><p>
·体育 | 湖人队再胜  中国女队再创辉煌 </p>
        </div> </div>
```

```
</body>
</html>
```

在 Firefox 中查看，结果如下图所示。会看到一个标题、一个超链接和 3 个段落，以普通样式显示，其布局只存在上下层次。

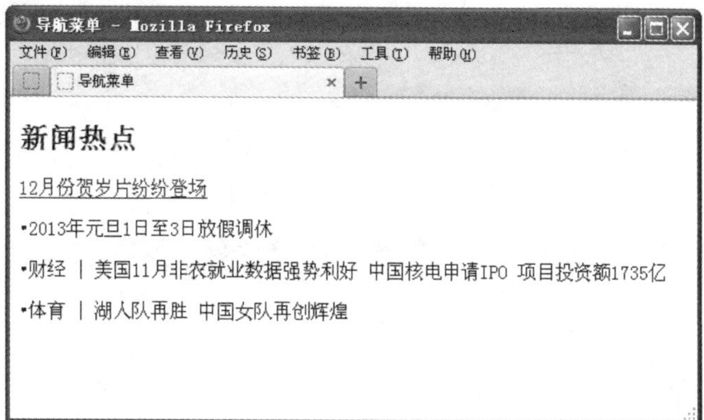

Step02 添加 CSS 代码，修饰整体样式。对于 HTML 页面，需要有一个整体样式，其代码如下：

```
*{
padding:0px;
margin:0px;
 }
body{
    font-family:"宋体";
    font-size:12px;
    }
.big{
   width:400px;
   border:bule 1px solid;
}
```

在 Firefox 中查看，结果如下图所示。可以看到全局层 div 会以边框显示，宽度为 400 像素，其颜色为蓝色，body 文档内容中字形采用宋体，大小为 12 像素，并且定义内容和层之间空隙为 0，层和层之间空隙为 0。

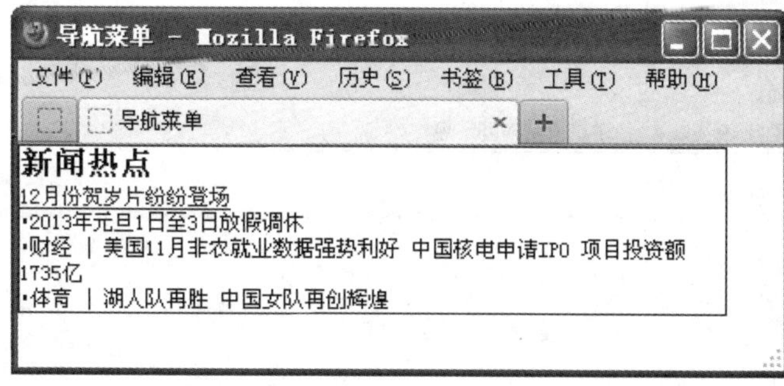

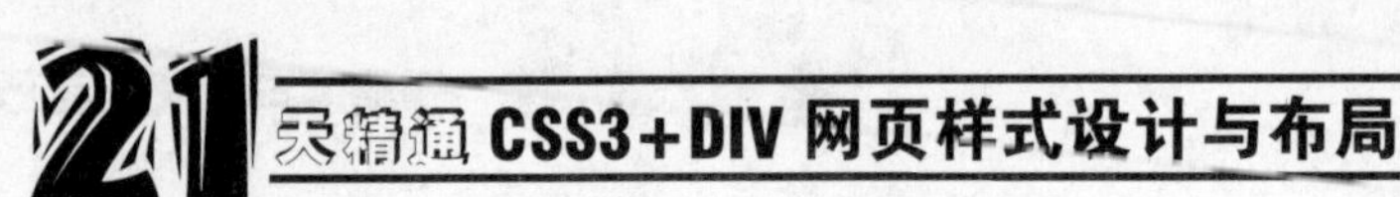

Step03 添加CSS代码，修饰新闻父菜单。对新闻父类菜单进行CSS控制，其代码如下：

```
h2{background-color: #FF6347;
 display:block;
 width:400px;
 height:25px;
 line-height:25px;
 font-size:18px;}
```

在Firefox中查看，结果如下图所示。可以看到超链接“新闻热点”会以矩形方框显示，其背景色已经发生变化，字体大小为18像素，行高为25像素。

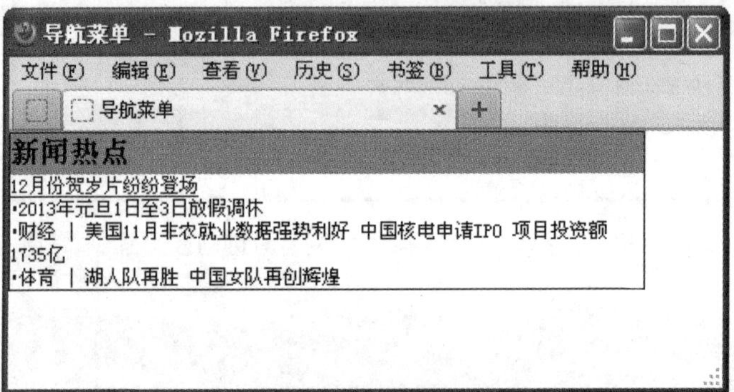

Step04 添加CSS菜单，修饰子菜单，代码如下：

```
.up{padding-bottom:5px;
 text-align:center;}
p{line-height:20px;}
```

在Firefox中查看，效果如下图所示。可以看到“12月份贺岁片纷纷登场”居中显示，即在第二层div中使用类标记up修饰。所有段落之间间隙增大，即为p标记设置行高。

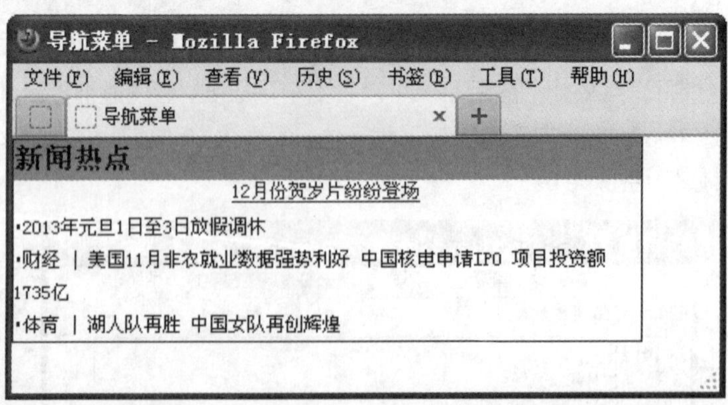

Step05 添加CSS菜单，修饰超链接，代码如下：

```
a{font-size:16px;
 font-weight:800;
 text-decoration:none;
 margin-top:5px;
```

```
 display:block;}
a:hover{color:#FF0000;
 text-decoration:underline;}
```

在 Firefox 中查看，效果如下图所示。可以看到“12 月份贺岁片纷纷登场”字体变大，并且加粗，无下画线显示。将鼠标放在此超链接上，以红色字体显示，并且下面带有下画线。

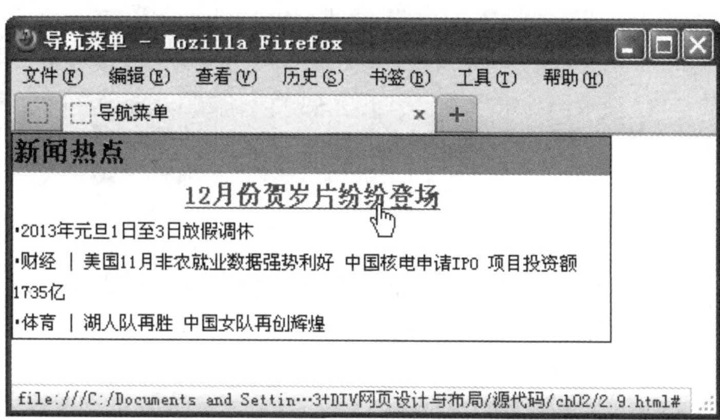

第 3 天　用 CSS3 设置丰富的文字效果

学时探讨：

今日主要探讨 CSS3 设置文字效果的方法。在网站中，文字是传递信息的主要手段。设置文本样式是 CSS3 技术的基本使命，通过 CSS3 文本标记语言，可以设置文本的样式和粗细等。本章主要讲述 CSS3 文字样式、CSS3 文字段落等。

学时目标：

通过此章节的学习，读者可学会如何使用 CSS3 设置文字的样式及段落样式等。

3.1　CSS3 文字样式

一个杂乱无序、堆砌而成的网页，会使人产生枯燥无味、失去兴趣的感觉。通过使用 CSS3 文字样式，可以让网页修饰得美观大方，从而很好地留住访问者。

3.1.1　定义文字的颜色

在 CSS3 样式中，通常使用 color 属性来设置颜色。其属性值通常使用如下方式设定，如表 3-1 所示。

表 3-1　color 属性值

属 性 值	含　义
color_name	规定颜色值为颜色名称的颜色（例如 red）
hex_number	规定颜色值为十六进制值的颜色（例如#ff0000）
rgb_number	规定颜色值为 rgb 代码的颜色（例如 rgb(255,0,0)）
inherit	规定应该从父元素继承颜色
hsl_number	规定颜色值为 HSL 代码的颜色（例如 hsl(0,75%,50%)），此为 CSS3 新增加的颜色表现方式
hsla_number	规定颜色值为 HSLA 代码的颜色（例如 hsla(120,50%,50%,1)），此为 CSS3 新增加的颜色表现方式
rgba_number	规定颜色值为 RGBA 代码的颜色（例如 rgba(125,10,45,0.5)），此为 CSS3 新增加的颜色表现方式

【案例 3-1】如下代码就是一个定义文字颜色的实例（详见随书光盘中的“源代码\ch03\3.1.html）。

```
<html>
<head>
<style type="text/css">
```

```
body {color:blue}
h1 {color:#00ff00}
p.c2{color:hsl(0,75%,50%)}
p.c3{color:hsla(120,50%,50%,1)}
p.c4{color:rgba(125,10,45,0.5)}
</style>
</head>
<body>
<h1>标题 1 的效果</h1>
<p>这是一段普通的段落效果。显示的默认颜色为蓝色。
</p>
<p class="c1">该段落定义了 class="c1"。该段落中的文本是蓝色。</p>
<p class="c2">此处使用了 CSS3 中的新增加的 HSL 函数，构建颜色。</p>
<p class="c3">此处使用了 CSS3 中的新增加的 HSLA 函数，构建颜色。</p>
<p class="c3">此处使用了 CSS3 中的新增加的 RGBA 函数，构建颜色。</p>
</body>
</html>
```

在 Firefox 中浏览效果如下图所示，可以看到文字以不同颜色显示，并采用了不同的颜色取值方式。

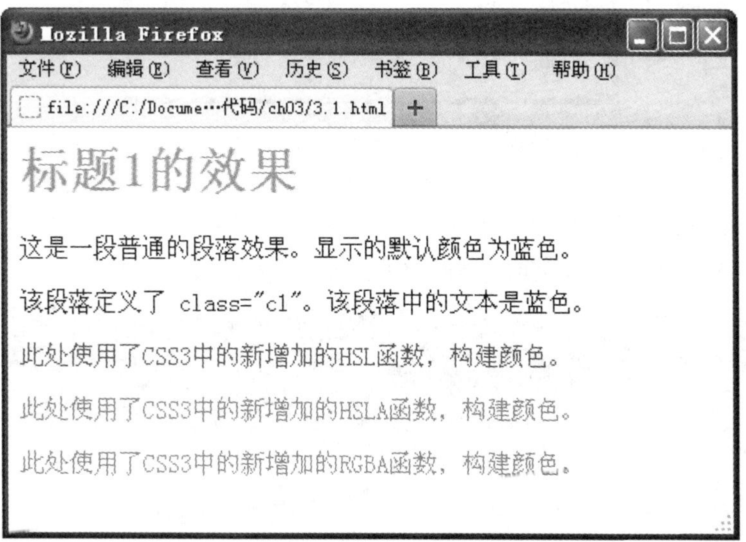

3.1.2 定义文字的字体

font-family 属性用于指定文字字体类型，如宋体、黑体、隶书、Times New Roman 等，即在网页中展示字体不同的形状。具体的语法如下：

```
{font-family : name}
{font-family : cursive | fantasy | monospace | serif | sans-serif}
```

从语法格式上可以看出，font-family 有两种声明方式。第一种方式为使用 name 字体名称，按优先顺序排列，以逗号隔开，如果字体名称包含空格，则应使用引号括起。第二种声明方式使用所列出的字体序列名称，如果使用 fantasy 序列，将提供默认字体序列。在 CSS3 中比较常用的是第一种声明方式。

【案例 3-2】如下代码就是一个使用文字字体的实例（详见随书光盘中的“源代码\ch03\3.2.html”）。

```
<html>
<style type=text/css>
p{font-family:华文楷体}
</style>
<body>
<p align=center>工欲善其事，必先利其器。</p>
</body>
</html>
```

在 Firefox 中浏览效果如下图所示，可以看到文字居中并以华文楷体显示。

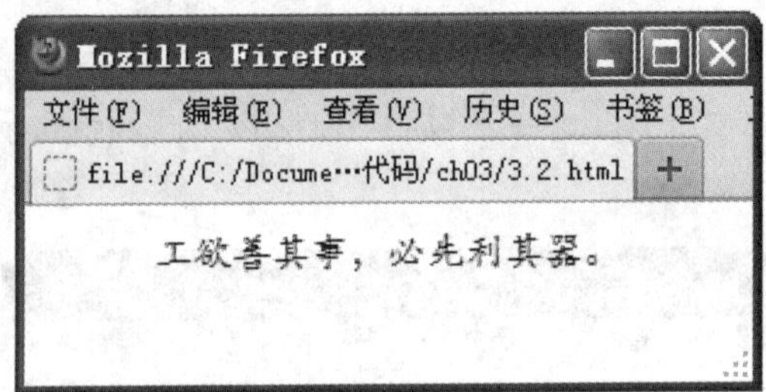

提示：在字体显示时，如果指定一种特殊字体类型，而在浏览器或者操作系统中该类型不能正确获取，可以通过 font-family 预设多种字体类型。font-family 属性可以预置多个供页面使用的字体类型，其中每种字型之间使用逗号隔开。如果前面的字体类型不能正确显示，则系统将自动选择后一种字体类型，依此类推。其样式设置如下：

```
p
{
  font-family:华文彩云,黑体,宋体
}
```

3.1.3 定义文字的字号

在 CSS3 的规定中，通常使用 font-size 设置文字大小。其语法格式如下：

```
{font-size : 数值| inherit | xx-small | x-small | small | medium | large |
x-large | xx-large | larger | smaller | length}
```

其中，通过数值来定义字体大小，例如用 font-size:10px 的方式定义字体大小为 12 像素。此外，还可以通过 medium 之类的参数定义字体的大小，其参数含义如表 3-2 所示。

表 3-2 font-size 参数列表

参 数	含 义
xx-small	绝对字体尺寸。根据对象字体进行调整。最小
x-small	绝对字体尺寸。根据对象字体进行调整。较小
small	绝对字体尺寸。根据对象字体进行调整。小
medium	默认值。绝对字体尺寸。根据对象字体进行调整。正常
large	绝对字体尺寸。根据对象字体进行调整。大
x-large	绝对字体尺寸。根据对象字体进行调整。较大
xx-large	绝对字体尺寸。根据对象字体进行调整。最大
larger	相对字体尺寸。相对于父对象中字体尺寸进行相对增大。使用成比例的 em 单位计算
smaller	相对字体尺寸。相对于父对象中字体尺寸进行相对减小。使用成比例的 em 单位计算
length	百分数或由浮点数字和单位标识符组成的长度值，不可为负值。其百分比取值基于父对象中字体的尺寸

【案例 3-3】如下代码就是一个定义文字字号的实例（详见随书光盘中的“源代码\ch03\3.3.html”）。

```
<html>
<body>
<div style="font-size:10pt">上级标记大小
  <p style="font-size:small">小字体效果</p>
  <p style="font-size:larger">大字体效果</p>
    <p style="font-size:x-small">小字体效果</p>
  <p style="font-size:x-larger">大字体效果</p>
   <p style="font-size:80%">标记效果</p>
    <p style="font-size:25pt">标记效果</p>
</div>
</body>
</html>
```

在 Firefox 中浏览效果如下图所示，可以看到网页中的文字被设置成不同的大小，其设置方式采用了绝对数值、关键字和百分比等形式。在例子中，font-size 字体大小为 80%时，其比较对象是上一级标签中的 10pt。

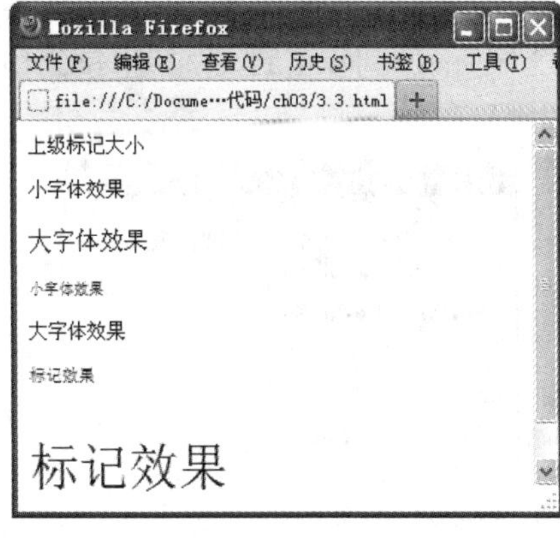

3.1.4 加粗字体

通过设置字体粗细，可以让文字显示不同的外观。通过 CSS3 中的 font-weight 属性可以定义字体的粗细程度。其语法格式如下：

```
{font-weight:100-900|bold|bolder|lighter|normal;}
```

font-weight 属性有 13 个有效值，分别是 bold、bolder、lighter、normal、100~900。如果没有设置该属性，则使用其默认值 normal。属性值设置为 100~900，值越大，加粗的程度就越高。其具体含义如表 3-3 所示。

表 3-3 font-weight 属性表

值	含 义
bold	定义粗体字体
bolder	定义更粗的字体，相对值
lighter	定义更细的字体，相对值
normal	默认，标准字体

浏览器默认的字体粗细是 400，另外也可以通过参数 lighter 和 bolder 使得字体在原有基础上显得更细或更粗。

【案例 3-4】如下代码就是一个设置加粗字体的实例（详见随书光盘中的“源代码\ch03\3.4.html”）。

```
<html>
<body>
   <p style="font-weight:bold">海内存知己，天涯若比邻(bold)</p>
   <p style="font-weight:bolder">海内存知己，天涯若比邻(bolder)</p>
   <p style="font-weight:lighter">海内存知己，天涯若比邻(lighter)</p>
   <p style="font-weight:normal">海内存知己，天涯若比邻(normal)</p>
   <p style="font-weight:200">海内存知己，天涯若比邻(200)</p>
<p style="font-weight:400">海内存知己，天涯若比邻(400)</p>
   <p style="font-weight:600">海内存知己，天涯若比邻(600)</p>
   <p style="font-weight:800">海内存知己，天涯若比邻 800)</p>
</body>
</html>
```

在 Firefox 中浏览效果如下图所示，可以看到文字居中并以不同方式加粗，其中使用了关键字加粗和数值加粗。

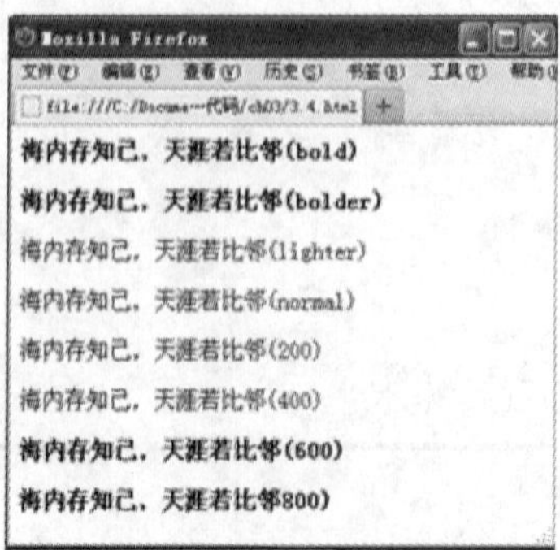

3.1.5　定义文字的风格

font-style 通常用来定义字体风格，即字体的显示样式。在 CSS3 新规定中，其语法格式如下：

```
font-style : normal | italic | oblique |inherit
```

其属性值有 4 个，具体含义如表 3-4 所示。

表 3-4　font-style 参数表

属 性 值	含　义
normal	默认值。浏览器显示一个标准的字体样式
italic	浏览器会显示一个斜体的字体样式
oblique	将没有斜体变量的特殊字体，浏览器会显示一个倾斜的字体样式
inherit	规定应该从父元素继承字体样式

【案例 3-5】如下代码就是一个定义文字风格的实例（详见随书光盘中的“源代码\ch03\3.5.html”）。

```
<html>
<body>
  <p style="font-style:italic">良辰美景奈何天，赏心乐事谁家院。</p>
  <p style="font-style:normal">良辰美景奈何天，赏心乐事谁家院。</p>
  <p style="font-style:oblique">良辰美景奈何天，赏心乐事谁家院。</p>
</body>
</html>
```

在 Firefox 中浏览效果如下图所示，可以看到文字分别显示不同的样式，如斜体。

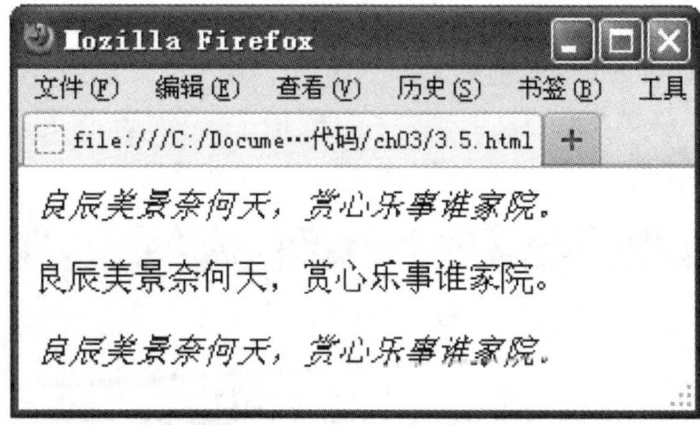

3.1.6　文字的阴影效果

在显示字体时，有时根据需求，需要给出文字的阴影效果，以增强网页整体的吸引力，并且为文字阴影添加颜色。这时就需要用到 CSS3 样式中的 text-shadow 属性。实际上，在 CSS 2.1 中，W3C 就已经定义了 text-shadow 属性，但在 CSS3 中又重新定义了它，并增加了不透明度效果。其语法格式如下：

```
{text-shadow : none | <length> none | [<shadow>, ] * <opacity> 或 none | <color> [, <color> ]* }
```

其属性值如表 3-5 所示。

表 3-5　text-shadow 属性值

属 性 值	含　义
<color>	指定颜色
<length>	由浮点数字和单位标识符组成的长度值。可为负值。指定阴影的水平延伸距离
<opacity>	由浮点数字和单位标识符组成的长度值。不可为负值。 指定模糊效果的作用距离。如果仅仅需要模糊效果，将前两个 length 全部设定为 0

text-shadow 属性有 4 个属性值，最后两个是可选的。第一个属性值表示阴影的水平位移，可取正负值；第二个属性表示阴影垂直位移，可取正负值；第三个值表示阴影模糊半径，该值可选；第四个值表示阴影颜色值，该值可选，如下：

```
text-shadow:阴影水平偏移值（可取正负值）;阴影垂直偏移值（可取正负值）;阴影模糊值;阴影颜色
```

【案例 3-6】如下代码就是一个定义文字阴影效果的实例（详见随书光盘中的“源代码\ch03\3.6.html”）。

```
<html>
<body>
<p align=center style="text-shadow:0.1em 2px 6px red;font-size:80px;">使用 TextShadow 的阴影效果图</p>
</body>
</html>
```

在 Firefox 中浏览效果如下图所示，可以看到文字居中并带有阴影显示。在该实例中，可以看出阴影偏移由两个 length 值知道到文本的距离。第一个长度值指定到文本右边的水平距离，负值会把阴影放置在文本左边。第二个长度值指定到文本下边的垂直距离，负值会把阴影放置在文本上方。在阴影偏移之后，可以指定一个模糊半径。

3.1.7 控制溢出文本

在网页显示信息时，如果指定显示区域宽度，而显示信息过长，其结果就是信息会撑破指定的信息区域，进而破坏整个网页布局。如果设定的信息显示区域过长，就会影响整体网页显示。在 CSS3 中，使用新增的 text-overflow 属性可解决上述问题。

text-overflow 属性用来定义当文本溢出时是否显示省略标记，即定义省略文本的出来方式。它并不具备其他的样式属性定义。要实现溢出时产生省略号的效果还需定义强制文本在一行内显示（white-space:nowrap）及溢出内容为隐藏（overflow:hidden），只有这样才能实现溢出文本显示省略号的效果。

text-overflow 语法如下：

```
text-overflow : clip | ellipsis
```

其属性值含义如表 3-6 所示。

表 3-6 text-overflow 属性值

属 性 值	含 义
clip	不显示省略标记（...），而是简单地裁切
ellipsis	当对象内的文本溢出时显示省略标记（...）

【案例 3-7】如下代码就是一个控制溢出文本的实例（详见随书光盘中的“源代码\ch03\3.7.html”）。

```
<html>
<body>
<style type="text/css">
  .test_demo_clip{text-overflow:clip; overflow:hidden;
 white-space:nowrap; width:150px; background:#ccc;}
 .test_demo_ellipsis{text-overflow:ellipsis; overflow:hidden;
 white-space:nowrap; width:150px;
background:#ccc;}
</style>
<h2>text-overflow : clip </h2>
  <div class="test_demo_clip">
  文字的半截效果：查看第一种效果
</div>
<h2>text-overflow : ellipsis </h2>
  <div class="test_demo_ellipsis">
  显示省略号的效果：查看第二种效果
</div>
</body>
</html>
```

在 Firefox 中浏览效果如下图所示，可以看到第二行文字在指定位置被裁切，第四行文字以省略号形式出现。

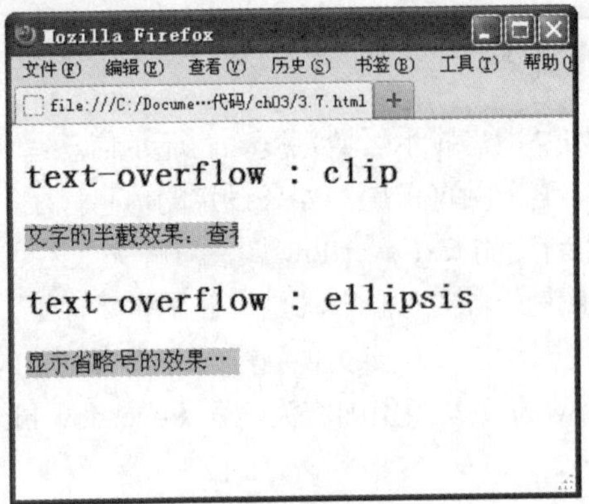

3.1.8 控制换行

当在一个指定区域显示一整行文字时，如果文字在一行显示不完，就需要进行换行。如果不进行换行，则会超出指定区域范围，此时我们可以采用 CSS3 中新增加的 word-wrap 文本样式来控制文本换行。

word-wrap 语法格式如下：

```
word-wrap : normal | break-word
```

其属性值含义比较简单，如表 3-7 所示。

表 3-7 word-wrap 属性值

属 性 值	含 义
normal	控制连续文本换行
break-word	内容将在边界内换行。如果需要，词内换行（word-break）也会发生

【案例 3-8】如下代码就是一个控制换行的实例（详见随书光盘中的“源代码\ch03\3.8.html”）。

```
<html >
<body>
<style type="text/css">
 div{ width:300px;word-wrap:break-word;border:1px solid #999999;}
</style>
<div>wordwrapbreakwordwordwrapbreakwordwordwrapbreakwordwordwrapbreakword</div><br>
        <div>全中文的效果：全中文的效果：全中文的效果：全中文的效果：全中文的效果：全中文的效果：全中文的效果
</div><br>
        <div>This is all English,This is all English,This is all English,This is all English,</div>
</body>
</html>
```

在 Firefox 中浏览效果如下图所示，可以看到文字在指定位置被控制换行。

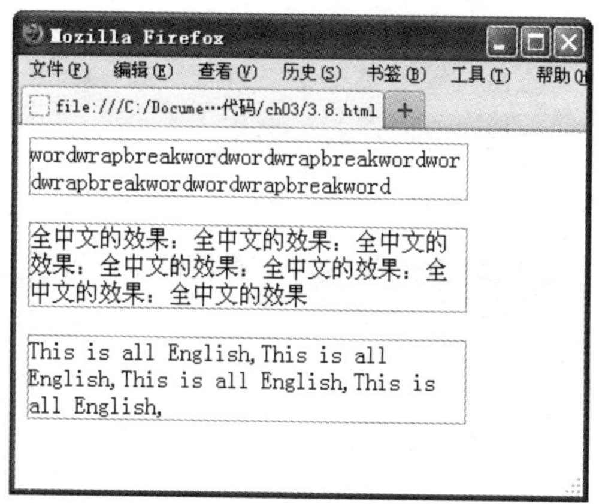

可以看出，word-wrap 属性可以控制换行，当属性取值 break-word 时将强制换行，中文文本没有任何问题，英文语句也没有任何问题。但是对于长串的英文就不起作用，也就是说，break-word 属性用于控制是否断词，而不是断字符。

3.1.9 字体复合属性

在设计网页时，为了使网页布局合理且文本规范，对字体设计需要使用多种属性，例如定义字体粗细，并定义字体大小。但是，多个属性分别书写相对比较麻烦，在 CSS3 样式表中提供了 font 属性来解决这一问题。

font 属性可以一次性地使用多个属性的属性值定义文本字体。其语法格式如下：

```
{font:font-style font-variant font-weight font-szie font-family}
```

font 属性中的属性排列顺序是 font-style、font-variant、font-weight、font-size 和 font-family，各属性的属性值之间使用空格隔开。但是，如果 font-family 属性要定义多个属性值，则需使用逗号（,）隔开。

属性排列中，font-style、font-variant 和 font-weight 这 3 个属性值是可以自由调换的，而 font-size 和 font-family 则必须按照固定的顺序出现，而且必须都出现在 font 属性中。如果这两者的顺序不对，或缺少一个，那么，整条样式规则可能就会被忽略。

【案例 3-9】如下代码就是一个使用字体复合属性的实例（详见随书光盘中的“源代码\ch03\3.9.html”）。

```
<html>
<style type=text/css>
p{
  font:normal small-caps bolder 30pt "Cambria","Times New Roman",宋体
}
</style>
<body>
<p>
葡萄美酒夜光杯，欲饮琵琶马上催。
```

```
醉卧沙场君莫笑，古来征战几人回。
</p>
</body>
</html>
```

在 Firefox 中浏览效果如下图所示，可以看到文字被设置成宋体并加粗。

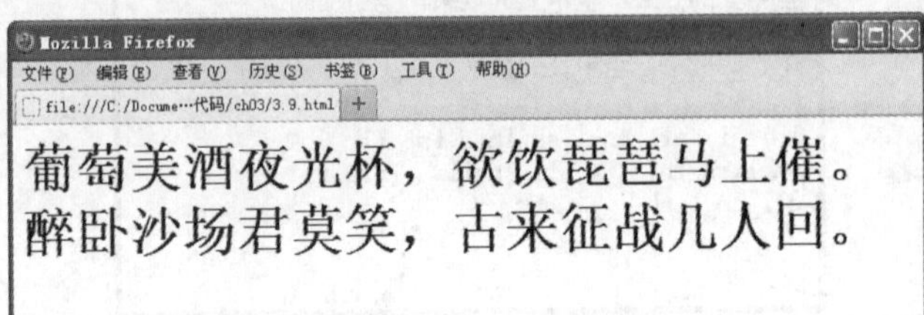

3.1.10 文字修饰效果

在网页文本编辑中，有的文字需要突出重点，这时往往会给其增加下画线，或者增加顶画线和删除线效果，从而吸引读者的眼球。在 CSS3 中，text-decoration 属性是文本修饰属性，该属性可以为页面提供多种文本的修饰效果，例如，下画线、删除线、闪烁等。

text-decoration 属性语法格式如下：

```
text-decoration:none||underline||blink||overline||line-through
```

其属性值含义如表 3-8 所示。

表 3-8 text-decoration 属性值

属 性 值	含 义
none	默认值，对文本不进行任何修饰
underline	下画线
overline	上画线
line-through	删除线
blink	闪烁

【案例 3-10】如下代码就是一个文字修饰效果的实例（详见随书光盘中的"源代码\ch03\3.10.html"）。

```
<html>
<body>
  <p style="text-decoration:none">终南望余雪</p>
  <p style="text-decoration:underline">终南阴岭秀</p>
  <p style="text-decoration:overline">积雪浮云端</p>
  <p style="text-decoration:line-through">林表明霁色</p>
  <p style="text-decoration:blink">城中增暮寒</p>
</body>
</html>
```

打开 Firefox 显示，其显示效果如下图所示，可以看到段落中出现了下画线、上画线和删除线等。

3.2 CSS3 段落文字

段落是文章的基本单位，同样也是网页的基本单位。段落的放置与效果的显示会直接影响到页面的布局及风格。

3.2.1 设置字符间隔

在 CSS3 中，通过 letter-spacing 属性来设置字符文本之间的距离，即在文本字符之间插入多少空间，这里允许使用负值，这会让字母之间更加紧凑。其语法格式如下：

```
letter-spacing : normal | length
```

其属性值含义如表 3-9 所示。

表 3-9 字符间隔属性表

属 性 值	含 义
normal	默认间隔，即以字符之间的标准间隔显示
length	由浮点数字和单位标识符组成的长度值，允许为负值

【案例 3-11】如下代码就是一个设置字符间隔的实例（详见随书光盘中的“源代码\ch03\3.11.html”）。

```
<html>
<body>
<p style=" letter-spacing:normal"> Welcome to study this book</p>
<p style=" letter-spacing:5px"> Welcome to study this book </p>
<p style="letter-spacing:1ex"> Welcome to study this book </p>
<p style="letter-spacing:-1ex">红旗直上天山雪-1ex</p>
<p style="letter-spacing:1em">这里的字间距是 1em</p>
</body>
```

```
</html>
```

在 Firefox 中浏览效果如下图所示，可以看到文字间距以不同大小显示。

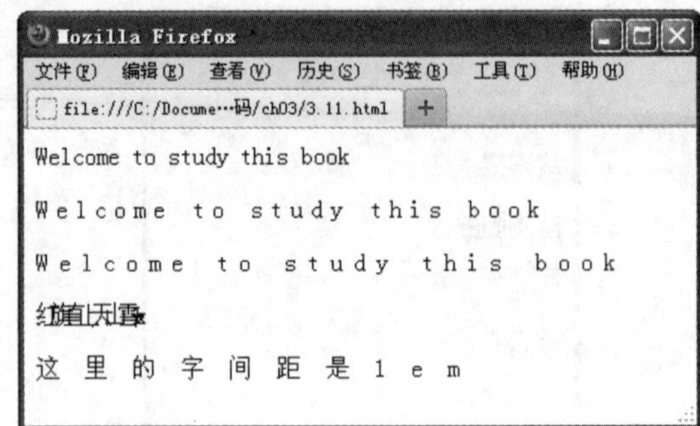

3.2.2 设置单词间隔

单词之间的间隔如果设置合理，一是会给整个网页布局节省空间，二是可以给人赏心悦目的感觉，提高阅读效果。在 CSS3 中，可以使用 word-spacing 属性直接定义指定区域或者段落中单词之间的间隔。

word-spacing 属性用于设定词与词之间的间距，即增加或者减少词与词之间的间隔。其语法格式如下：

```
word-spacing : normal | length
```

其中属性值 normal 和 length 的含义如表 3-10 所示。

表 3-10 单词间隔属性表

属 性 值	含 义
normal	默认，定义单词之间的标准间隔
length	定义单词之间的固定宽度，可以接受正值或负值

【案例 3-12】如下代码就是一个设置单词间隔的实例（详见随书光盘中的“源代码\ch03\3.12.html”）。

```
<html>
<body>
<p style="word-spacing:normal">Welcome to study this book </p>
<p style="word-spacing:15px">Welcome to study this book </p>
<p style="word-spacing:15px">欢迎学习此书</p>
</body>
</html>
```

在 Firefox 中浏览效果如下图所示，可以看到段落中单词以不同间隔显示。

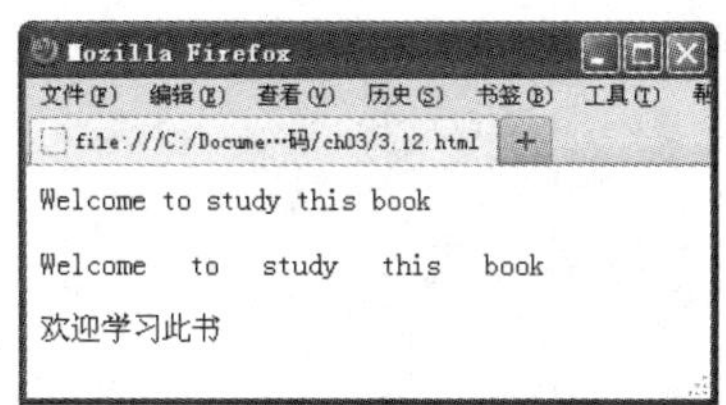

从上面的显示结果可以看出，word-spacing 属性不能用于设定文字之间的间隔。

3.2.3　水平对齐方式

一般情况下，居中对齐适用于标题类文本，其他对齐方式可以根据页面布局来选择使用。根据需要，可以设置多种对齐，例如水平方向上的居中、左对齐、右对齐或者两端对齐等。在 CSS3 中，可以通过 text-align 属性进行设置。

text-align 属性用于定义对象文本的对齐方式。与 CSS2.1 相比，CSS3 增加了 start、end 和<string>属性值。text-align 语法格式如下：

```
{ text-align: sTextAlign }
```

其属性值含义如表 3-11 所示。

表 3-11　对齐属性表

属 性 值	含　义
start	文本向行的开始边缘对齐
end	文本向行的结束边缘对齐
left	文本向行的左边缘对齐。在垂直方向的文本中，文本在 left-to-right 模式下向开始边缘对齐
right	文本向行的右边缘对齐。在垂直方向的文本中，文本在 left-to-right 模式下向结束边缘对齐
center	文本在行内居中对齐
justify	文本根据 text-justify 的属性设置方法分散对齐。即两端对齐，均匀分布
match-parent	继承父元素的对齐方式，但有个例外：继承的 start 或者 end 值是根据父元素的 direction 值进行计算的，因此计算的结果可能是 left 或者 right
<string>	string 是一个单个的字符，否则就忽略此设置。按指定的字符进行对齐。此属性可以跟其他关键字同时使用。如果没有设置字符，则默认值是 end 方式
inherit	继承父元素的对齐方式

在新增加的属性值中，start 和 end 属性值主要是针对行内元素的，即在包含元素的头部或尾部显示；而<string>属性值主要用于表格单元格中，将根据某个指定的字符对齐。

【案例 3-13】如下代码就是一个控制水平对齐方式的实例（详见随书光盘中的“源代码\ch03\3.13.html”）。

```
<html>
<body>
```

```
<h1 style="text-align:center">登幽州台歌</h1>
<h3 style="text-align:left">选自：</h3>
<h3 style="text-align:right">
  <img src="1.gif" />
  唐诗三百首</h3>
<p style="text-align:justify">
  前不见古人
  后不见来者
  （这是一个测试，这是一个测试，这是一个测试，）
</p>
<p style="text-align:strat">念天地之悠悠</p>
<p style="text-align:end">独怆然而涕下</p>
</body>
</html>
```

在 Firefox 中浏览效果如下图所示，可以看到文字在水平方向上以不同的对齐方式显示。

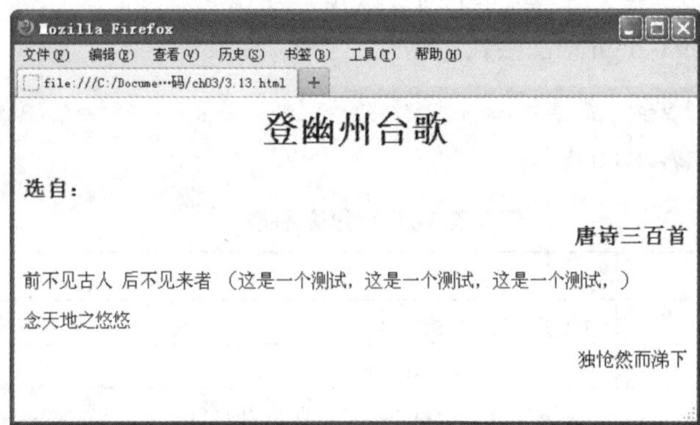

text-align 属性只能用于文本块，而不能直接应用到图像标记<img>。如果要使图像同文本一样应用对齐方式，那么就必须将图像包含在文本块中。如上例，由于向右对齐方式作用于<h3>标记定义的文本块，图像包含在文本块中，所以图像能够同文本一样向右对齐。

3.2.4 垂直对齐方式

在网页文本编辑中，对齐有很多方式，字行排在一行的中央位置叫“居中”，文章的标题和表格中的数据一般都居中排。有时还要求文字垂直对齐，即文字顶部对齐，或者底部对齐。

在 CSS3 中，可以直接使用 vertical-align 属性来定义，该属性用来设定垂直对齐方式。该属性定义行内元素的基线相对于该元素所在行的基线的垂直对齐，允许指定负长度值和百分比值，这会使元素降低而不是升高。在表单元格中，这个属性会设置单元格框中的单元格内容的对齐方式。

vertical-align 属性语法格式如下：

```
{vertical-align:属性值}
```

vertical-align 属性值有 10 个预设值可使用，也可以使用百分比。这 10 个预设值如表 3-12 所示。

表 3-12 vertical-align 属性值

属 性 值	含 义
baseline	默认。元素放置在父元素的基线上
sub	垂直对齐文本的下标
super	垂直对齐文本的上标
top	把元素的顶端与行中最高元素的顶端对齐
text-top	把元素的顶端与父元素字体的顶端对齐
Middle	把此元素放置在父元素的中部
bottom	把元素的顶端与行中最低的元素的顶端对齐
text-bottom	把元素的底端与父元素字体的底端对齐
length	设置元素的堆叠顺序
%	使用 line-height 属性的百分比值来排列此元素。允许使用负值

【案例 3-14】如下代码就是一个设置垂直对齐方式的实例（详见随书光盘中的“源代码\ch03\3.14.html”）。

```
<html>
<body>
<p>
    世界杯<b style=" font-size:8pt;vertical-align:super">2014</b>!
    中国队<b style="font-size: 8pt;vertical-align: sub">[注]</b>!
    加油！<img src="1.gif" style="vertical-align: baseline">
</p>
<p><img src="2.gif" style="vertical-align:middle"/>
    世界杯！中国队！加油！<img src="1.gif" style="vertical-align:top">
</p>
<hr/>
<p ><img src="2.gif" style="vertical-align:middle"/>
    世界杯！中国队！加油！<img src="1.gif" style="vertical-align:text-top">
</p>
<p><img src="2.gif" style="vertical-align:middle"/>
    世界杯！中国队！加油！<img src="1.gif" style="vertical-align:bottom">
</p>
<hr/>
<p ><img src="2.gif" style="vertical-align:middle"/>
```

```
    世界杯！中国队！加油！<img src="1.gif" style="vertical-align:text-bottom">
</p>
<p>
    世界杯<b style=" font-size:8pt;vertical-align:100%">2008</b>!
    中国队<b style="font-size: 8pt;vertical-align: -100%">[注]</b>!
    加油！<img src="1.gif" style="vertical-align: baseline">
</p>
</body>
</html>
```

在 Firefox 中浏览效果如下图所示，可以看到文字在垂直方向以不同的对齐方式显示。

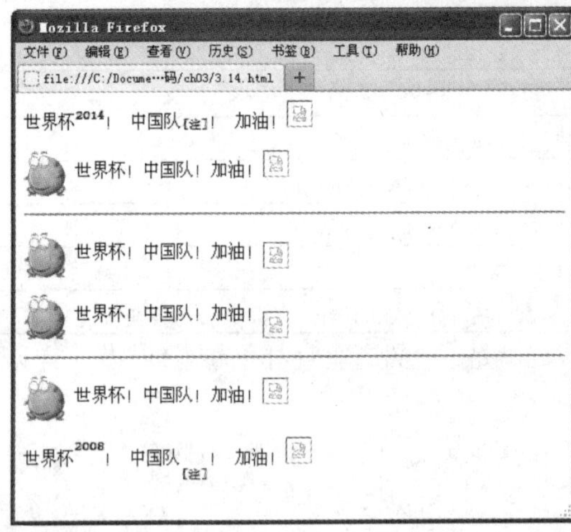

从上面的实例中可以看出上下标在页面中的数学运算或注释标号使用的比较多。顶端对齐有两种参照方式，一种是参照整个文本块，一种是参照文本。底部对齐同顶端对齐方式相同，分别参照文本块和文本块中包含的文本。

3.2.5 文本缩进

在普通段落中，通常首行缩进两个字符，用来表示这是一个段落的开始。同样，在网页的文本编辑中可以通过指定属性来控制文本缩进。CSS3 的 text-indent 属性就用来设定文本块中首行的缩进。

text-indent 属性语法格式如下：

```
text-indent : length
```

其中，length 属性值表示有百分比数字或有由浮点数字和单位标识符组成的长度值，允许为负值。可以这样认为，text-indent 属性可以定义两种缩进方式，一种是直接定义缩进的长度，另一种是定义缩进百分比。使用该属性，HTML 任何标记都可以让首行以给定的长度或百分比缩进。

【案例 3-15】如下代码就是一个使用文本缩进的实例（详见随书光盘中的“源代码\ch03\3.15.html”）。

```
<html>
<body>
<p style="text-indent:10mm">
    此处直接通过子定义长度进行缩进。
</p>
<p style="text-indent:10%">
  此处使用百分比进行缩进。
</p>
</body>
</html>
```

在 Firefox 中浏览效果如下图所示，可以看到文字以首行缩进方式显示。

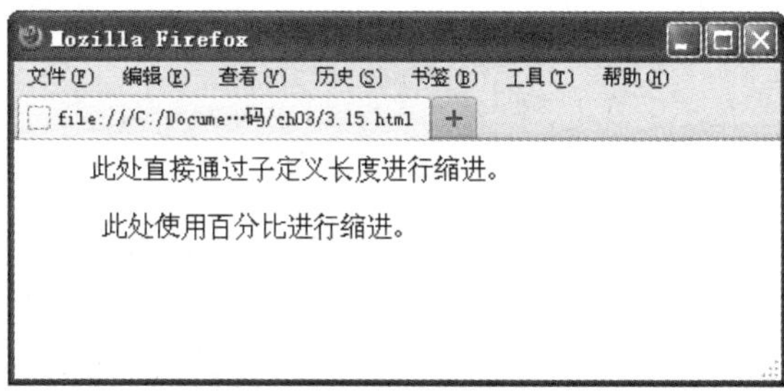

如果上级标记定义了 text-indent 属性，那么子标记可以继承其上级标记的缩进长度。

3.2.6　文本行高

在 CSS3 中，line-height 属性用来设置行间距，即行高。其语法格式如下：

```
line-height : normal | length
```

其属性值的具体含义如表 3-13 所示。

表 3-13　行高属性值

属 性 值	含　义
normal	默认行高，即网页文本的标准行高
length	百分比数字或由浮点数字和单位标识符组成的长度值，允许为负值。其百分比取值基于字体的高度尺寸

【案例 3-16】如下代码就是一个使用文本行高的实例（详见随书光盘中的“源代码\ch03\3.16.html”）。

```
<html>
<body>
  <div style="text-indent:10mm;">
    <p style="line-height:50px">
        世界杯（World Cup,FIFA World Cup），国际足联世界杯，世界足球锦标赛）是世界上最高水平的足球比赛，与奥运会、F1 并称为全球三大顶级赛事。
    </p>    <p style="line-height:50%">
```

```
        世界杯（World Cup,FIFA World Cup），国际足联世界杯，世界足球锦标赛）是世界上最高水平的足球比赛，与奥运会、F1 并称为全球三大顶级赛事。
      </p>
    </div>
  </body>
</html>
```

在 Firefox 中浏览效果如下图所示，可以看到有段文字重叠在一起，即行高设置较小。

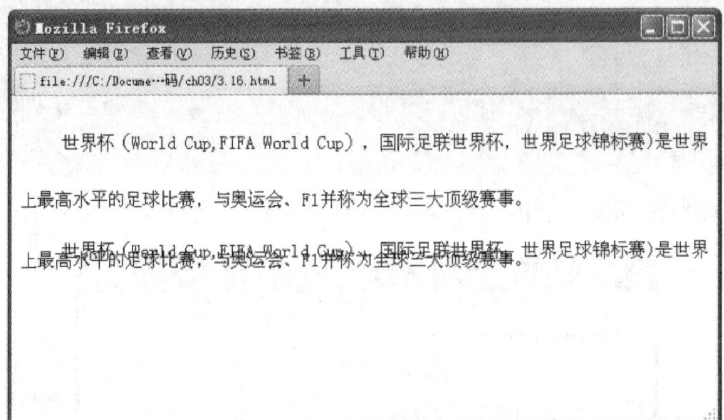

3.3 技能训练——网页图文混排效果

在一个网页新闻中，出现最多的就是文字和图片，二者放在一起，图文并茂，能够生动地表达新闻主题。本实例将会利用前面介绍的文本和段落属性，创建一个图片的简单混排，复杂的图片混排会在后面介绍。具体步骤如下：

Step01 分析布局并构建 HTML。首先需要创建一个 HTML 页面，并用 DIV 将页面划分两个层，一个是网页标题层，一个是正文部分。效果如下图所示。

女足世界杯前瞻：巴西女足誓擒澳洲女足

周四凌晨，女子世界杯分组赛D组首轮的赛事全面展开，其中南美劲旅巴西女足将在德国门兴格拉德巴赫与澳洲女足进行较量。

巴西足球一向被外界认可，巴西女足上届女子世界杯决赛中遗憾地0比2不敌德国女足，球员满腹怨气，今届欲卷土重来。

Step02 导入 CSS 文件。将 CSS 文件使用 link 方式导入到 HTML 页面中。此 CSS 页面定义了这个页面的所有样式，其导入代码如下：

```
<link href="3-23.css" rel="stylesheet" type="text/css" />
```

Step03 完成标题部分。首先设置网页标题部分，创建一个 div，用来放置标题。其 HTML 代码如下：

```
<div>
<h1>女足世界杯前瞻：巴西女足誓擒澳洲女足</h1>
</div>
```

在 CSS 样式文件中，修饰 HTML 元素，其 CSS 代码如下：

```
h1{text-align:center;text-shadow:0.1em 2px 6px blue;font-size:18px;}
```

Step04 完成正文和图片部分。下面设置网页正文部分，正文中包含了一张图片。其 HTML 代码如下：

```
<div>
<p>周四凌晨，女子世界杯分组赛 D 组首轮的赛事全面展开，其中南美劲旅巴西女足将在德国门兴格拉德巴赫与澳洲女足进行较量。
</p><p> 巴西足球一向被外界认可，巴西女足上届女子世界杯决赛中遗憾地 0 比 2 不敌德国女足，球员满腹怨气，今届欲卷土重来。</p>
<DIV class="im">
<img src="8.jpg">
</DIV>
<p>在近 6 仗国际赛中，巴西女足取得 4 胜 2 和的不败战绩，在备战今届赛事中的两场热身赛中，相继 3 比 0 完胜智利女足和 4 比 1 大胜阿根廷女足，显得游刃有余。此番中立场面对实力较弱的澳洲女足，巴西女足有望取得开门红。澳洲女足上届女子世界杯在半准决赛中不敌巴西女足，止步八强，虽然在上仗国际赛中主场 2 比 1 力克纽西兰女足，但在之前 2 仗国际赛分别以 1 比 2 相同的比分不敌德国女足和南韩女足，近 3 仗失球多达 5 个，澳洲女足的后防线漏洞恐怕难以抵挡巴西女足的强大攻势，加上往绩上澳洲女足 3 战皆负，今仗对阵实力较强的巴西女足，澳洲女足只能寄望输少当赢。
</p>
</div>
```

CSS 样式代码如下：

```
p{text-indent:8mm;line-height:7mm;}
.im{width:300px; float:left; border:#000000 solid 1px;}
```

Step05 在 Firefox 中浏览效果如下图所示。

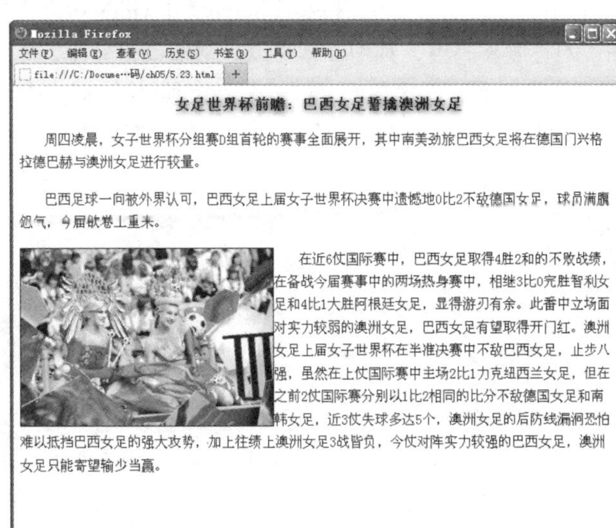

第 4 天 用 CSS3 设置图片效果

学时探讨：

今日主要探讨用 CSS3 设置图片效果的基本知识。图片是直观、形象的，一张好的图片会带给网页很高的点击率。在 CSS3 中定义了很多属性用来美化和设置图片。

学时目标：

通过此章节 CSS3 样式的学习，读者可学会如何设置图片大小、图片的对齐效果和图文混排等知识。

4.1 图片缩放

网页上显示一张图片时，默认情况下都是以图片的原始大小显示。如果要对网页进行排版，通常情况下，还需要对图片进行大小的重新设定。如果对图片设置不恰当，就会造成图片的变形和失真，所以一定要保持宽度和高度属性的比例适中。对于图片大小设定，可以采用以下 3 种方式完成。

4.1.1 通过标记设置图片大小

在 HTML 标记语言中，通过 img 的描述标记 height 和 width 可以设置图片大小。width 和 height 分别表示图片的宽度和高度，其中二者可以是数值或百分比，单位可以是 px，也可以是%、em 和 pt。需要注意的是，高度属性 heigth 和宽度属性 width 设置要求相同。

【案例 4-1】如下代码就是一个通过标记设置图片大小的实例（详见随书光盘中的“源代码\ch04\4.1.html”）。

```
<html>
<head>
<title>图片大小</title>
</head>
<body>
<img src="tu01.jpg" width=300 height=200>
</body>
</html>
```

在 Firefox 中浏览效果如下图所示，可以看到网页显示了一张图片，其宽度为 300 像素，高度为 200 像素。

4.1.2 使用 CSS3 中 width 和 height

在 CSS3 中，可以使用属性 width 和 height 来设置图片宽度及高度，从而达到对图片的缩放效果。

【案例 4-2】如下代码就是一个使用 CSS3 中 width 和 height 的实例（详见随书光盘中的“源代码\ch04\4.2.html”）。

```
<html>
<head>
<title>图片大小</title>
</head>
<body>
<img src="tu01.jpg" >
<img src="tu01.jpg"  style="width:150px;height:150px" >
</body>
</html>
```

在 Firefox 中浏览效果如下图所示，可以看到网页显示了两张图片，第一张图片以原大小显示，第二张图片以指定大小显示。

4.1.3 使用 CSS3 中 max-width 和 max-height

在 CSS3 中，max-width 和 max-height 分别用来设置图片宽度最大值和高度最大值。max-width 和 max-height 的值一般是数值类型。

其语法格式如下：

```
img{
```

```
        max-height:200px;
    }
```

或者使用如下格式：

```
style="max-width:100px;"
```

在定义图片大小时，如果图片默认尺寸超过了定义的大小，那么就以 max-width 所定义的宽度值显示，而图片高度将同比例变化；如果定义的是 max-height，依此类推。但是如果图片的尺寸小于最大宽度或者高度，那么图片就按原尺寸大小显示。

【案例 4-3】如下代码就是一个使用 CSS3 中 max-height 的实例（详见随书光盘中的“源代码\ch04\4.3.html”）。

```
<html>
<head>
<title>图片大小</title>
</head>
<body>
图片默认的尺寸超过了定义大小的效果：<br>
<img src="tu01.jpg" style="max-width:100px;"><br>
图片默认的尺寸小于定义大小的效果：<br>
<img src="tu01.jpg" style="max-width:400px;">
</body>
</html>
```

在 Firefox 中浏览效果如下图所示，可以看到网页中显示了两张图片，其显示高度分别为是 100 像素和原始的高度 267 像素，宽度将做同比例缩放。

> 提示　同样，在本例中，也可以只设置 max-width 来定义图片最大宽度，而让高度自动缩放。

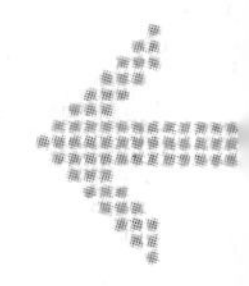

4.2 设置图片的边框

当图片显示之后，其边框是否显示，可以通过 img 标记中的描述标记 border 来设定。其示例代码如下：

```
<img src="tu01.jpg" border="3">
```

通过 HTML 标记设置图片边框，其边框显示都是黑色，并且风格比较单一，唯一能够设定的就是边框的粗细，而对边框样式基本上是无能为力。这时可以采用 CSS3 对边框样式进行美化。

在 CSS3 中，使用 border-style 属性定义边框样式，即边框风格。例如可以设置边框风格为点线式边框（dotted）、破折线式边框（dashed）、直线式边框（solid）、双线式边框（double）等。

【案例 4-4】如下代码就是一个设置图片边框的实例（详见随书光盘中的“源代码\ch04\4.4.html”）。

```
<html>
<head>
<title>图片边框</title>
</head>
<body>
<img src="tu01.jpg" border="3" style="border-style:dotted">
<img src="tu01.jpg" border="3" style="border-style:dashed">
</body>
</html>
```

在 Firefox 中浏览效果如下图所示，可以看到网页中显示了两张图片，其边框分别为点线式和破折线式。

另外，如果需要单独定义边框一边的样式，可以使用 border-top-style 设定上边框样式、border-right-style 设定右边框样式、border-bottom-style 设定下边框样式和 border-left-style 设定左边框样式。

【案例 4-5】如下代码就是一个分别设置边框的实例（详见随书光盘中的“源代码\ch04\4.5.html”）。

```
<html>
<head>
<title>图片边框</title>
</head>
<body>
<img src="tu01.jpg" border="3" style="border-top-style:dotted;border-right-style:insert;border-bottom- style:dashed;border-left-style:groove">
</body>
</html>
```

在 Firefox 中浏览效果如下图所示，可以看到网页中显示了一张图片，图片的上边框、下边框、左边框和右边框分别以不同样式显示。

4.3 图片的对齐方式

一个图文并茂、排版格式整洁简约的页面，更容易让浏览者所接受。可见图片的对齐方式是非常重要的。

4.3.1 横向对齐方式

所谓图片横向对齐，就是在水平方向上进行对齐。其对齐样式和文字对齐比较相似，都是有 3 种对齐方式，分别为“左”、“右”和“中”。

如果要定义图片对齐方式，不能在样式表中直接定义图片样式，需要在图片的上一个标

记级别，即父标记级别定义对齐方式，让图片继承父标记的对齐方式。之所以这样定义父标记对齐方式，是因为 img（图片）本身没有对齐属性，需要使用 CSS 继承父标记的 text-align 来定义对齐方式。

【案例 4-6】如下代码就是一个设置横向对齐方式的实例（详见随书光盘中的“源代码\ch04\4.6.html”）。

```
<html>
<head>
<title>图片横向对齐</title>
</head>
<body>
<p style="text-align:left"><img src="tu01.jpg" style="max-width:140px;">
图片左对齐</p>
<p style="text-align:center"><img src="tu01.jpg" style="max-width:
140px;">图片居中对齐</p>
<p style="text-align:right"><img src="tu01.jpg"
 style="max-width:140px;">图片右对齐</p>
</body>
</html>
```

在 Firefox 中浏览效果如下图所示，可以看到网页上显示 3 张图片，大小一样，但对齐方式分别是左对齐、居中对齐和右对齐。

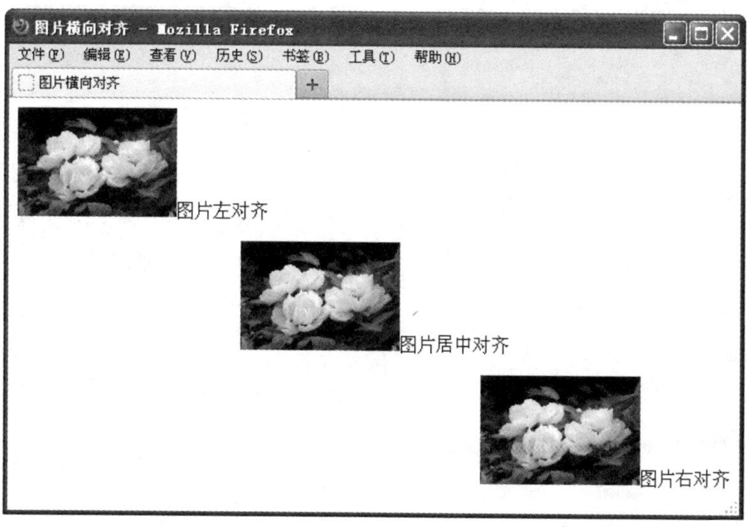

4.3.2 纵向对齐方式

纵向对齐就是垂直对齐，即在垂直方向上和文字进行搭配使用。通过对图片垂直方向上的设置，可以设定图片和文字的高度一致。在 CSS3 中，对于图片纵向设置通常使用 vertical-align 属性来定义。

vertical-align 属性设置元素的垂直对齐方式，即定义行内元素的基线相对于该元素所在行的基线的垂直对齐。允许指定负长度值和百分比值，这会使元素降低而不是升高。在表单元格中，这个属性会设置单元格框中的单元格内容的对齐方式。其语法格式如下：

```
vertical-align : baseline |sub | super |top |text-top |middle |bottom
|text-bottom |length
```

上面参数含义如表 4-1 所示。

表 4-1　参数含义表

参数名称	含　义
baseline	支持 valign 特性的对象的内容与基线对齐
sub	垂直对齐文本的下标
super	垂直对齐文本的上标
top	将支持 valign 特性的对象的内容与对象顶端对齐
text-top	将支持 valign 特性的对象的文本与对象顶端对齐
middle	将支持 valign 特性的对象的内容与对象中部对齐
bottom	将支持 valign 特性的对象的文本与对象底端对齐
text-bottom	将支持 valign 特性的对象的文本与对象顶端对齐
length	由浮点数字和单位标识符组成的长度值或者百分数。可为负数。定义由基线算起的偏移量。基线对于数值来说为 0，对于百分数来说就是 0%

【案例 4-7】如下代码就是一个设置纵向对齐的实例（详见随书光盘中的“源代码\ch04\4.7.html”）。

```
<html>
<head>
<title>图片纵向对齐</title>
<style>
img{
max-width:100px;
}
</style>
</head>
<body>
<p>纵向对齐方式:baseline<img src=tu01.jpg style="vertical-align:
baseline"></p>
<p>纵向对齐方式:bottom<img src=tu01.jpg style="vertical-align:bottom"></p>
<p>纵向对齐方式:middle<img src=tu01.jpg style="vertical-align:middle"></p>
<p>纵向对齐方式:sub<img src=tu01.jpg style="vertical-align:sub"></p>
<p>纵向对齐方式:super<img src=tu01.jpg style="vertical-align:super"></p>
<p>纵向对齐方式:数值定义<img src=tu01.jpg style="vertical-align:20px"></p>
</body>
</html>
```

在 Firefox 中浏览效果如下图所示，可以看到网页上显示 6 张图片，垂直方向上分别是 baseline、bottom、middle、sub、super 和数值对齐。

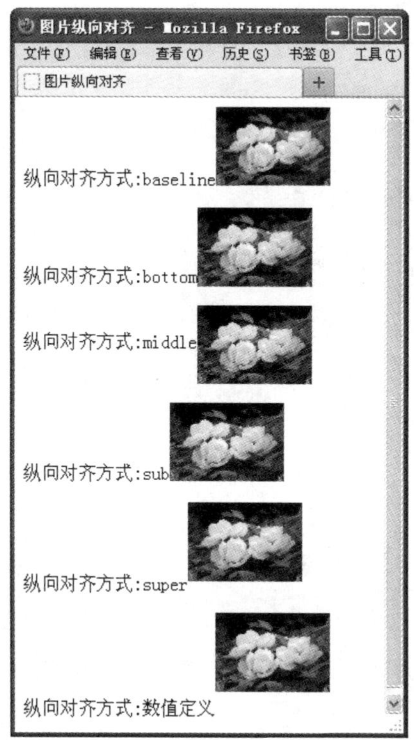

4.4　图文混排效果

一个普通的网页，最常见的方式就是图文混排，文字说明主题，图像显示新闻情境，二者结合起来相得益彰。

4.4.1　设置图片与文字间距

如果需要设置图片和文字之间的距离，即文字与图片之间存在一定间距，不是紧紧环绕，可以使用 CSS3 中的属性 padding 来设置。

padding 属性主要用来在一个声明中设置所有内边距属性，即可以设置元素所有内边距的宽度，或者设置各边上内边距的宽度。如果一个元素既有内边距又有背景，从视觉上看可能会延伸到其他行，有可能还会与其他内容重叠。元素的背景会延伸穿过内边距。不允许指定负边距值。

其语法格式如下：

```
padding :padding-top | padding-right | padding-bottom | padding-left
```

其参数值 padding-top 用来设置距离顶部内边距；padding-right 用来设置距离右部内边距；padding-bottom 用来设置距离底部内边距；padding-left 用来设置距离左部内边距。

【案例 4-8】如下代码就是一个设置图片与文字间距的实例（详见随书光盘中的“源代码\ch04\4.8.html”）。

```
<html>
<head>
<title>文字环绕</title>
<style>
img{
max-width:120px;
float:left;
padding-top:10px;
padding-right:50px;
padding-bottom:10px;
}
</style>
</head>
<body>
<p>
鲜花知识：哪些花是夏天开的
<img src="tu01.jpg">
你知道有哪些花是夏天开的吗？其实每个季节都有最具代表性的花，比如芍药、月季、蔷薇、荷花、石榴等花都是在夏天开得最灿烂的花。
</p>
</body>
</html>
```

在 Firefox 中浏览效果如下图所示，可以看到图片被文字所环绕，并且文字和图片右边间距为 50 像素，上下各为 10 像素。

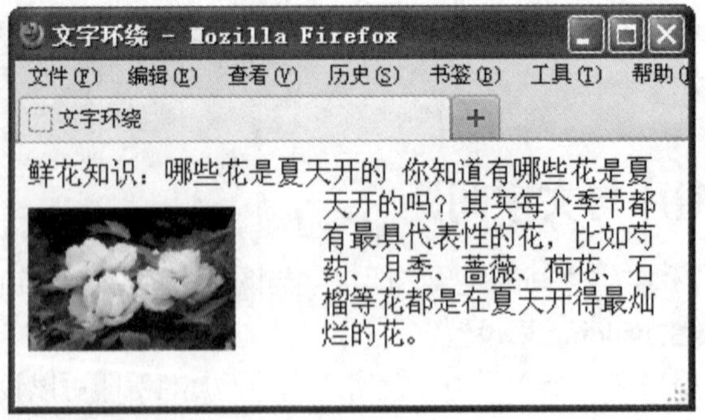

4.4.2 文字环绕效果

在网页中进行排版时，可以将文字设置成环绕图片的形式，即文字环绕。文字环绕应用非常广泛，如果再配合背景则可以达到绚丽的效果。

在 CSS3 中，可以使用 float 属性定义该效果。float 属性主要定义元素在哪个方向浮动。一般情况下这个属性总应用于图像，使文本围绕在图像周围，有时也可以定义其他元素浮动。浮动元素会生成一个块级框，而不论它本身是何种元素。如果浮动非替换元素，则要指定一

个明确的宽度；否则，它们会尽可能地窄。

float 语法格式如下：

```
float : none | left |right
```

【案例 4-9】如下代码就是一个文字环绕效果的实例（详见随书光盘中的“源代码\ch04\4.9.html”）。

```
<html>
<head>
<title>文字环绕</title>
<style>
img{
max-width:120px;
float:left;
}
</style>
</head>
<body>
<p>
鲜花知识：哪些花是夏天开的。
<img src="tu01.jpg">
你知道有哪些花是夏天开的吗？其实每个季节都有最具代表性的花，比如芍药、月季、蔷薇、荷花、石榴等花都是在夏天开得最灿烂的花。
</p>
</body>
</html>
```

在 Firefox 中浏览效果如下图所示，可以看到图片被文字所环绕，并在文字的左方向显示。如果将 float 属性的值设置为 right，其图片会在文字右方显示并环绕。

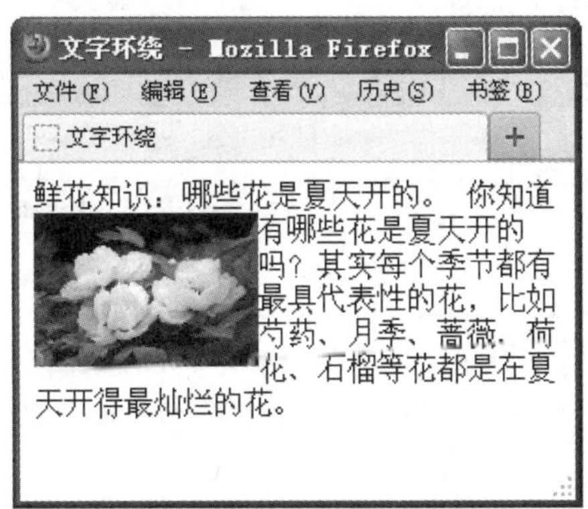

4.5　技能训练——酒店宣传单

本实例模仿一个公司宣传单，进行图文混排，从而加深前面学习的知识。

具体操作步骤如下。

Step01 构建 HTML 网页。创建 HTML 页面，页面中包含一个 div，div 中包含图片和两个段落信息。其代码如下：

```
<html >
<head>
<title>酒店宣传单</title>
</head>
<body>
<div>
 <img src="tu02.jpg" />
<p>酒店优惠新活动</p>
<p> 酒店位于郑州市的商业、金融及行政中心区域，坐落于黄金地段金水路，酒店地理位置优越。酒店园林式环境幽雅惬意，设施高档完善，服务亲切专业。入住其中，您将感受无以伦比的舒适体验。</p>
</div>
</body>
</html>
```

在 Firefox 中浏览效果如下图所示，可以看到网页中的标题和内容。

Step02 添加 CSS 代码，修饰 div，代码如下：

```
<style>
big{
width:430px;
}
</style>
```

在 HTML 代码中将 big 引用到 div 中，代码如下：

```
<div  class=big>
 <img src="tu02.jpg" /><p>酒店优惠新活动</p><p> 酒店位于郑州市的商业、金融及行政中心区域，坐落于黄金地段金水路，酒店地理位置优越。酒店园林式环境幽雅惬意，设施高档完善，服
```

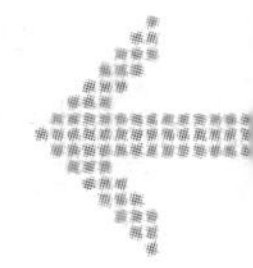

```
务亲切专业。入住其中，您将感受无以伦比的舒适体验。 </p>
  </div>
```

在 Firefox 中浏览效果如下图所示，可以看到在网页中段落以块的形式显示。

Step03 添加 CSS 代码，修饰图片，代码如下：

```
img{
    width:260px;
    height:220px;
    border:#009900 2px solid;
    float:left;
     padding-right:0.5px;
    }
```

在 Firefox 中浏览效果如下图所示，可以看到在网页中图片以指定大小显示，并且带有边框，且左面进行浮动。

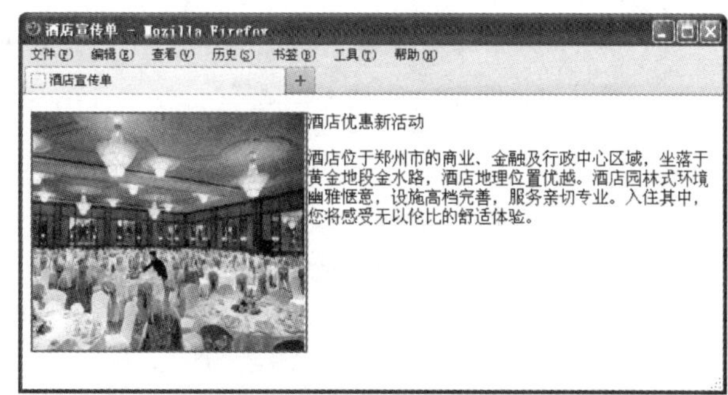

Step04 添加 CSS 代码，修饰段落，代码如下：

```
p{
   font-family:"宋体";
   font-size:14px;
   line-height:20px;
   }
```

在 Firefox 中浏览效果如下图所示，可以看到在网页中段落以宋体显示，大小为 14 像素，行高为 20 像素。

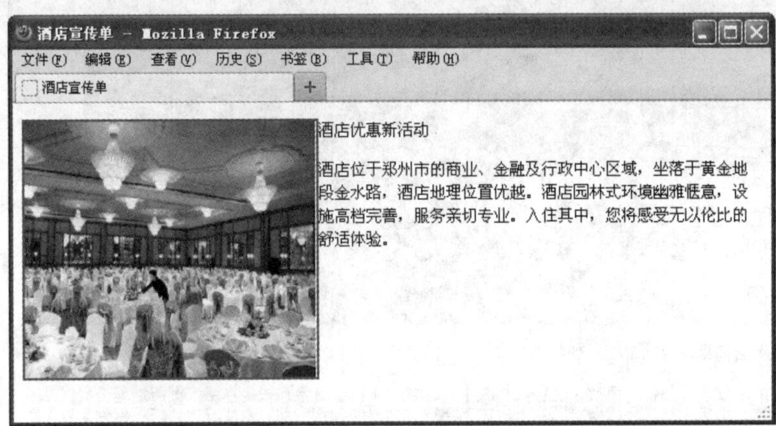

第 5 天　用 CSS3 设置网页中的背景

学时探讨：

今日主要探讨如何用 CSS3 设置网页中的背景。对于不同的网页，背景和基调也是不同的。页面中的背景通常是网站设计时一个重要的步骤。本章将重点介绍网页演示和背景的设置方法与技巧。

学时目标：

通过此章节的学习，读者可学会如何设置网页的背景颜色、设置背景图片等知识。

5.1　设置网页背景颜色

在 CSS3 中，使用 background-color 属性设定网页背景色。对于没有设定背景色的标记，默认背景色为透明（tranaparent）。

background-color 属性的语法格式如下：

```
{background-color : transparent | color}
```

其中 transparent 是个默认值，表示透明。背景颜色 color 设定方法可以采用英文单词、十六进制、RGB、HSL、HSLA 和 GRBA。

【案例 5-1】如下代码就是一个设置网页背景颜色的实例（详见随书光盘中的“源代码\ch05\5.1.html”）。

```
<html>
<head>
<title>设置背景色效果</title>
<head>
<body style="background-color: #BCD2EE; color:red">
  <p>
    使用 background-color 属性设置背景色，可以看出效果图。
  </p>
</body>
</html>
```

在 Firefox 中浏览效果如下图示，可以看到网页背景色显示浅蓝色，而字体颜色为红色。

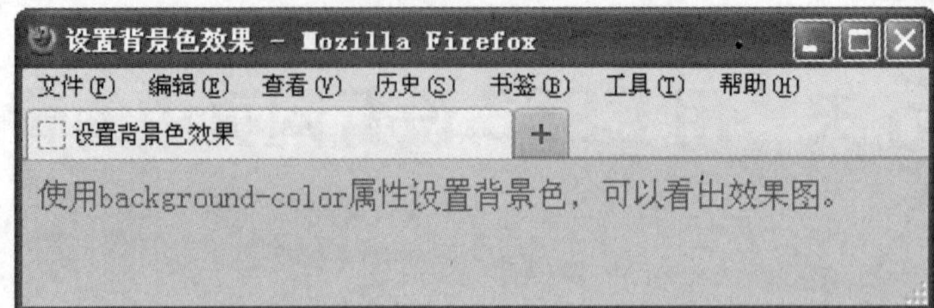

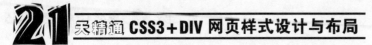

> **提示**　在网页设计时，其背景色不要使用太艳的颜色，避免给人一种喧宾夺主的感觉。

background-color 不仅可以设置整个网页的背景颜色，同样还可以设置指定 HTML 元素的背景色，例如设置 h1 标题的背景色、设置段落 p 的背景色。可以想象，在一个网页中可以根据需要设置不同 HTML 元素的背景色。

【案例 5-2】如下代码就是一个设置不同背景色的实例（详见随书光盘中的“源代码\ch05\5.2.html”）。

```
<html>
<head>
<title>设置不同的背景色</title>
<style>
h1 {
     background-color: #CDAD00;
     color: black;
    text-align:center;
}
p{
      background-color: #BF3EFF;
      color:blue;
      text-indent:2em;
}
</style>
<head>
<body >
   <h1>设置颜色</h1>
  <p>
   使用 background-color 属性设置背景色的效果。
  </p>
</body>
</html>
```

在 Firefox 中浏览效果如下图所示，可以看到网页中标题区域和段落区域显示不同的背景色，并且分别为字体设置了不同的前景色。

5.2 设置背景图片

背景是网页设计时的重要因素之一，一个背景优美的网页总能吸引不少访问者。例如，喜庆类网站都是以火红背景为主题，CSS3 的强大表现功能在背景方面同样发挥得淋漓尽致。

5.2.1 添加背景图片

网页中可以使用背景图片来填充网页。通过 CSS3 属性可以对背景图片进行精确定位。background-image 属性用于设定标记的背景图片，通常情况下，在标记<body>中应用，将图片用于整个主体中。

background-image 语法格式如下：

```
background-image : none | url (url)
```

其默认属性是无背景图，当需要使用背景图时可以用 url 进行导入。rul 可以使用绝对路径，也可以使用相对路径。

【案例 5-3】如下代码就是一个添加背景图片的实例（详见随书光盘中的“源代码\ch05\5.3.html”）。

```
<html>
<head>
<title >设置背景图片</title>
<style>
body{
      background-image:url(01.jpg)
   }
</style>
<head>
<body  >
<p>美丽的花朵</p>
</body>
</html>
```

在 Firefox 中浏览效果如下图所示，可以看到网页中显示背景图。但如果图片大小小于整个网页大小时，此时图片为了填充网页背景色，会重复出现并铺满整个网页。

提示

在设定背景图片时，最好同时也设定背景色，这样当背景图片因某种原因无法正常显示时，可以使用背景色来代替。当然，如果正常显示，背景图片会覆盖背景色。

5.2.2 设置背景图片位置

在 CSS3 中，可以通过 background-position 属性轻松调整背景图片位置。

background-position 属性用于指定背景图片在页面中所处的位置。该属性值可以分为 4 类：绝对定义位置（length）、百分比定义位置（percentage）、垂直对齐值和水平对齐值。其中垂直对齐值包括 top、center 和 bottom，水平对齐值包括 left、center 和 right，如表 5-1 所示。

表 5-1 background-position 属性值

属 性 值	描 述
length	设置图片与边距水平和垂直方向的距离长度，后跟长度单位（cm、mm、px 等）
percentage	以页面元素框的宽度或高度的百分比放置图片
top	背景图片顶部居中显示
center	背景图片居中显示
bottom	背景图片底部居中显示
left	背景图片左部居中显示
right	背景图片右部居中显示

垂直对齐值还可以与水平对齐值一起使用，从而决定图片的垂直位置和水平位置。

【案例 5-4】如下代码就是一个设置背景图片位置的实例（详见随书光盘中的“源代码\ch05\5.4.html”）。

```
<html>
<head>
<title>背景位置设定</title>
<style>
body{
      background-image:url(02.jpg);
      background-repeat:no-repeat;
      background-position:top right;
    }
</style>
<head>
<body >
</body>
</html>
```

在 Firefox 中浏览效果如下图所示，可以看到网页中显示背景，其是从顶部和右边开始的。

使用垂直对齐值和水平对齐值只能格式化地放置图片。如果在页面中要自由地定义图片的位置，则需要使用确定数值或百分比。此时在上面代码中，将

```
background-position:top right;
```

语句修改为

```
background-position:30px 50px
```

在 Firefox 中浏览效果如下图所示，可以看到网页中显示背景，其是从左上角开始的，但并不是从(0,0)坐标位置开始，而是从(30,50)坐标位置开始。

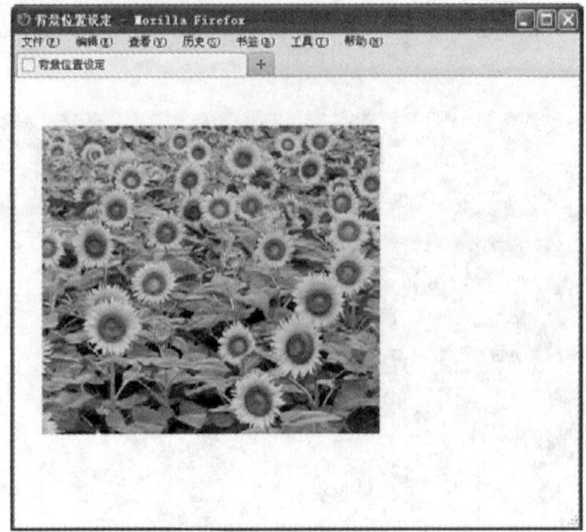

5.2.3 背景图片重复效果

在 CSS3 中可以通过 background-repeat 属性设置图片的重复方式，包括水平重复、垂直重复和不重复等。

background-repeat 属性用于设定背景图片是否重复平铺。各属性值说明如表 5-2 所示。

表 5-2 background-repeat 属性值

属 性 值	描 述
repeat	背景图片水平和垂直方向都重复平铺
repeat-x	背景图片水平方向重复平铺
repeat-y	背景图片垂直方向重复平铺
no-repeat	背景图片不重复平铺

background-repeat 属性重复背景图片是从元素的左上角开始平铺，直到水平、垂直或全部页面都被背景图片覆盖。

【案例 5-5】如下代码就是一个设置背景图片重复效果的实例（详见随书光盘中的“源代码\ch05\5.5.html”）。

```
<html>
<head>
<title>背景图片重复</title>
<style>
body{
      background-image:url(01.jpg);
      background-repeat: repeat-x;
   }
</style>
<head>
<body>
</body>
</html>
```

在 Firefox 中浏览效果如下图所示，可以看到网页中显示背景图在水平方向平铺。

5.2.4 背景图片滚动效果

如果网页中的文本比较多，出现了多屏页面，此时背景图片如果不能覆盖页面，就会出现看不到背景图片的现象。要解决这个问题，就要使用 background-attachment 属性，该属性用来设定背景图片是否随文档一起滚动。该属性包含两个属性值：scroll 和 fixed，并适用于所有元素，如表 5-3 所示。

表 5-3 background-attachment 属性值

属 性 值	描 述
scroll	默认值，当页面滚动时，背景图片随页面一起滚动
fixed	背景图片固定在页面的可见区域里

使用 background-attachment 属性，可以使背景图片始终处于视野范围内，以避免出现因页面的滚动而消失的情况。

【案例 5-6】如下代码就是一个设置背景图片滚动效果的实例（详见随书光盘中的“源代码\ch05\5.6.html”）。

```
<html>
<head>
<title>背景显示方式</title>
<style>
body{
      background-image:url(03.jpg);
      background-repeat:no-repeat;
      background-attachment:fixed;
   }
p{
     text-align:center;
  }
h1{
      text-align:center;
      color:red;
```

```
    }
</style>
<head>
<body  >
<h1>短歌行</h1>
  <p>对酒当歌，人生几何？</p>
  <p>譬如朝露，去日苦多。</p>
  <p>慨当以慷，忧思难忘。</p>
  <p>何以解忧，唯有杜康。</p>
  <p>青青子衿，悠悠我心。</p>
  <p>但为君故，沉吟至今。</p>
  <p>呦呦鹿鸣，食野之苹。</p>
  <p>我有嘉宾，鼓瑟吹笙。</p>
  <p>明明如月，何时可掇。</p>
  <p>忧从中来，不可断绝。</p>
  <p>越陌度阡，枉用相存。</p>
  <p>契阔谈宴，心念旧恩。</p>
  <p>月明星稀，乌鹊南飞。</p>
  <p>绕树三匝，何枝可依？</p>
  <p>山不厌高，海不厌深。</p>
  <p>周公吐哺，天下归心。</p>
</body>
</html>
```

在 Firefox 中浏览效果如下图所示，可以看到 background-attachment 属性的值为 fixed 时，背景图片的位置固定并不是相对于页面的，而是相对于页面的可视范围。

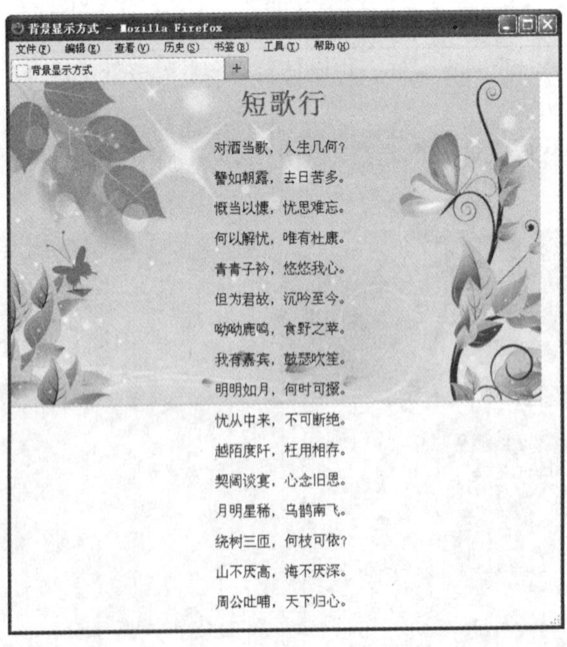

5.3 CSS3 新增的设置背景属性

在 CSS3 中，除了前面介绍的常见的设置背景属性外，还有一些新增的用于设置背景属性的元素。

5.3.1 设置背景图片大小

在 CSS3 中，新增了一个 background-size 属性，用来控制背景图片大小，从而降低网页设计的开发成本。

background-size 语法格式如下：

```
background-size : [ <length> | <percentage> | auto ]{1,2} | cover | contain
```

其参数值含义如表 5-4 所示。

表 5-4 background-size 属性参数表

参 数 值	说 明
<length>	由浮点数字和单位标识符组成的长度值。不可为负值
<percentage>	取值为 0%~100%之间的值。不可为负值
cover	保持背景图像本身的宽高比例，将图片缩放到正好完全覆盖所定义的背景区域
contain	保持图像本身的宽高比例，将图片缩放到宽度或高度正好适应所定义的背景区域

【案例 5-7】如下代码就是一个设置背景图片大小的实例（详见随书光盘中的“源代码\ch05\5.7.html”）。

```
<html>
<head>
<title>设定背景大小</title>
<style>
body{
      background-image:url(04.jpg);
      background-repeat:no-repeat;
      background-size:cover;
  }
</style>
<head>
<body  >
</body>
</html>
```

在 Firefox 中浏览效果如下图所示，可以看到网页中背景图片填充了整个页面。

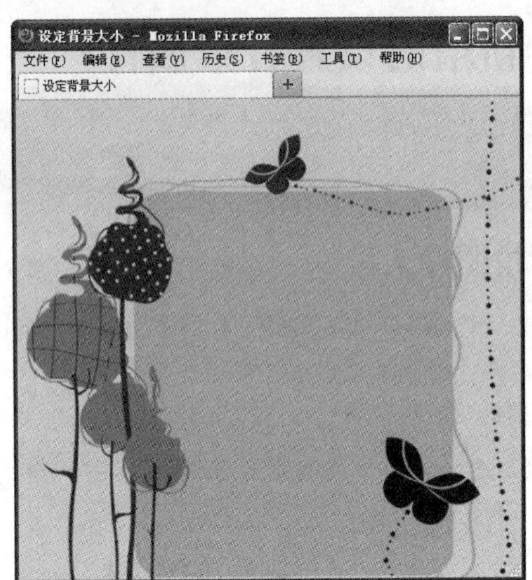

同样也可以用像素或百分比指定背景大小显示。当指定为百分比时，大小会由所在区域的宽度、高度，以及 background-origin 的位置决定。适应示例如下：

```
background-size:900 800;
```

此时 background-size 属性可以设置一个或两个值，一个位必填，一个位选填。其中第一个值用于指定图片宽度，第二个值用于指定图片高度。如果只设定一个值，则第二个值默认为 auto。

5.3.2 背景显示区域

在 CSS3 中，新增了一个 background-origin 属性，用来完成背景图片的定位。

在默认情况下，background-position 属性总是以元素左上角原点作为背景图像定位，适应 background-origin 属性可以改变这种定位方式。其语法格式如下：

```
background-origin : border | padding | content
```

其参数含义如表 5-5 所示。

表 5-5 background-origin 参数值表

参数值	说明
border	从 border 区域开始显示背景
padding	从 padding 区域开始显示背景
content	从 content 区域开始显示背景

【案例 5-8】如下代码就是一个设置背景显示区域的实例（详见随书光盘中的“源代码\ch05\5.8.html”）。

```
<html>
<head>
```

```
<title>背景坐标原点</title>
<style>
div{
      text-align:center;
      height:500px;
      width:416px;
      border:solid 1px red;
      padding:32px 2em 0;
      background-image:url(05.jpg);
      background-origin:padding;
  }
div h1{
       font-size:18px;
       font-family:"幼圆";
}
div  p{
       text-indent:2em;
       line-height:2em;
       font-family:"楷体";
  }
</style>
<head>
<body  >
<div>
<h1>美科学家发明时光斗篷 在时间中隐瞒事件</h1>
<p>
本报讯据美国《技术评论》杂志网站 7 月 15 日报道，日前，康奈尔大学的莫蒂·弗里德曼和其同事在前人研究的基础上，设计并制造出了一种能在时间中隐瞒事件的时光斗篷。相关论文发表在国际著名学术网站 arXiv.org 上。
</p>
<p>
近年来有关隐身斗篷的研究不断取得突破，其原理是通过特殊的材料使途经的光线发生扭曲，从而让斗篷下的物体“隐于无形”。第一个隐身斗篷只在微波中才有效果，但短短几年，物理学家已经发明出了能用于可见光的隐身斗篷，能够隐藏声音的“隐声斗篷”和能让一个物体看起来像其他物体的“错觉斗篷”。
</p>
</div>
</body>
</html>
```

在 Firefox 中浏览效果如下图所示，可以看到背景图片以指定大小在网页左侧显示，在背景图片上显示了相应的段落信息。

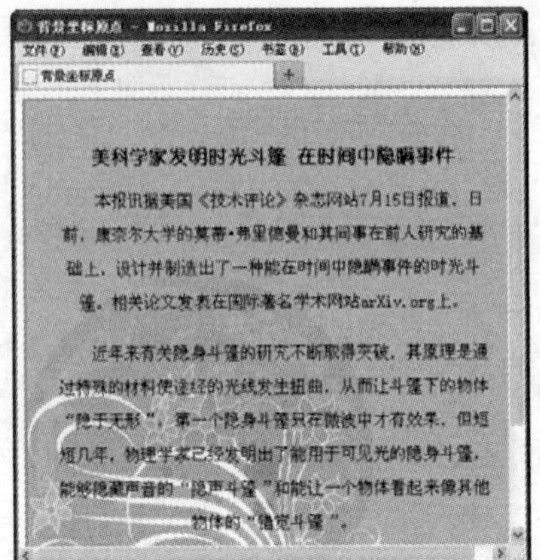

5.3.3 背景图像裁剪区域

在CSS3中，新增了一个background-clip属性，用来定义背景图片的裁剪区域。

background-clip语法格式如下：

```
background-clip : border-box | padding-box | content-box | no-clip
```

其参数值含义如表5-6所示。

表5-6 background-clip参数值表

参数值	说明
border	从border区域开始显示背景
padding	从padding区域开始显示背景
content	从content区域开始显示背景
no-clip	从边框区域外裁剪背景

【案例5-9】如下代码就是一个设置设置背景图片裁剪区域的实例（详见随书光盘中的"源代码\ch05\5.9.html"）。

```
<html>
<head>
<title>背景裁剪</title>
<style>
div{
     height:300px;
     width:200px;
      background-image:url(02.jpg);
      background-repeat:no-repeat;
      background-clip:content;
   }
</style>
<head>
<body>
<div>
```

```
</div>
</body>
</html>
```

在 Firefox 中浏览效果如下图所示，可以看到网页中背景图像仅在内容区域内显示。

5.4 技能训练——我的个人主页

结合前面学习的背景知识，我们创建一个简单的个人主页网站。在本实例中，主页包括了 3 个部分，一部分是网站 Logo，一部分是导航栏，最后一部分是主页显示内容。网站 Logo 此处使用了一个背景图来代替，导航栏使用表格实现，内容列表使用无序列表实现。

具体步骤如下：

Step01 构建基本 HTML。为了划分不同的区域，HTML 页面需要包含不同的 div 层，每一层代表一个内容。一个 div 包含背景图，一个 div 包含导航栏，一个 div 包含整体内容，内容又可以划分两个不同的层。其代码如下：

```
<html>
<head>
<title>个人主页</title>
</head>
<body>
<div>
<div class="div1" ></div>
<div class=div2>
<table width=99%><tr align=center><td>个人简介</td><td>兴趣爱好</td><td>心情故事</td><td>音乐天地</td><td>旅游世界</td><td>广交朋友</td></tr></table>
</div>
<div class=div3>
<div class=div4>
```

```
<ul>最新作品
<li>21 天精通 CSS+div 网页设计</li>
<li>21 天精通网页美工设计</li>
<li>21 天精通 SEO 实战</li>
</ul>
</div>
<div class=div5>
<ul>音乐天地
<li>动感歌曲</li>
<li>背景音乐</li>
<li>网络歌曲</li>
<li>古典音乐</li>
</ul>
</div>
</div>
</div>
</body>
</html>
```

在 Firefox 中浏览效果如下图所示，可以看到在网页中显示了导航栏和两个列表信息。

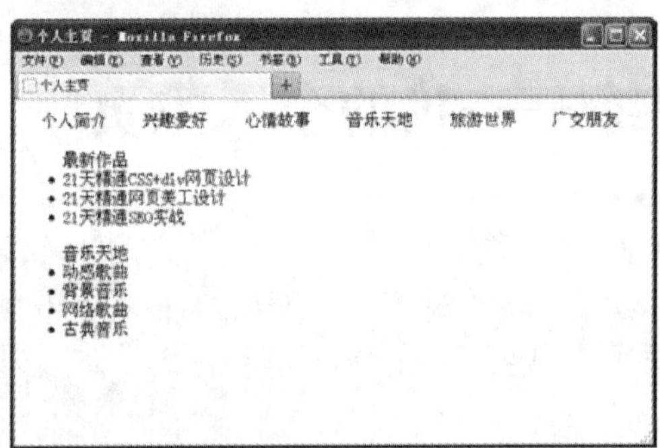

Step02 添加 CSS 代码，设置背景 Logo，代码如下：

```
<style>
.div1{
      height:100px;
      width:820px;
      background-image:url(main.jpg);
      background-repeat:no-repeat;
     background-position:center;
    background-size:cover;

}
</style>
```

在 Firefox 中浏览效果如下图所示，可以看到在网页顶部显示了一个背景图，此背景覆盖整个 div 层，并不重复，并且背景图片居中显示。

Step03 添加 CSS 代码，设置导航栏，代码如下：

```
.div2{
     width:820px;
       background-color: #EEA9B8;

}
table{
       font-size:18px;
       font-family:"幼圆";
}
```

在 Firefox 中浏览效果如下图所示，可以看到在网页中导航栏背景色为浅红色，表格中字体大小为 18 像素，字体类型是幼圆。

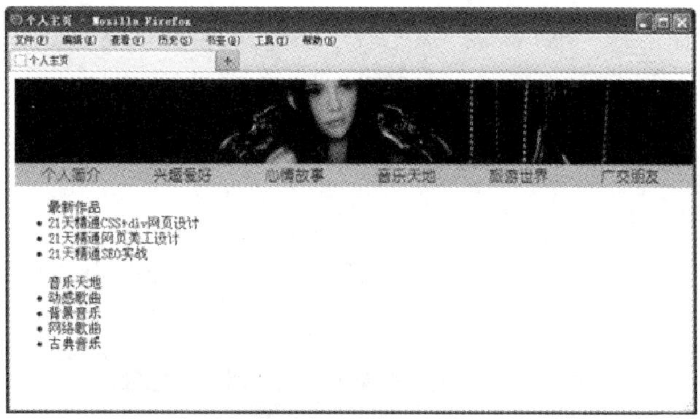

Step04 添加 CSS 代码，设置内容样式，代码如下：

```
.div3{
     width:820px;
      height:320px;
      border-style:solid;
      border-color:#ffeedd;
      border-width:10px;
      border-radius:60px;
}
.div4{
        width:810px;
        height:150px;
```

```
        text-align:left;
         border-bottom-width: 2px;
         border-bottom-style:dotted;
          border-bottom-color:#ffeedd;
}
.div5{
         width:810px;
         height:150px;
        text-align:left;
}
```

在 Firefox 中浏览效果如下图所示，可以看到在网页中内容显示在一个圆角边框中，两个不同的内容块中间使用虚线隔开。

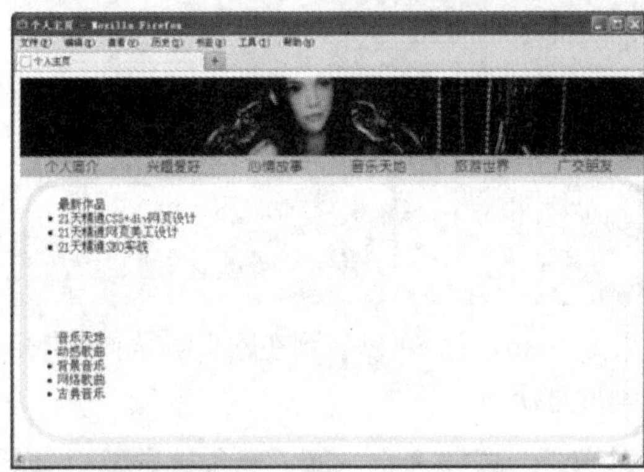

Step05 添加 CSS 代码，设置列表样式，代码如下：

```
ul{
      font-size:17px;
      font-family:"楷体";
}
```

在 Firefox 中浏览效果如下图所示，可以看到在网页中列表字体大小为 17 像素，字形为楷体。

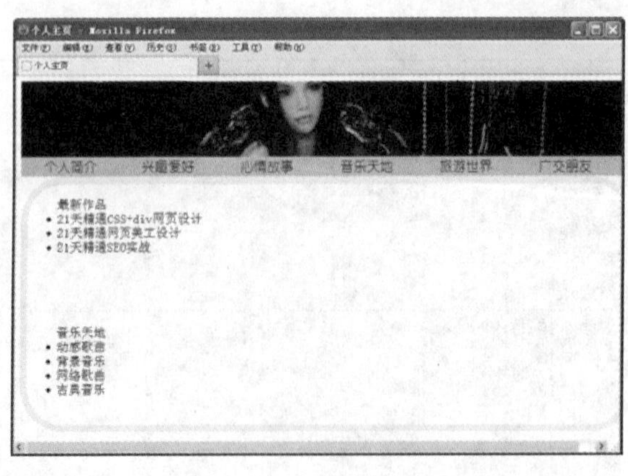

第 6 天　使用 CSS3 美化表格的样式

学时探讨：

今日主要探讨 CSS3 表格的样式。数据表格是网页中常见的元素，表格通常用来显示二维关系数据和排版，从而达到页面整齐和美观的效果。本章将介绍使用 CSS3 样式表单如何美化表格和表单样式。

学时目标：

通过此章节美化表格的学习，读者可学会如何设置美化表格的边框、颜色和样式等。

6.1　CSS3 与表格

使用表格排版网页，可使网页更美观，条理更清晰，更易于维护和更新。本节将主要介绍使用 CSS3 设置表格边框和表格背景色等。

6.1.1　表格的基本样式

在显示一个表格数据时，通常都带有表格边框，用来界定不同单元格的数据。当 table 表格的描述标记 border 值大于 0 时，显示边框；如果 border 值为 0，则不显示边框。边框显示之后，可以使用 CSS3 的 border 属性及衍生属性，以及 border-collapse 属性对边框进行修饰，其中 border 属性表示对边框进行样式、颜色和宽带设置，从而达到提高样式效果的目的。这个属性前面已经介绍过了，其使用方法和前面一模一样，只不过修饰的对象变换了，下图所示为一个修饰过的表格效果。

表格基本框架 - Mozilla Firefox

文件(F)　编辑(E)　查看(V)　历史(S)　书签(B)　工具(T)　帮助(H)

表格基本框架

计算机报价表

品牌	cpu	内存	硬盘	价格（元）
联想	intel core2GHZ	hy4G	希捷500G	2000
方正	amd3800+	hy2G	昆腾200G	1000
神舟	intel 2GHZ	hy1G	昆腾100G	800

border-collapse 属性主要用来设置表格的边框是否被合并为一个单一的边框，还是像在标准的 HTML 中那样分开显示。其语法格式如下：

```
border-collapse : separate | collapse
```

其中 separate 是默认值，表示边框会被分开，不会忽略 border-spacing 和 empty-cells 属性。而 collapse 属性表示边框会合并为一个单一的边框，会忽略 border-spacing 和 empty-cells 属性。

【案例 6-1】如下代码就是一个设置表格基本样式的实例（详见随书光盘中的“源代码\ch06\6.1.html”）。

```
<html>
<head>
<title>年度收入</title>
<style>
<!--
.tabelist{
 border:1px solid #429fff;   /* 表格边框 */
 font-family:"楷体";
 border-collapse:collapse;   /* 边框重叠 */
}
.tabelist caption{
 padding-top:3px;
 padding-bottom:2px;
 font-weight:bolder;
 font-size:15px;
 font-family:"幼圆";
 border:2px solid #429fff;   /* 表格标题边框 */
}
.tabelist th{
 font-weight:bold;
 text-align:center;
}
.tabelist td{
 border:1px solid red;   /* 单元格边框 */
 text-align:right;
 padding:4px;
}
-->
</style>
   </head>
<body>
<table class="tabelist">
 <caption class="tabelist">
 2012 公司销售业绩表
 </caption>
 <tr>
   <th>项目</th>
```

```
        <th>5 月</th>
        <th >6 月</th>
        <th>7 月</th>
    </tr>
    <tr>
        <td>钢铁</td>
        <td>72 万</td>
        <td>81 万</td>
        <td>52 万</td>
    </tr>
    <tr>
        <td>水泥</td>
        <td>16 万</td>
        <td>10 万</td>
        <td>18 万</td>
    </tr>
    <tr>
        <td>涂料</td>
        <td>30 万</td>
        <td>40 万</td>
        <td>35 万</td>
    </tr>
    <tr>
        <td>设计</td>
        <td>300 万</td>
        <td>200 万</td>
        <td>160 万</td>
    </tr>
    <tr>
        <td>电器</td>
        <td>100 万</td>
        <td>156 万</td>
        <td>350 万</td>
    </tr>
    <tr>
        <td>木料</td>
        <td>120 万</td>
        <td>88 万</td>
        <td>110 万</td>
    </tr>
</table>
</body>
</html>
```

在 Firefox 中浏览效果如下图所示，可以看到表格带有边框显示，其边框宽度为 1 像素，直线样式，并且边框进行了合并。

6.1.2 表格边框宽度

使用 CSS 属性可以设置边框宽度。使用 border-width 边框宽度进行设置，从而提高显示样式。如果需要单独设置某一个边框宽度，可以使用 border-width 的衍生属性，如 border-top-width 和 border-left-width 等。

下图所示即为使用 border-top-width 属性设置上边框线粗细的效果图。

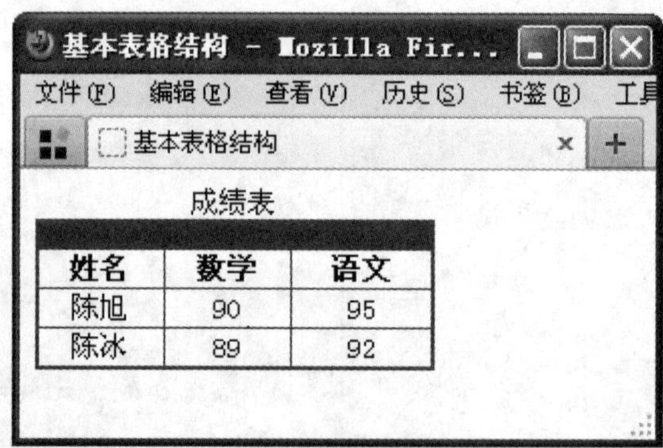

【案例 6-2】如下代码就是一个设置表格边框宽度的实例（详见随书光盘中的“源代码\ch06\6.2.html”）。

```
<html>
<head>
<title>表格边框宽度</title>
<style>
table{
    text-align:center;
    width:500px;
    border-width:6px;
    border-style:double;
    color:blue;
    }
            td{
```

```
                    border-width:3px;
                    border-style:dashed;
                   }
</style>
</head>
<body>
<table border=1 cellspacing="3" cellpadding="0">
  <tr>
    <td>名称</td>
    <td class=tds>销量</td>
    <td>月份</td>
  </tr>
  <tr>
    <td>钢筋</td>
    <td>150 吨</td>
    <td>3</td>
  </tr>
  <tr>
    <td>涂料 </td>
    <td>36 吨</td>
    <td>5</td>
  </tr>
</table>
</body>
</html>
```

在 Firefox 中浏览效果如下图所示，可以看到表格带有边框，宽度为 6 像素，双线样式，表格中字体颜色为蓝色。单元格边框宽度为 3 像素，显示样式是破折线式。

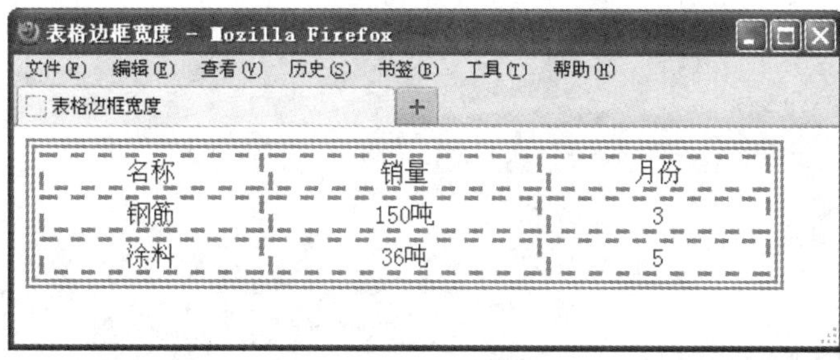

6.1.3 表格边框颜色

表格颜色设置非常简单，通常使用 CSS3 属性 color 设置表格中的文本颜色，使用 background-color 设置表格背景色。如果为了突出表格中的某一个单元格，还可以使用 background-color 设置某一个单元格颜色。

提示

添加网页表格的颜色是为了美化表格，但是表格的主要作用依然是让读者快速地浏览数据，所以颜色的种类不要太多。例如下面的表格颜色，给人的感觉就比较混乱。

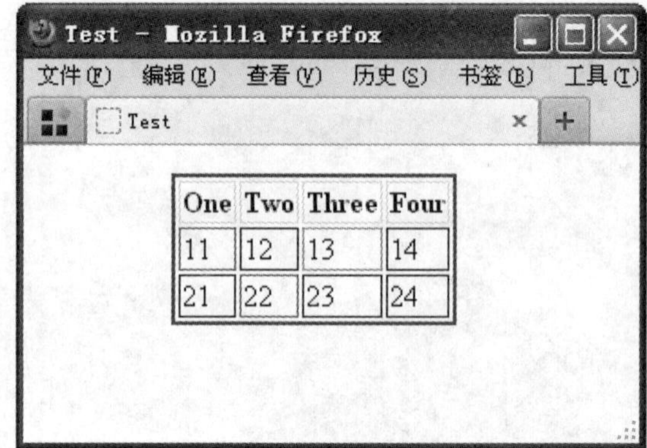

【案例 6-3】如下代码就是一个设置表格边框颜色的实例（详见随书光盘中的"源代码\ch06\6.3.html"）。

```
<html>
<head>
<title>表格边框色和背景色</title>
<style>
 *{
 padding:0px;
 margin:0px;
 }
 body{
 font-family:"宋体";
 font-size:12px;
       }
 table{
     background-color: #9F79EE;
     text-align:center;
      width:500px;
    border:1px solid green;
     }
 td{
    border:1px solid #90EE90;
     height:30px;
     line-height:30px;
     }
             .tds{
           background-color: #90EE90;
             }
</style>
</head>
<body>
<table  cellspacing="3" cellpadding="0">
  <tr>
    <td>名称</td>
    <td class=tds>月份</td>
```

```
    <td>销量</td>
  </tr>
  <tr>
    <td>冰箱</td>
    <td>4</td>
    <td>2000</td>
  </tr>
  <tr>
    <td>空调 </td>
    <td>5</td>
    <td>2800</td>
  </tr>
</table>
</body>
</html>
```

在 Firefox 中浏览效果如下图所示，可以看到表格带有边框，边框样式显示为蓝色，表格背景色为浅紫色，其中一个单元格背景色为浅绿色。

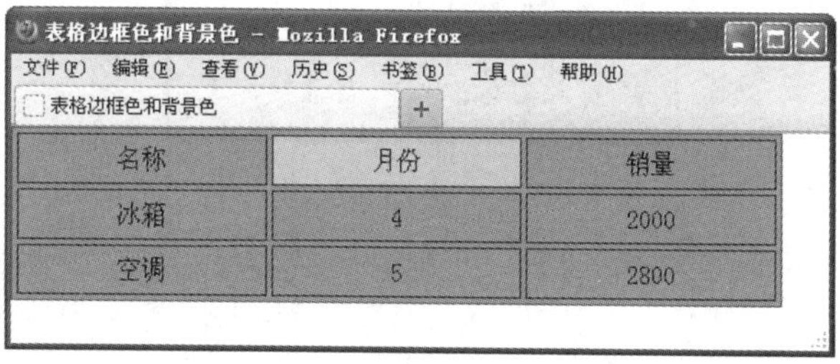

表格边框色和背景色 - Mozilla Firefox

名称	月份	销量
冰箱	4	2000
空调	5	2800

6.2 技能训练 1——隔行变色

本节将结合前面学习的知识，创建一个隔行变色实例。如果要实现表格隔行变色，首先需要实现一个表格，定义其显示样式，然后再设置其奇数行和偶然行显示的颜色即可（详见随书光盘中的“源代码\ch06\6.4.html”）。

具体操作步骤如下。

Step01 创建 HTML 页面，实现基本 table 表格。

```
<html>
<head>
<title>隔行变色</title>
</head>
<body>
<h1>设计隔行变色效果实例</h1>
<table border=1>
<tr>
<th>编号</th>
<th>1 月份</th>
<th>2 月份</th>
```

```
<th>3 月份</th>
<th>4 月份</th>
</tr>
<tr><td>101</td><td>10%</td><td>20%</td><td>40%</td><td>60%</td></tr>
<tr><td>102</td><td>10%</td><td>30%</td><td>40%</td><td>70%</td></tr>
<tr><td>103</td><td>15%</td><td>30%</td><td>40%</td><td>80%</td></tr>
<tr><td>104</td><td>13%</td><td>45%</td><td>36%</td><td>58%</td></tr>
</table>
</body>
</html>
```

在 Firefox 中浏览效果如下图所示，可以看到页面中显示了一个表格，其表格字体、边框等都是默认设置。

Step02 添加 CSS 代码，设置标题和表格基本样式。

```
<style>
h1{font-size:18px;}
table{
        width:100%;
        font-size:14px;
        table-layout:fixed;
        empty-cells:show;
        border-collapse:collapse;
        margin:0 auto;
        border:1px solid #cad9ea;
        color:#666;
}
</style>
```

在此样式设置中，设置标题字体大小为 18 像素，表格字体大小为 14 像素，边框合并，边框大小为 2 像素。在 Firefox 中浏览效果如下图所示。

Step03 添加 CSS 代码，修饰 td 和 th 单元格。

```
th{
      height:30px;
      overflow:hidden;
}
td{height:20px;}
td,th{
    border:1px solid red;
    padding:0 1em 0;
}
```

在 Firefox 中浏览效果如下图所示，可以看到表格中单元格高度加大，td 增加到 20 像素，th 增加到 30 像素。单元格还带有边框显示，大小为 1 像素，直线样式，颜色为红色。

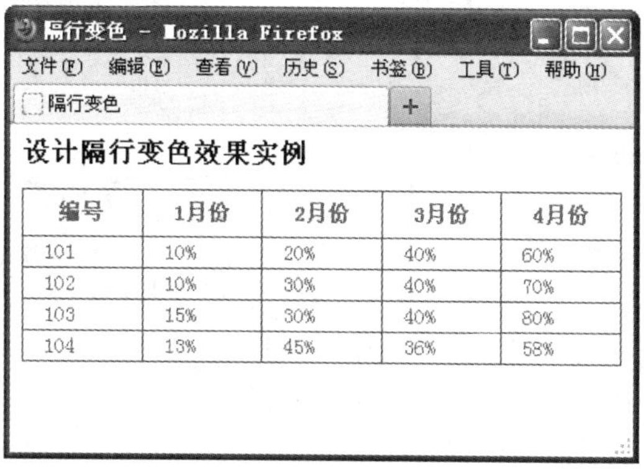

隔行变色 - Mozilla Firefox

文件(F) 编辑(E) 查看(V) 历史(S) 书签(B) 工具(T) 帮助(H)

隔行变色

设计隔行变色效果实例

编号	1月份	2月份	3月份	4月份
101	10%	20%	40%	60%
102	10%	30%	40%	70%
103	15%	30%	40%	80%
104	13%	45%	36%	58%

Step04 添加 CSS 代码，实现隔行变色。

```
tr:nth-child(even){
        background-color:#f5fafe;
}
```

在这里使用了结构伪类标识符，实现了表格的隔行变色。在 Firefox 中浏览效果如下图所示，可以看到表格中实现了隔行变色效果。

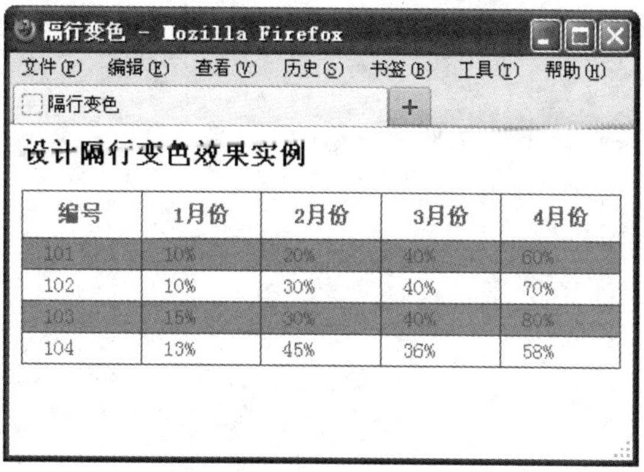

隔行变色 - Mozilla Firefox

文件(F) 编辑(E) 查看(V) 历史(S) 书签(B) 工具(T) 帮助(H)

隔行变色

设计隔行变色效果实例

编号	1月份	2月份	3月份	4月份
101	10%	20%	40%	60%
102	10%	30%	40%	70%
103	15%	30%	40%	80%
104	13%	45%	36%	58%

6.3 技能训练 2——鼠标悬浮变色表格

结合前面学习的知识，创建一个鼠标悬浮的变色表格。首先需要建立一个表格，所有行的颜色不单独设置，统一采用表格本身的背景色，然后根据 CSS 设置可以实现该效果（详见随书光盘中的“源代码\ch06\6.5.html”）。

具体操作步骤如下。

Step01 创建 HTML 网页，实现 table 表格。

```
<html>
<head>
<title>变色表格</title>
</head>
<body>
<table border="0" cellpadding="0" cellspacing="1">
<caption>
员工工资表
</caption>
  <tr>
   <th>姓名</th>
   <th>工资</th>
  </tr>
    <tr class="hui">
      <td>王影</td>
      <td>4500 元</td>
    </tr>
    <tr>
      <td>张开开</td>
      <td>5000</td>
    </tr>
    <tr class="hui">
      <td>宇智波</td>
      <td>4800</td>
    </tr>
    <tr>
      <td>蒋东方</td>
      <td>6600</td>
    </tr>
    <tr class="hui">
      <td>刘天翼</td>
      <td>8800</td>
    </tr>
    <tr>
      <td>苏轼辉</td>
      <td>7500</td>
    </tr>
    <tr class="hui">
      <td>苗韩东</td>
```

```
      <td>9000</td>
    </tr>
    <tr>
      <td >王甘当</td>
      <td>4600</td>
    </tr>
</table>
</body>
</html>
```

在 Firefox 中浏览效果如下图所示，可以看到一个表格显示，表格不带有边框，字体等都是默认显示。

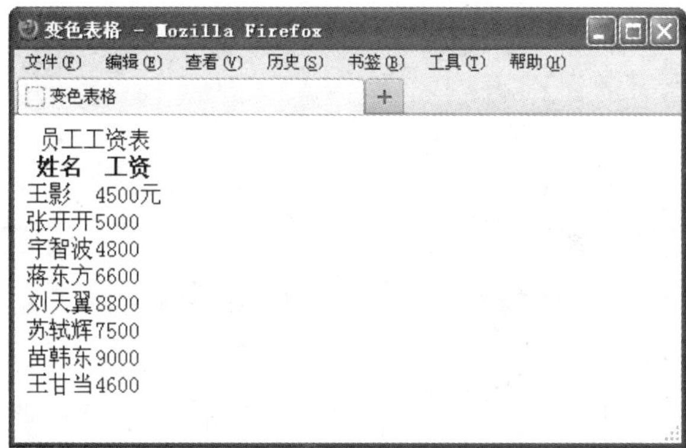

Step02 添加 CSS 代码，修饰 table 表格和单元格。

```
<style type="text/css">
<!--
table {
 width: 600px;
 margin-top: 0px;
 margin-right: auto;
 margin-bottom: 0px;
 margin-left: auto;
 text-align: center;
 background-color: #000000;
 font-size: 9pt;
}
td {
 padding: 5px;
 background-color: #FFFFFF;
}
-->
</style>
```

在 Firefox 中浏览效果如下图所示，可以看到一个表格显示，表格带有边框，行内字体居中显示，但列标题背景色为黑色，其中字体不能够显示。

变色表格 - Mozilla Firefox
文件(F) 编辑(E) 查看(V) 历史(S) 书签(B) 工具(T) 帮助(H)
变色表格

员工工资表

王影	4500元
张开开	5000
宇智波	4800
蒋东方	6600
刘天翼	8800
苏轼辉	7500
苗韩东	9000
王甘当	4600

Step03 添加 CSS 代码，修饰标题。

```
caption{
 font-size: 36px;
 font-family: "黑体", "宋体";
 padding-bottom: 15px;
 }
tr{
 font-size: 13px;
 background-color: #cad9ea;
 color: #000000;
 }
th{
 padding: 5px;
 }
.hui td {
 background-color: #f5fafe;
 }
```

上面代码中使用了类选择器 hui 来定义每个 td 行所显示的背景色，此时需要在表格中每个奇数行都引入该类选择器，例如<tr class="hui">，从而设置奇数行背景色。这和第一个综合实例中对奇数行背景色的设置方式是不一样的。

在 Firefox 中浏览效果如下图所示，可以看到一个表格中列标题一行背景色显示为浅蓝色，并且表格中奇数行背景色为浅灰色，而偶数行背景色显示的为默认白色。

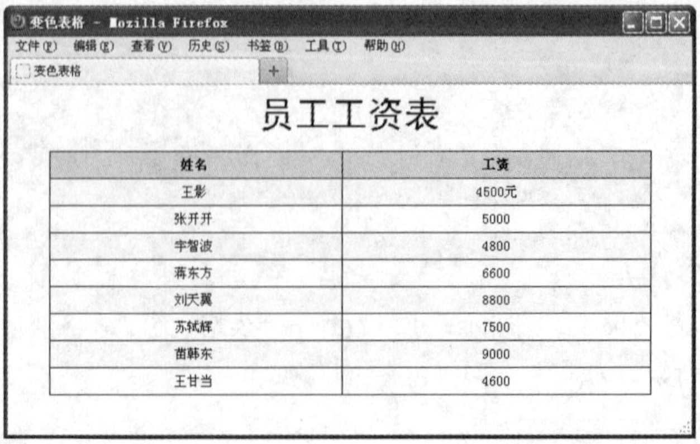

变色表格 - Mozilla Firefox
文件(F) 编辑(E) 查看(V) 历史(S) 书签(B) 工具(T) 帮助(H)
变色表格

员工工资表

姓名	工资
王影	4500元
张开开	5000
宇智波	4800
蒋东方	6600
刘天翼	8800
苏轼辉	7500
苗韩东	9000
王甘当	4600

Step04 添加 CSS 代码，实现鼠标悬浮变色。

```
tr:hover td {
background-color: #FF82AB;
}
```

在 Firefox 中浏览效果如下图所示，可以看到当鼠标放到不同行上面时，其背景色会显示不同的颜色。

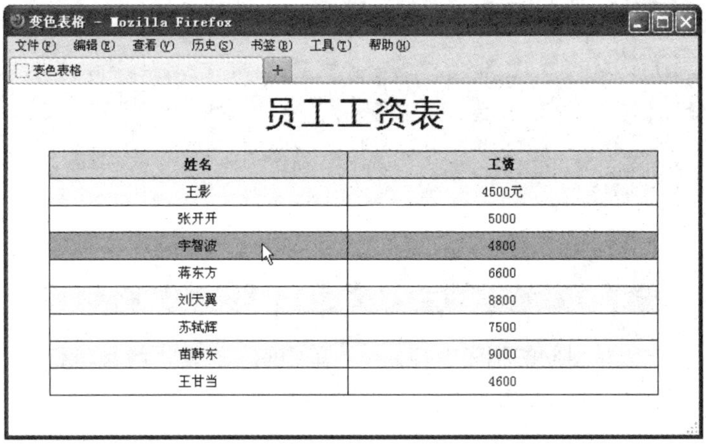

变色表格 - Mozilla Firefox

文件(F) 编辑(E) 查看(V) 历史(S) 书签(B) 工具(T) 帮助(H)

变色表格

员工工资表

姓名	工资
王影	4500元
张开开	5000
宇智波	4800
蒋东方	6600
刘天翼	8800
苏轼辉	7500
苗韩东	9000
王甘当	4600

第7天　通过CSS3美化表单样式

学时探讨：

今日主要探讨使用CSS3美化表单的样式。表单可以用来向Web服务器发送数据，经常被用在主页页面——用户输入信息然后发送到服务器中。表单中元素非常多而且杂乱，如输入框、按钮、下拉菜单、单选按钮和复选框等。设计者可以通过 CSS3 相关样式控制表单元素输入框、文本框等元素外观。本章将介绍如何使用CSS3美化表单样式。

学时目标：

通过此章节网页表单学习，读者可学会如何美化常见的表单元素。

CSS3可以美化表单里面的相应内容，如表单中的元素、下拉菜单和提交按钮等。

7.1　美化表单中的元素

在网页中，表单元素的背景色默认都是白色的，这样的背景色不能美化网页，所以可以使用颜色属性定义表单元素的背景色。

定义表单元素背景色可以使用background-color属性，这样可以使表单元素不那么单调。使用示例如下：

```
input{
 background-color: #ADD8E6;
}
```

上面代码设置了input表单元素背景色，都是统一的颜色。

【案例7-1】如下代码就是一个美化表单背景色的实例（详见随书光盘中的“源代码\ch07\7.1.html”）。

```
<HTML>
<head>
<style>
<!--
input{                              /* 所有input标记 */
 color: #cad9ea;
}
input.txt{                          /* 文本框单独设置 */
 border: 1px inset #cad9ea;
 background-color: #9F79EE;
```

```
}
input.btn{                              /* 按钮单独设置 */
 color: #00008B;
 background-color: #9F79EE;
 border: 1px outset #cad9ea;
 padding: 1px 2px 1px 2px;
 }
select{
 width: 80px;
 color: #00008B;
 background-color: #9F79EE;
 border: 1px solid #cad9ea;
 }
textarea{
 width: 200px;
 height: 40px;
 color: #00008B;
 background-color: #9F79EE;
 border: 1px inset #cad9ea;
 }
 -->
</style>
</head>
<BODY>
<h3>团购网注册页面</h3>
<table border="1" width="45%">
<form method="post">
<tr><td width="30%">昵称:</td><td><input  class=txt>1－20 个字符<div
id="qq"></div></td></tr>
<tr><td>密码:</td><td><input type="password" >长度为 6~16 位</td></tr>
<tr><td>确认密码:</td><td><input type="password" ></td></tr>
<tr><td>真实姓名: </td><td><input name="username1"></td></tr>
<tr><td> 性 别 :</td><td><select><option> 男 </option><option> 女
</option></select></td></tr>
<tr><td>E-mail 地址:</td><td><input value="sohu@sohu.com"></td></tr>
<tr><td>备注:</td><td><textarea cols=35 rows=10></textarea></td></tr>
<tr><td><input type="button" value="提交" class=btn /></td><td><input
type="reset" value="重填" class=btn /></td></tr>
</form>
</table>
</BODY>
</HTML>
```

在 Firefox 中浏览效果如下图所示，可以看到表单中【昵称】输入框、【性别】下拉框和【备注】文本框中都显示了指定的背景颜色。

在上面的代码中，首先使用 input 标记选择符定义了 input 表单元素的字体输入颜色，然后分别定义了两个类 txt 和 btn，txt 用来修饰输入框样式，btn 用来修饰按钮样式。最后分别定义了 select 和 textarea 的样式，其样式定义主要涉及边框和背景色。

7.2　美化下拉菜单

CSS3 属性不仅可以控制下拉菜单的整体字体和边框等，还可以对下拉菜单中的每一个选项设置背景色和字体颜色。对于字体设置可以使用 font 相关属性，如 font-size、font-weight 等，对于颜色设置可以采用 color 和 background-color 等属性。

普通的下拉菜单和美化后的下拉菜单的对比效果如下图所示。

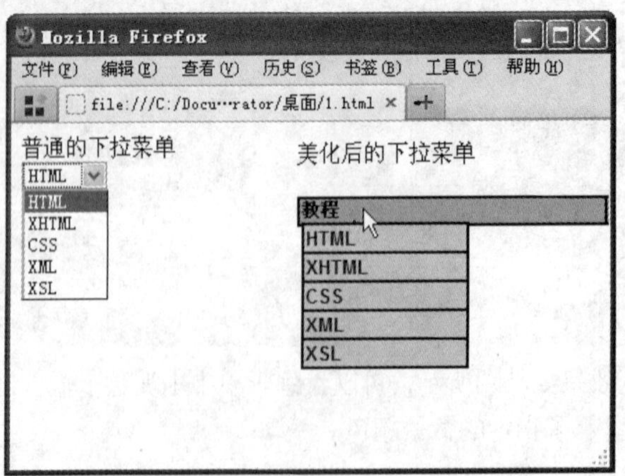

【案例 7-2】如下代码就是一个美化下拉菜单的实例（详见随书光盘中的“源代码\ch07\7.2.html”）。

```
<html>
<head>
<title>美化下拉菜单</title>
<style>
<!--
.blue{
 background-color:#7598FB;
 color: #000000;
            font-size:15px;
            font-weight:bolder;
            font-family:"幼圆";
}
.red{
 background-color:#E20A0A;
 color: #ffffff;
           font-size:15px;
            font-weight:bolder;
            font-family:"幼圆";
}
.yellow{
 background-color:#FFFF6F;
 color: #000000;
            font-size:15px;
            font-weight:bolder;
            font-family:"幼圆";
}
.orange{
 background-color:orange;
 color:#000000;
           font-size:15px;
            font-weight:bolder;
            font-family:"幼圆";
}
-->
</style>
  </head>
<body>
<form method="post">
 <p><label for="color">选择注册证件类型:</label>
 <select name="color" id="color">
     <option value="">请选择</option>
     <option value=" red " class="red">身份证</option>
     <option value="yellow" class="yellow">军官证</option>
     <option value="orange" class="orange">学生证</option>
                          <option  value="blue"  class="blue"> 其 他 证 件
</option>
 </select></p>
 <p><input type="submit" value="提交"></p>
</form>
```

```
</body>
</html>
```

在 Firefox 中浏览效果如下图示，可以看到下拉菜单显示，其每个菜单项显示不同的背景色，用以区别其他菜单项。

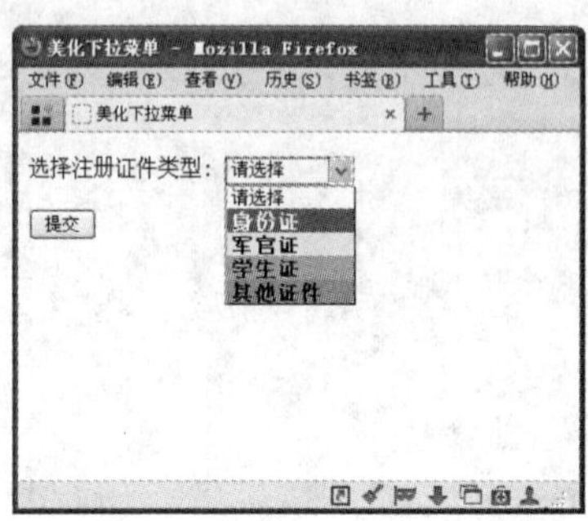

在上面的代码中，设置了 4 个类标识符，用来对应不同的菜单选项。其中每个类中都设置了选项的背景色、字体颜色、大小和字形。

7.3 美化提交按钮

在网页设计中，还可以使用 CSS 属性来定义表单元素的边框样式，从而改变表单元素的显示效果。下图所示为通过 CSS 修饰了按钮的背景以及文字的颜色、字体后的效果。

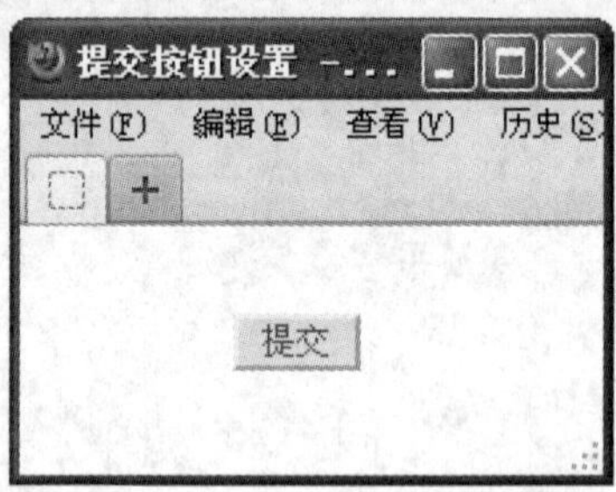

定义表单元素边框，可以采用 border-style、border-width 和 border-color 及其衍生属性。如果要对表单元素设置背景色，可以使用 background-color 属性，其中将值设置为 transparent（透明色）是最常见的一种方式。使用示例如下：

```
background-color:transparent;      /* 背景色透明 */
```

例如可以将一个输入框的上、左和右边框去掉，形成一个和签名效果一样的输入框。

【案例 7-3】如下代码就是一个设置表单元素边框的实例（详见随书光盘中的“源代码\ch07\7.3.html”）。

```
<html>
<head>
<title>表单元素边框设置</title>
```

```
<style>
<!--
form{
 margin:0px;
padding:0px;
font-size:14px;
}
input{
     font-size:14px;
    font-family:"幼圆";
}
.t{
 border-bottom:1px solid #005aa7;    /* 下画线效果 */
 color:#005aa7;
 border-top:0px; border-left:0px;
 border-right:0px;
 background-color:transparent;       /* 背景色透明 */
}
.n{
 background-color:transparent;       /* 背景色透明 */
 border:1px;                         /* 边框*/
}
-->
</style>
   </head>
<body>
<center>
<h1>值班表</h1>
<form method="post">
 签到: <input  id="name" class="t">
 <input type="submit" value="确认>>" class="n">
</form>
</center>
</body>
</html>
```

在 Firefox 中浏览效果如下图所示，可以看到输入框只剩下一个下边框显示，其他边框被去掉了，提交按钮只剩下了显示文字，而且常见矩形形式被去掉了。

在上面的代码中，样式表中定义了两个类标识符 t 和 n。t 用来设置输入框显示样式，此处设置输入框的左、上、下 3 个边框宽度为 0，并设置了输入框输入字体颜色为浅蓝色，下边框宽度为 1 像素，直线样式显示，颜色为浅蓝色。在类标识符 n 中，设置背景色为透明色，边框宽度为 0，这样就去掉了按钮常见的矩形样式。

7.4 技能训练 1——美化注册表单

常见的注册表单非常简单，通常包含 3 个部分：需要在页面上方给出标题，标题下方是正文部分，即表单元素，最下方是表单元素提交按钮。本实例中，将使用一个表单内的各种元素来开发一个网站的注册页面，并用 CSS 样式来美化这个页面效果（详见随书光盘中的“源代码\ch07\7.4.html”）。

在设计这个页面时，需要把“用户注册”标题设置成 H1 大小，正文使用 p 来限制表单元素。具体操作步骤如下。

Step01 构建 HTML 页面，实现基本表单。

```
<html>
<head>
<title>注册页面</title>
</head>
<body>
<h1 align=center>用户注册表</h1>
<form method="post" >
<p>姓    名:
<input type="text" class=txt size="12" maxlength="20" name="username" />
</p><p>性    别:
<input type="radio" value="male" />男
<input type="radio" value="female" />女
</p><p>年    龄:
<input type="text" class=txt name="age"  />
</p>
<p>联系手机:
<input type="text" class=txt name="tel" />
</p><p>电子邮件:
<input type="text" class=txt name="email" />
</p><p>联系地址:
<input type="text"  class=txt name="address" />
</p>
<p>
<input type="submit" name="submit" value="提交" class=but />
<input type="reset" name="reset" value="重置" class=but  />
</p>
</form>
</body>
```

```
</html>
```

在 Firefox 中浏览效果如下图所示，可以看到创建了一个注册表单，包含一个标题“用户注册表”，“姓名”、“性别”、“年龄”、“联系手机”、“电子邮件”、“联系地址”等输入框，以及“提交”、“重置”按钮等。其显示样式为默认样式。

Step02 添加 CSS 代码，修饰全局样式和表单样式。

```
<style>
*{
 padding:0px;
 margin:0px;
 }
body{
 font-family:"宋体";
 font-size:12px;
 }
form{
 width:300px;
 margin:0 auto 0 auto;
 font-size:12px;
 color:#999;
}
</style>
```

在 Firefox 中浏览效果如下图所示，可以看到页面中字体变小，其表单元素之间的距离变小。

Step03 添加 CSS 代码，修饰段落、输入框和按钮。

```
form p {
 margin:5px 0 0 5px;
             text-align:center;
        }
.txt{
 width:200px;
 background-color:#CCCCFF;
 border:#6666FF 1px solid;
 color:#0066FF;
 }
.but{
border:0px#93bee2solid;
border-bottom:#93bee21pxsolid;
border-left:#93bee21pxsolid;
border-right:#93bee21pxsolid;
border-top:#93bee21pxsolid;*/
background-color:#3399CC;
cursor:hand;
font-style:normal;
color:#cad9ea;
}
```

在 Firefox 中浏览效果如下图所示，可以看到表单元素带有背景色，其输入字体颜色为蓝色，边框颜色为浅蓝色，按钮带有边框。

7.5 技能训练 2——美化登录表单

本实例将结合前面学习的知识，创建一个简单的登录表单。表单需要包含 3 个表单元素：一个名称输入框、一个密码输入框和两个按钮。然后添加一些 CSS 代码，对表单元素进行修饰即可（详见随书光盘中的“源代码\ch07\7.5.html”）。

具体操作步骤如下。

Step01 创建 HTML 网页，实现表单。

```
<html>
<head>
<title>用户登录</title>
<body>
<div>
<h1>用户登录</h1>
 <form action="" method="post">
姓名：<input type="text" id=name  />
密码：<input type="password" id=password name="ps"  />
<input type=submit value="提交" class=button>
<input type=reset value="重置" class=button>
</form>
</div>
</body>
</html>
```

在上面的代码中，创建了一个 div 层用来包含表单及其元素。

在 Firefox 中浏览效果如下图所示，可以看到显示了一个表单，其中包含两个输入框和两个按钮，输入框用来获取姓名和密码，按钮分别为提交按钮和重置按钮。

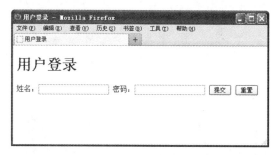

Step02 添加 CSS 代码，修饰标题和层。

```
<style>
h1{
            font-size:20px;
             font-family:"华文行楷";
   }
div{
         width:200px;
          padding:1em 2em 0 2em;
          font-size:12px;
}
</style>
```

在上面的代码中，设置了标题大小为 20 像素，div 层宽度为 200 像素，层中字体大小为 12 像素。

在 Firefox 中浏览效果如下图所示，可以看到标题变小，并且密码输入框换行显示，布局较原来图片更加美观、合理。

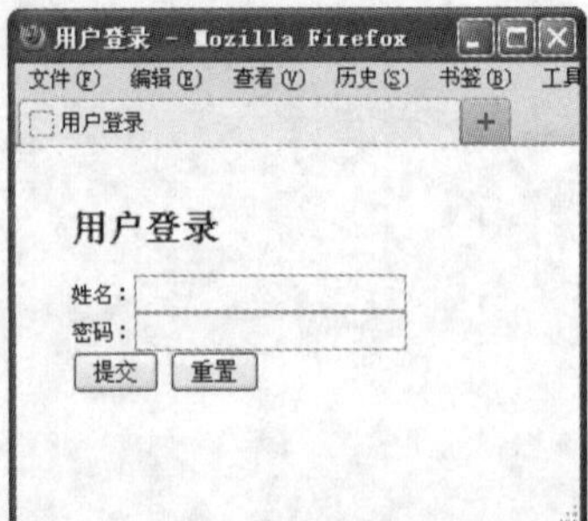

Step03 添加CSS代码，修饰输入框和按钮。

```
#name,#password{
          border:1px solid red;
          width:160px;
           height:22px;
           padding-left:20px;
           margin:6px 0;
           line-height:20px;
}
.button{margin:6px 0;
background-color: #CA8EFF;
font-family:楷体_GB2312;
 color: #006000;
}
```

在Firefox中浏览效果如下图所示，可以看到输入框长度变短、边框变小，并且表单元素之间距离增大，页面布局更加合理，同时美化了按钮和标题的样式。

第 8 天　用 CSS3 制作实用的菜单

学时探讨：

今日主要探讨使用 CSS3 美化菜单。导航菜单是网站中必不可少的元素之一，通过导航菜单可以在页面上实现自由跳转。导航菜单的风格往往会影响网站整体风格，所以网页设计者会花费大量时间和精力制作各式各样的导航条，从而体现网站总体风格。本章将介绍利用 CSS3 属性和项目列表制作出美观、大方的导航菜单。

学时目标：

通过此章节网页菜单学习，读者可学会如何使用 CSS3 制作出实用、美观的菜单。

8.1　使用 CSS3 美化菜单

通过使用 CSS3，可以美化各式各样的导航菜单。

8.1.1　美化无序列表

无序列表<ul>是网页中常见元素之一，会使用<li>标记罗列各个项目，并且每个项目前面都带有特殊符号，例如黑色实心圆等。在 CSS3 中，可以通过属性 list-style-type 来定义无序列表前面的项目符号。

默认的无序列表如下图所示。

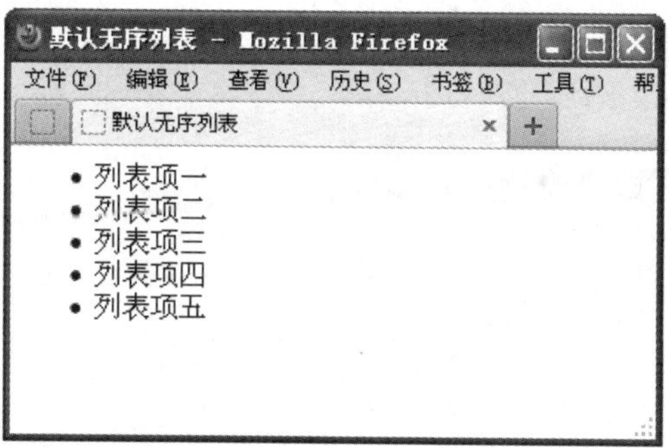

对于无序列表，list-style-type 语法格式如下：

```
list-style-type : disc | circle | square | none
```

其中 list-style-type 参数值含义如表 8-1 所示。

表 8-1　无序列表常用符号

参　数	含　义
disc	实心圆
circle	空心圆
square	实心方块
none	不使用任何标号

可以通过表里的参数为 list-style-type 设置不同的特殊符号，从而改变无序列表的样式。

【案例 8-1】如下代码就是一个美化无序列表的实例（详见随书光盘中的“源代码\ch08\8.1.html”）。

```
<html>
<head>
<title>美化无序列表</title>
<style>
* {
 margin:0px;
 padding:0px;
font-size:12px;
}
p {
 margin:5px 0 0 5px;
 color:#3333FF;
 font-size:14px;
 font-family:"幼圆";
}
div{
 width:300px;
 margin:10px 0 0 10px;
 border:1px #FF0000 dashed;
}
div ul {
 margin-left:40px;
 list-style-type: circle;
}
div li {
 margin:5px 0 5px 0;
              color:blue;
              text-decoration:underline;
}
</style>
</head>
<body>
<div class="big01">
  <p>最新团购</p>
  <ul>
    <li>奥斯卡新建文影城：单人影票，全场 2D 电影通兑</li>
    <li>金夫人：现金抵用一次，节假日通用 </li>
```

```
        <li>汉丽轩：烤肉单人自助午餐，不限量，全天候</li>
        <li> 东海渔港：8-10 人餐，餐具免费 </li>
      </ul>
    </div>
    </body>
    </html>
```

在 Firefox 中浏览效果如下图所示，可以看到显示了一个导航栏，导航栏中存在着不同的导航信息，每条导航信息前面都使用空心圆作为每行信息开始。

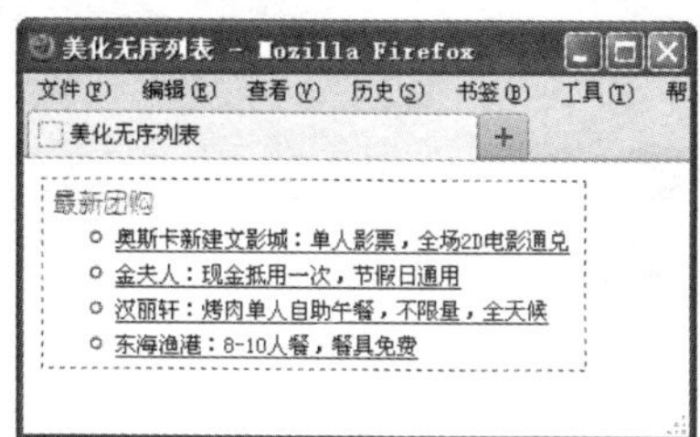

8.1.2 美化有序列表

有序列表标记<ol>可以创建具有顺序的列表，例如每条信息前面加上 1、2、3、4 等。如果要改变有序列表前面的符号，同样需要利用 list-style-type 属性，只不过属性值不同。

默认的有序列表样式如下图所示。

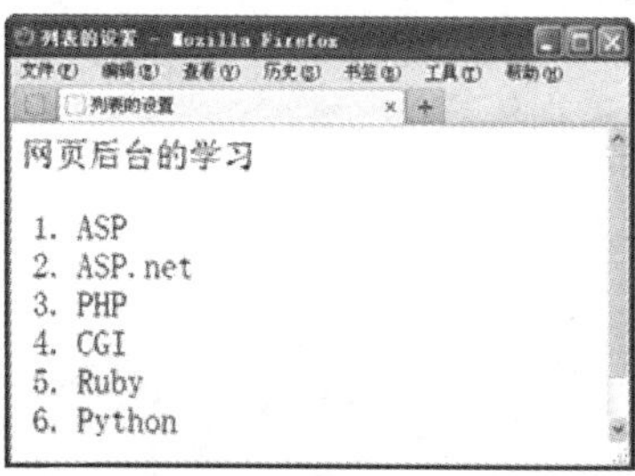

对于有序列表，list-style-type 语法格式如下：

```
    list-style-type : decimal | lower-roman | upper-roman | lower-alpha |
upper-alpha | none
```

其中 list-style-type 参数值含义如表 8-2 所示。

表 8-2 有序列表常用符号

参 数	说 明
decimal	阿拉伯数字
lower-roman	小写罗马数字
upper-roman	大写罗马数字
lower-alpha	小写英文字母
upper-alpha	大写英文字母
none	不使用项目符号

除了列表里的这些常用符号，list-style-type 还具有很多不同的参数值。这里由于地域习惯，没有将一些罕见的项目符号罗列出来，例如传统的亚美尼亚数字、传统的乔治数字等。在对 list-style-type 的支持力度上，IE 浏览器不太理想，Firefox 支持得很好。

【案例 8-2】如下代码就是一个美化有序列表的实例（详见随书光盘中的“源代码\ch08\8.2.html”）。

```
<html>
<head>
<title>有序列表</title>
<style>
* {
 margin:0px;
 padding:0px;
              font-size:12px;
 }
p {
 margin:5px 0 0 5px;
 color:red;
 font-size:14px;
              font-family:"幼圆";
              border-bottom-width:1px;
              border-bottom-style:solid;

 }
div{
 width:300px;
 margin:10px 0 0 10px;
 border:1px #F9B1C9 solid;
 }
div ol {
 margin-left:40px;
 list-style-type: upper-alpha;
 }
div li {
 margin:5px 0 5px 0;
              color:blue;
 }
</style>
</head>
<body>
<div class="big">
  <p>计算机图书类型</p>
  <ol>
    <li>办公类图书 </li>
    <li> 网页类图书 </li>
    <li> 编程类图书</li>
    <li> 数据库类图书 </li>
  </ol>
```

```
</div>
</body>
</html>
```

在 Firefox 中浏览效果如下图所示，可以看到显示了一个导航栏，导航信息前面都带有相应的大写字母，表示其顺序。导航栏具有红色边框，并用一条红线将题目和内容分开。

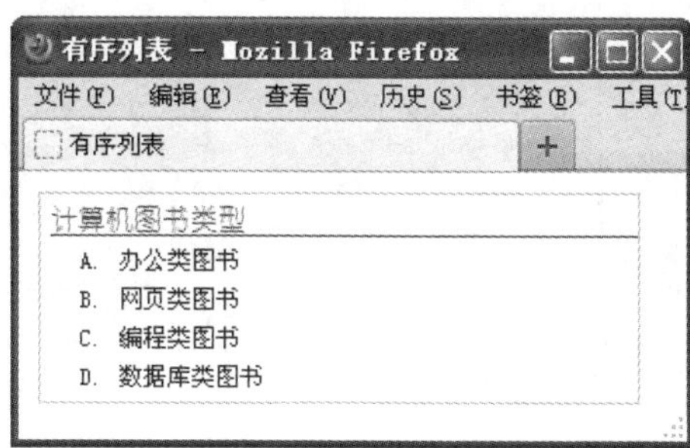

在上面的代码中，使用 list-style-type: upper-alpha 语句定义了有序列表前面的符号。严格来说，无论<ul>标记还是<ol>标记，都可以使用相同的属性值，而且效果完全相同，即二者通过 list-style-type 可以通用。

8.1.3 图片列表

有序列表或无序列表不但可以通过 list-style-typa 改变选项前面的特殊符号，还可以使用 list-style-image 属性将每项前面的项目符号替换为任意的图片。

list-style-image 属性用来定义作为一个有序或无序列表项标志的图像。图像相对于列表项内容的放置位置通常使用 list-style-image 属性控制。其语法格式如下：

```
list-style-image : none | url (url)
```

上面的属性值中，none 表示不指定图像，url 表示使用绝对路径和相对路径指定背景图像。

【案例 8-3】如下代码就是一个添加图片列表的实例（详见随书光盘中的“源代码\ch08\8.3.html”）。

```
<html>
<head>
<title>图片符号</title>
<style>
<!--
ul{
 font-family:Arial;
 font-size:15px;
 color:red;
 list-style-type:none;                    /* 不显示项目符号 */
}
li{
          list-style-image:url(01.jpg);
         padding-left:25px;          /* 设置图标与文字的间隔 */
```

```
                width:350px;
    }
    -->
    </style>
      </head>
    <body>
    <p>电影大全</p>
    <ul>
     <li>电影 </li>
     <li>电视剧 </li>
     <li>综艺 </li>
     <li>动漫</li>
     <li>专题</li>
    </ul>
    </body>
    </html>
```

在 Firefox 中浏览效果如下图所示，可以看到一个导航栏，每个导航菜单前面都有一个小图标。

在上面的代码中，使用 list-style-image:url(01.jpg)语句定义了列表前显示的图片。实际上还可以使用 background:url(01.jpg) no-repeat 语句完成这个效果，只不过 background 对图片大小要求比较苛刻。

8.1.4 列表缩进

使用图片作为列表符号显示时，图片通常显示在列表的外部，实际上还可以将图片列表中的文本信息进行对齐，从而显示另外一种效果。在 CSS3 中，可以通过 list-style-position 来设置图片显示位置。

list-style-position 属性语法格式如下：

```
list-style-position : outside | inside
```

其属性值含义如表 8-3 所示。

表 8-3　列表缩进属性值

属　性	说　明
outside	列表项目标记放置在文本以外，且环绕文本不根据标记对齐
inside	列表项目标记放置在文本以内，且环绕文本根据标记对齐

【案例 8-4】如下代码就是一个设置列表缩进效果的实例（详见随书光盘中的“源代码\ch08\8.4.html”）。

```
<html>
<head>
<title>图片位置</title>
<style>
.list1{
   list-style-position:inside;}
.list2{
   list-style-position:outside;}
.content{
   list-style-image:url(01.jpg);
   list-style-type:none;
   font-size:24px;
}
</style>
  </head>
<body>
<ul class=content>
 <li class=list1>末日狂欢，唱个痛快！仅 9.9 元，享原价 540 元美乐迪 KTV 欢唱套餐：16:00-20:30 时间段通唱+干果 2 份！节假日通用！小包 1 张券，中包 2 张券，大包 3 张券哦！ </li>
<li class=list2>贺岁档来袭！全省 17.5 影城 6 店通用！郑州、开封、洛阳、济源 4 市通用！仅 19.9 元，享最高价值 60 元的电影票 1 张！不限时段，不限场次！全场各种通看！绝不加钱！17.5 影城，让电影回归大众！</li>
</ul>
</body>
</html>
```

在 Firefox 中浏览效果如下图所示，可以看到一个图片列表，第一个图片列表选项中的图片和文字对齐，即放在文本信息以内；第二个图片列表选项没有和文字对齐，而是放在文本信息以外。

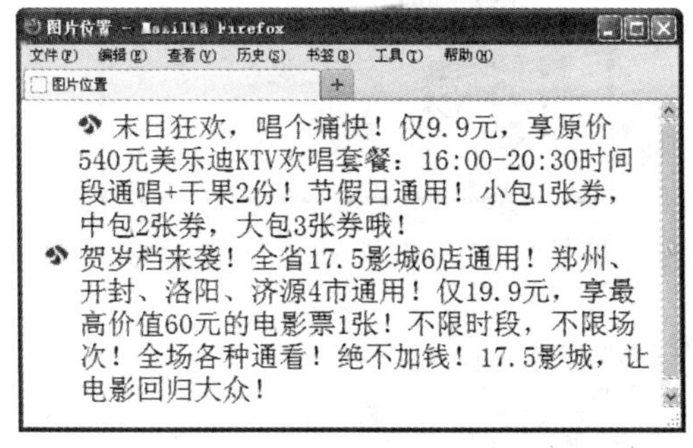

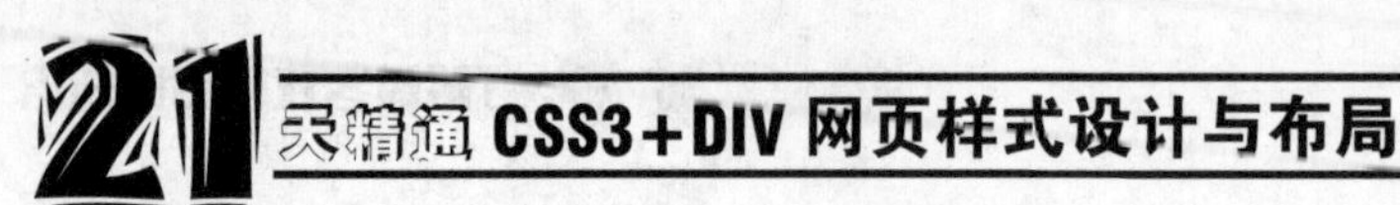

8.2 无须表格的菜单

项目列表在引入 CSS3 之后，其功能和作用大大增强了，即可以制作出各式各样的菜单和导航条。在制作导航条和菜单之前，需要将 list-style-type 值设置为 none，即去掉列表前的项目符号。

【案例 8-5】下面通过一个实例介绍使用 CSS3 完成一个菜单导航条（详见随书光盘中的“源代码\ch08\8.5.html”）。

Step01 首先创建 HTML 文档，并实现一个无序列表，列表中的选项表示各个菜单。

```
<html>
<head>
<title>无需表格菜单</title>
</head>
<body>
<div>
 <ul>
     <li><a href="#">电影</a></li>
     <li><a href="#">自助餐</a></li>
     <li><a href="#">足疗按摩</a></li>
     <li><a href="#">食品保健</a></li>
     <li><a href="#">美发</a></li>
 </ul>
</div>
</body>
</html>
```

在上面的代码中，创建了一个 div 层，在层中放置了一个 ul 无序列表，列表中各个选项就是将来所使用的菜单。

在 Firefox 中浏览效果如下图所示，可以看到显示了一个无序列表，每个选项都带有一个实心圆。

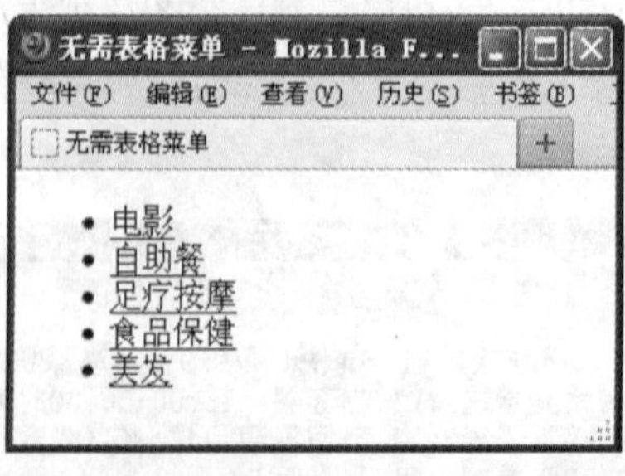

Step02 利用 CSS 相关属性对 HTML 中的元素进行修饰，例如 div 层、ul 列表和 body 页面。代码如下：

```
<style>
<!--
body{
```

```
 background-color:#84BAE8;
 }
div {
 width:200px;
 font-family:"幼圆";
}
div ul {
 list-style-type:none;
margin:0px;
 padding:0px;
 }
-->
</style>
```

在 Firefox 中浏览效果如下图所示，可以看到项目列表变成一个普通的超链接列表，无项目符号并带有下画线。

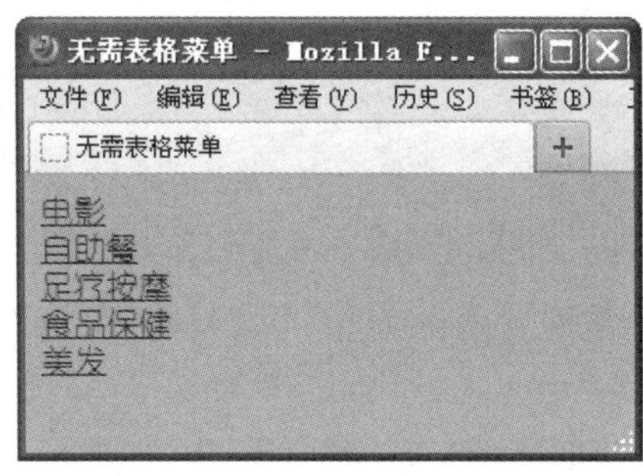

Step03 接下来可以对列表中的各个选项进行修饰，例如去掉超链接下的下画线，并增加 li 标记下的边框线，从而增强菜单的实际效果。

```
div li {
 border-bottom:1px solid #ED9F9F;
 }
div li a{
 display:block;
padding:5px 5px 5px 0.5em;
 text-decoration:none;
 border-left:12px solid #6EC61C;
 border-right:1px solid #6EC61C;
 }
```

上面代码需要注意的语句是 display:block，此语句定义了超链接被设置成块元素，即当鼠标进入这个区域时就被激活，而不是仅仅通过文字激活。对于 display 相关属性，会在后面章节重点介绍。

在 Firefox 中浏览效果如下图所示，可以看到每个选项中，超链接的左方显示了蓝色条，右方显示了蓝色线，每个链接下方显示了一个黄色边框。

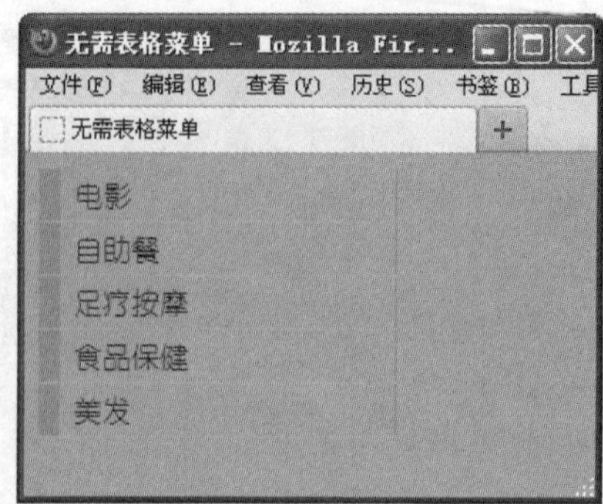

Step04 当基本样式设定后，就可以设置导航菜单条中的最常见样式——动态菜单效果，即当鼠标悬浮在导航菜单上时，显示另外一种样式。

```
div li a:link, div li a:visited{
 background-color:#F0F0F0;
 color:#461737;
 }
div li a:hover{
 background-color:#7C7C7C;
 color:#ffff00;
 }
```

上面代码设置了鼠标链接样式、访问后样式和悬浮时的样式。

在 Firefox 中浏览效果如下图所示，可以看到鼠标悬浮在菜单上时，会显示灰色。

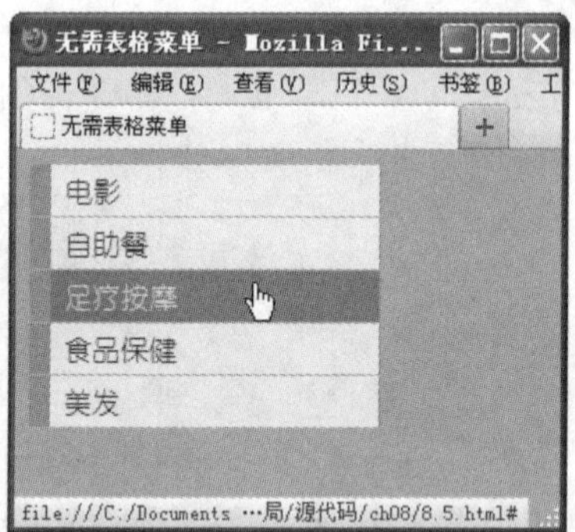

8.3 菜单的横竖转换

通过 CSS 属性，不但可以创建垂直导航菜单，还可以创建水平导航菜单。创建水平导航菜单和创建垂直导航菜单的步骤基本相似。首先需要建立 HTML 项目列表结构，将要创建的菜单项的列表选项显示出来。然后利用 CSS 设置页面背景色；设置项目列表中的每个选项样式，去掉每个选项前面的项目符号；设置 div 层中的字体样式，但此处不需要设置 div 块。

【案例 8-6】如下代码就是一个菜单横竖转换的实例（详见随书光盘中的“源代码\ch08\8.6.html”）。

```
<html>
<head>
<title>菜单横竖转换</title>
<style>
<!--
body{
 background-color:#84BAE8;
}
div {
 font-family:"幼圆";
}
div ul {
 list-style-type:none;
margin:0px;
 padding:0px;
}
</style>
   </head>
<body>
<div id="navigation">
 <ul>
 <li><a href="#">电影</a></li>
 <li><a href="#">自助餐</a></li>
 <li><a href="#">足疗按摩</a></li>
 <li><a href="#">食品保健</a></li>
 <li><a href="#">美发</a></li></ul>
</div>
</body>
</html>
```

在 Firefox 中浏览效果如下图所示，可以看到显示的是一个普通的超链接列表，和上一个例子中的显示效果基本一样。

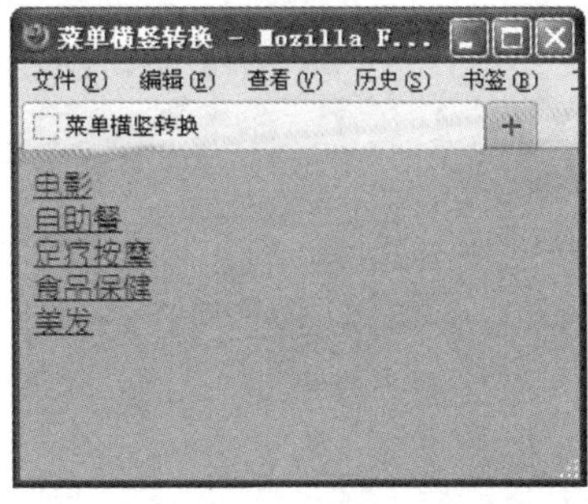

现在是垂直显示导航菜单，需要利用 CSS 属性 float 将其设置为水平显示，并设置选项 li 和超链接的基本样式，代码如下：

```
div li {
```

```
  border-bottom:1px solid #ED9F9F;
   float:left;
   width:150px;
  }
 div li a{
  display:block;
  padding:5px 5px 5px 0.5em;
  text-decoration:none;
  border-left:12px solid #EBEBEB;
  border-right:1px solid #EBEBEB;
  }
```

当 float 属性值为 left 时，导航栏为水平显示。其他设置基本和上一个例子相同。

在 Firefox 中浏览效果如下图所示，可以看到各个链接选项水平排列在当前页面之上。

下面设置超链接<a.>样式，和前面一样，也是设置了鼠标动态效果。代码如下：

```
div li a:link, div li a:visited{
 background-color:#F0F0F0;
 color:#461737;
}
div li a:hover{
 background-color:#7C7C7C;
 color:#ffff00;
}
```

在 Firefox 中浏览效果如下图所示，可以看到当鼠标放到菜单上时，会变换为另一种样式。

8.4 技能训练 1——制作 SOSO 导航栏

本实例将结合本章学习的制作菜单知识，轻松实现 SOSO 导航栏。实现该实例，需要包含 3 个部分，第一部分是 SOSO 图标，第二部分是水平菜单导航栏（也是本实例重点），第三部分是表单部分，包含一个输入框和按钮（详见随书光盘中的“源代码\ch08\8.7.html”）。

具体操作步骤如下。

Step01 创建 HTML 网页，实现基本 HTML 元素。

对于本实例，需要利用 HTML 标记实现 SOSO 图标、导航的项目列表、下方的搜索输入框和按钮等。其代码如下：

```
<html>
<head>
<title>搜搜</title>
  </head>
<body>
<center><br><img src="logo_index.png"><br><br><br><br>
<div>
<ul>
            <li id=h></li>
 <li><a href="#">网页</a></li>
 <li > <a href="#">图片</a></li>
 <li> <a href="#">视频</a></li>
 <li><a href="#">音乐</a></li>
 <li><a href="#">搜吧</a></li>
 <li><a href="#">问问</a></li>
 <li><a href="#">团购</a></li>
 <li><a href="#">新闻</a></li>
 <li><a href="#">地图</a></li>
 <li id="more"><a href="#">更 多 &gt;&gt;</a></li>
</ul>
</div>
<p style="height:44px;"> </p>
<div id=s>
<form action="/q?" id="flpage" name="flpage">
   <input type="text" value="" size=50px;/>
   <input type="submit" value="搜搜">
</form>
</div>
</center>
</body>
</html>
```

在 Firefox 中浏览效果如下图所示，可以看到显示了一张图片，即 SOSO 图标；中间显示了一列项目列表，每个选项都是超链接；下方是一个表单，包含输入框和按钮。

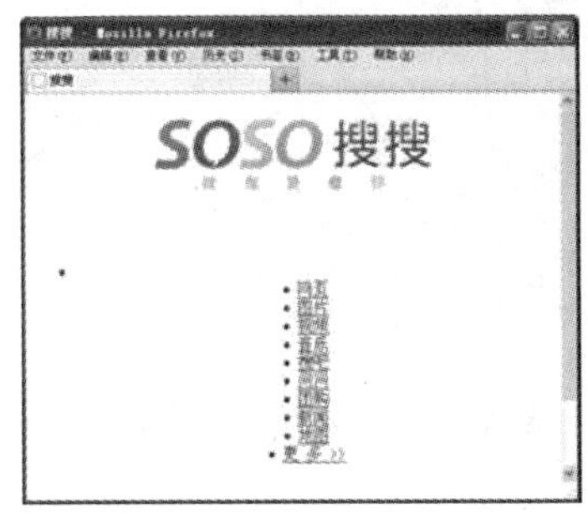

Step02 添加CSS代码，修饰项目列表。框架出来之后，就可以修改项目列表的相关样式，即列表水平显示，同时定义整个div层属性，例如设置背景色、宽度、底部边框和字体大小等。代码如下：

```
p{ margin:0px; padding:0px;}
#div{
 margin:0px auto;
 font-size:12px;
 padding:0px;
 border-bottom:1px solid #00c;
 background:#eee;
 width:800px;height:18px;
 }
div li{
 float:left;
 list-style-type:none;
 margin:0px;padding:0px;
 width:40px;
 }
```

上面代码中，float属性设置菜单栏水平显示，list-style-type设置列表不显示项目符号。

在Firefox中浏览效果如下图所示，可以看到页面整体效果和SOSO首页比较相似，下面就可以在细节上进一步修改了。

Step03 添加CSS代码，修饰超链接。

```
div li a{
 display:block;
 text-decoration:underline;
 padding:4px 0px 0px 0px;
 margin:0px;
         font-size:13px;
 }
div li a:link, div li a:visited{
```

```
    color:#004276;

}
```

上面代码设置了超链接，即导航栏中菜单选项中的相关属性，例如超链接以块显示、文本带有下画线，字体大小为 13 像素，并设定了鼠标访问超链接后的颜色。

在 Firefox 中浏览效果如下图所示，可以看到字体颜色发生改变，字体变小。

Step04 添加 CSS 代码，定义对齐方式和表单样式。

```
div li#h{width:180px;height:18px;}
div li#more{width:85px;height:18px;}
#s{
        background-color:#006EB8;
        width:430px;
}
```

上述代码中，h 定义了水平菜单最前方空间的大小，more 定义了更多的长度和宽度，s 定义了表单背景色和宽度。

在 Firefox 中浏览效果如下图所示，可以看到水平导航栏和表单对齐，表单背景色为蓝色。

8.5 技能训练 2——制作模拟列表效果

本实例将利用前面介绍的 CSS3 知识，将段落变换为一个列表。要实现这个实例，需要创建一个 div 层，用于包含各个不同的段落，这样方便设置整体布局。

具体操作步骤如下。

Step01 创建 HTML 页面，实现基本段落。从上面的分析可以看出，HTML 中需要包含一个 div 层、几个段落。其代码如下：

```
<html>
<head>
<title>模拟列表</title>
</head>
<body>
<div class="big">
  <p  class="one">·【全省 6 店通用】仅 19.9 元，享最高价值 60 元的电影票 1 张！  </p>
  <p> ·【2 店通用】仅 39.9 元！享原价 82 元金牌米线双人套餐！  </p>
  <p  class="one"> ·仅 9.9 元，享原价 540 元美乐迪 KTV 欢唱套餐！ </p>
  <p> ·午晚通用！仅 49 元，享原价 98 元汉丽轩金色港湾店买一送一套餐！  </p>
  <p class="one">·刮起一阵“鱼”悦火锅风！仅 88 元，享原价 152 元美味鱼火锅 4 人套餐！
</p>
</div>
</body>
</html>
```

在 Firefox 中浏览效果如下图所示，可以看到显示 5 个段落，每个段落前面都使用特殊符号“·”引领每一行。

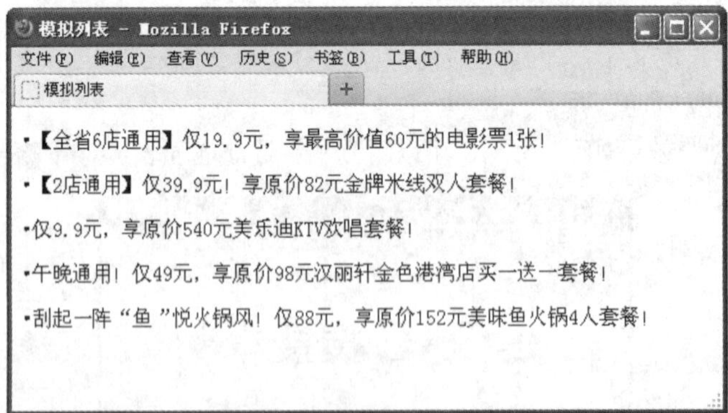

Step02 添加 CSS 代码，修饰整体 div 层。

```
<style>
.big {
 width:450px;
 border:green 1px solid;
 }
</style>
```

此处创建了一个类选择器，其属性定义了层的宽度，层带有边框，以直线形式显示。

在 Firefox 中浏览效果如下图所示，可以看到段落周围显示了一个矩形区域，其边框显示为绿色。

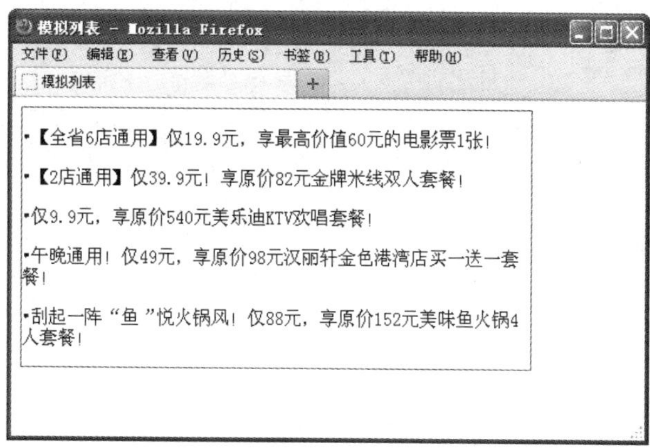

Step03 添加 CSS 代码，修饰段落属性。

```
p {
 margin:10px 0 5px 0;
 font-size:14px;
 color:red;
}
.one {
 text-decoration:underline;
 font-weight:800;
 color:blue;
}
```

上述代码定义了段落 p 的通用属性，即字体大小和颜色；使用类选择器定义了特殊属性，带有下画线，具有不同的颜色。

在 Firefox 中浏览效果如下图所示，可以看到与前一个图像相比，其字体颜色发生了变化，并带有下画线。

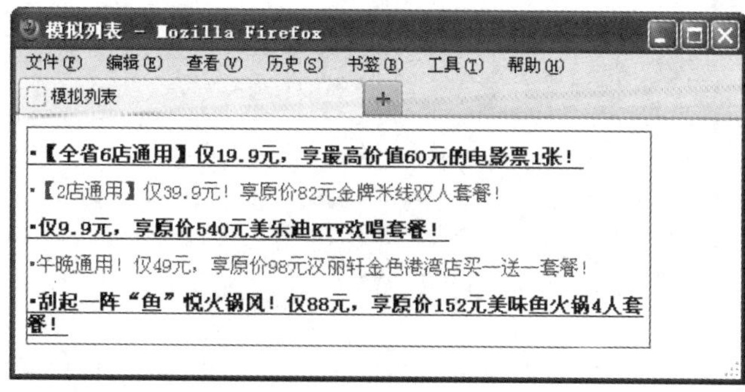

探讨 CSS+DIV 页面布局

了解了 CSS 的基本知识后，下面进一步学习 CSS+DIV 布局的方法，主要包括修改网站页面、CSS3 滤镜样式应用、用 CSS+DIV 灵活地布局页面和布局方法大探讨等内容。

4 天学习目标

- □ 修饰网站页面——鼠标特效与超链接特效
- □ 让一切趋近于完美——CSS3 滤镜样式应用
- □ 页面布局的黄金搭档——用 CSS+DIV 灵活进行网页布局
- □ 布局方式大探讨——CSS+DIV 布局剖析

1 **第9天**

修饰网站页面——鼠标特效与超链接特效

9.1 鼠标特效

9.2 超链接特效

9.3 技能训练1——制作图片鼠标放置特效

9.4 技能训练2——制作图片超链接

2 **第10天**

让一切趋近于完美——CSS3滤镜样式应用

10.1 什么是CSS滤镜

10.2 通道（Alpha）

10.3 模糊（Blur）

10.4 透明色（Chroma）

10.5 翻转变换（Flip）

10.6 光晕（Glow）

10.7 灰度（Gray）

10.8 反色（Invert）

10.9 遮罩（Mask）

10.10 阴影（Shadow）

10.11 X射线（X-ray）

10.12 图像切换（RevealTrans）

10.13 波浪（Wave）

10.14 渐隐渐现（BlendTrans）

10.15 立体阴影（DropShadow）

10.16 灯光滤镜（Light）

3 **第11天**

页面布局的黄金搭档——用CSS+DIV灵活进行网页布局

11.1 认识DIV

11.2 CSS定位与DIV布局

11.3 CSS+DIV布局的常用方法

11.4 技能训练——制作个人网站首页

4 第 12 天

布局方式大探讨——CSS＋DIV布局剖析

12.1 布局方式分析

12.2 CSS排版样式

12.3 新增CSS3多列布局

12.4 技能训练1——制作当当网布局

12.5 技能训练2——制作团购网的促销页面

第 9 天　修饰网站页面——鼠标特效与超链接特效

学时探讨：

今日主要探讨使用 CSS3 制作鼠标特效和超链接特效。超链接是网页的基本元素，各个网页都是通过超链接连接在一起的。通过 CSS3 属性定义，可以设置出美观大方、具有不同外观和样式的超链接。另外，通过 CSS3 可以制作一些鼠标特效。

学时目标：

通过此章节修饰网站页面的学习，读者可学会如何使用 CSS3 制作鼠标特效和超链接特效。

9.1　鼠标特效

在默认情况下，鼠标以箭头的形式显示。当鼠标放在超链接上时，鼠标变为手状。如果想让鼠标实现各种效果，可以通过 CSS3 属性定义来实现。

9.1.1　如何控制鼠标箭头

CSS3 不仅能够准确地控制及美化页面，而且还能定义鼠标指针样式。当鼠标移动到不同 HTML 元素对象上面时，鼠标会以不同形状或图像显示。CSS3 通过改变 cursor 属性（鼠标指针属性）来实现对鼠标样式的控制。

cursor 属性包含有 18 个属性值，对应鼠标的 18 个样式，而且还能够通过 url 链接地址自定义鼠标指针，如表 9-1 所示。

表 9-1　鼠标样式

属 性 值	含　义	显示效果
auto	自动，按照默认状态自行改变	自行改变
crosshair	精确定位十字	
default	默认鼠标指针	
hand	手形	
move	移动	
help	帮助	

续表

属 性 值	含　义	显示效果
Wait	等待	
text	文本	
n-resize	箭头朝上双向	
s-resize	箭头朝下双向	
w-resize	箭头朝左双向	
e-resize	箭头朝右双向	
ne-resize	箭头右上双向	
se-resize	箭头右下双向	
nw-resize	箭头左上双向	
sw-resize	箭头左下双向	
pointer	指示	
url (*url*)	自定义鼠标指针	自定义效果

【案例 9-1】如下代码就是一个设置不同鼠标效果的实例（详见随书光盘中的“源代码\ch09\9.1.html”）。

```
<html>
<head>
<title>鼠标特效</title>
</head>
<body>
  <h2>CSS 控制鼠标箭头</h2>
  <div style="font-size:10pt;color:DarkBlue">
    <p style=" cursor:crosshair ">精确定位十字效果</p>
    <p style="cursor:hand ">手形效果</p>
    <p style="cursor:help">帮助效果</p>
    <p style="cursor:n-resize">箭头朝上双向效果</p>
    <p style="cursor:ne-resize">箭头右上双向效果</p>
     <p style="cursor: move ">移动效果</p>
  </div>
</body>
</html>
```

在 Firefox 中浏览效果如下图所示，可以看到多个鼠标样式提示信息。当鼠标放到一个帮助文字上时，鼠标会以问号“？ ”显示，从而达到提示作用。读者可以将鼠标放在不同的文字上，查看不同的鼠标样式。

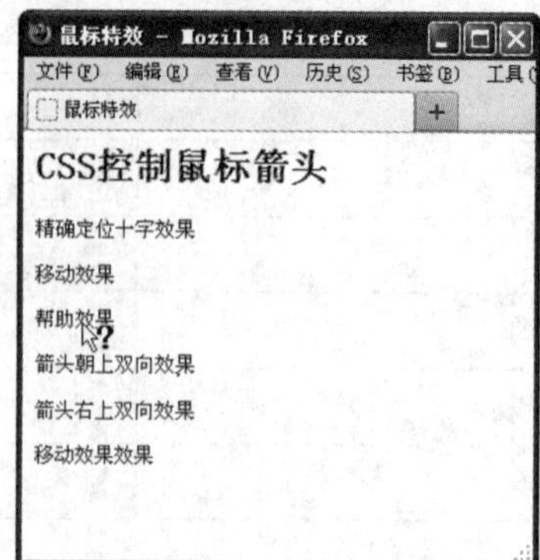

9.1.2 鼠标变换效果

知道了如何控制鼠标样式，就可以轻松制作出鼠标指针样式变换的超链接效果，即鼠标放到超链接上，可以看到超链接颜色、背景图片发生变化，并且鼠标样式也发生变化。

【案例 9-2】如下代码就是一个制作鼠标变换效果的实例（详见随书光盘中的“源代码\ch09\9.2.html”）。

```
<html>
<head>
<title>鼠标手势</title>
<style>
a{
 display:block;
 background-image:url(03.jpg);
 background-repeat:no-repeat;
 width:100px;
 height:30px;
 line-height:30px;
 text-align:center;
 color:#FFFFFF;
 text-decoration:none;
 }
a:hover{
          background-image:url(18.jpg);
 color:#FF0000;
 text-decoration:none;
 }
.help{
 cursor:help;
 }
.text{cursor:text;}
</style>
</head>
<body>
```

```
<a href="#" class="help">疑难解惑</a>
<a href="#" class="text">最新资讯</a>
</body>
</html>
```

在 Firefox 中浏览效果如下图所示，可以看到当鼠标放到一个"疑难解惑"工具栏上时，其鼠标样式以问号显示，字体颜色显示为红色，背景色为白色。当鼠标不放到工具栏上时，背景图片为浅蓝色，字体颜色为白色。

9.2 超链接特效

超链接是由<a></a>标记组成的，它可以是文字或图片。添加了超链接的文字具有自己的样式，从而和其他文字区别，其中默认链接样式为蓝色文字，有下画线。而通过 CSS3 属性定义，可以修饰超链接，从而达到美观的效果。

下图所示为超链接的特效，将鼠标放在链接文字上后，颜色会发生变化，并显示下画线。

9.2.1 改变超链接基本样式

使用 HTML 标记 A 创建的超链接非常普通，除了颜色发生变化和带有下画线外，其他的和普通文本区别不大。这种传统的超链接样式显然无法满足广大用户的需求，此时可以通过 CSS3 来增强样式效果。

对于超链接的修饰，通常可以采用 CSS 伪类，前面已经介绍过这个概念。伪类是一种特殊的选择符，能被浏览器自动识别。其最大的用处是在不同状态下可以对超链接定义不同的样式效果，是 CSS 本身定义的一种类。

对于超链接伪类，其详细信息如表 9-2 所示。

表 9-2　超链接伪类

伪　类	含　义
a:link	定义 a 对象在未被访问前的样式
a:hover	定义 a 对象在其鼠标悬停时的样式
a:active	定义 a 对象被用户激活时的样式（在鼠标单击与释放之间发生的事件）
a:visited	定义 a 对象在其链接地址已被访问过时的样式

CSS 就是通过上面定义的 4 个超链接伪类来设置超链接样式。也就是说，如果要定义未被访问超链接的样式，可以通过 a:link 来实现；如果要设置被访问过的超链接的样式，可以定义 a:visited 来实现；其他要定义悬浮和激活时的样式，也能如表 9-2 所示，用 hover 和 active 来实现。

【案例 9-3】如下代码就是一个修改超链接样式的实例（详见随书光盘中的“源代码\ch09\9.3.html”）。

```
<html>
<head>
<title>超链接样式</title>
<style>
a{
   color:#545454;
   text-decoration:none;
}
a:link{
    color:#545454;
    text-decoration:none;
}
a:hover{
    color:red;
    text-decoration:underline;
}
a:active{
    color:#FF6633;
    text-decoration:none;
}
</style>
</head>
<body>
<center>
<a  href=#>团购</a>|<a  href=#>最新动态</a>
<center>
</body>
</html>
```

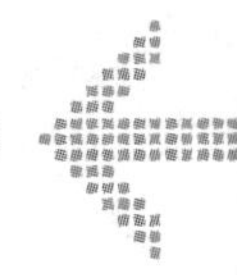

在 Firefox 中浏览效果如下图所示，可以看到两个超链接，当鼠标停留在第一个超链接上方时，显示颜色为红色，并带有下画线；另一个超链接没有被访问，不带有下画线，颜色显示灰色。

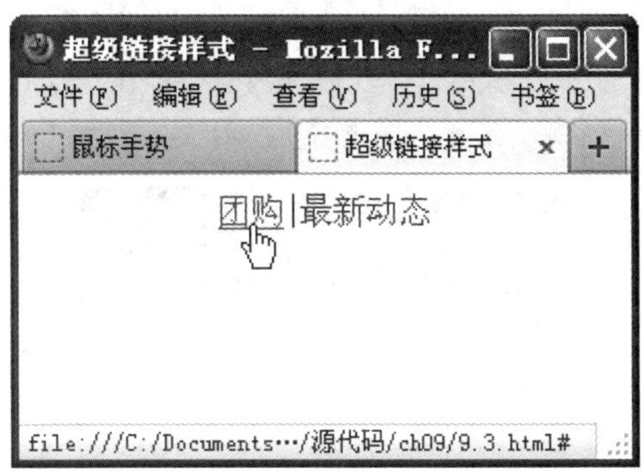

从上面可以知道，伪类只是提供一种途径，用来修饰超链接，而对超链接真正起作用的还是文本、背景和边框等属性。

在网页显示的时候，有时一个超链接并不能说明这个链接背后的含义，通常还要为这个链接加上一些介绍性信息，即提示信息。此时可以通过超链接 a 提供描述标记 title，来达到这个效果。title 属性的值即位提示内容，当浏览器的光标停留在超链接上时，会出现提示内容，并且不会影响页面排版的整洁。

【案例 9-4】如下代码就是一个添加链接提示信息的实例（详见随书光盘中的“源代码\ch09\9.4.html”）。

```
<html>
<head>
<title>超链接样式</title>
<style>
a{
  color:#005799;
  text-decoration:none;
}
a:link{
   color:#545454;
   text-decoration:none;
}
a:hover{
   color:blue;
   text-decoration:underline;
}
a:active{
   color:#FF6633;
   text-decoration:none;
}
</style>
```

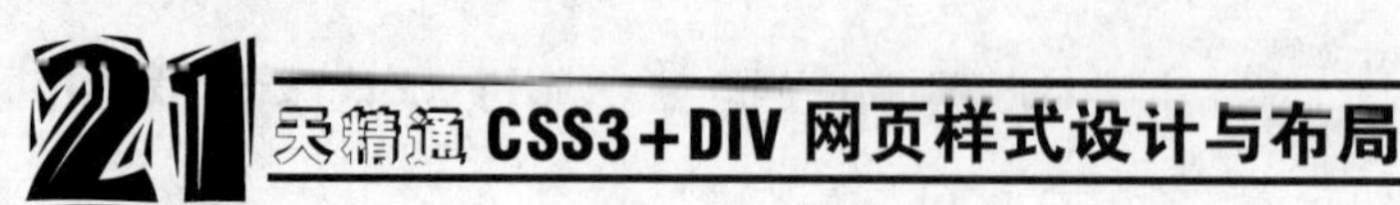


```
</head>
<body>
<a href="" title="团购是目前比较流行的网购新方式">团购</a>
</body>
</html>
```

在Firefox中浏览效果如下图所示，可以看到当鼠标停留在超链接上方时，显示颜色为蓝色，带有下画线，并且有一个提示信息“团购是目前比较流行的网购新方式”。

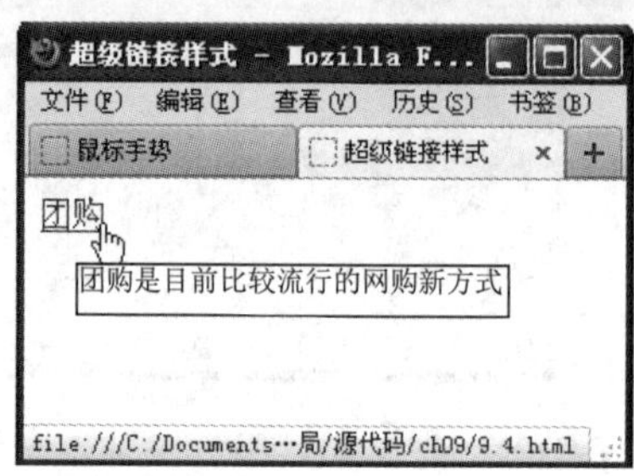

9.2.2 设置超链接背景图

将图片作为背景图添加到超链接里，这样超链接就会具有更加精美的效果。超链接如果要添加背景图片，通常使用background-image来完成。

【案例 9-5】如下代码就是一个设置超链接背景图的实例（详见随书光盘中的“源代码\ch09\9.5.html”）。

```
<html>
<head>
<title>超链接样式</title>
<style>
a{
   background-image:url(01.jpg);
   width:90px;
   height:30px;
   color:#005799;
   text-decoration:none;
}
a:hover{
    background-image:url(02.jpg);
    color:#006600;
    text-decoration:underline;
}
</style>
</head>
<body>
<a href="#">链接背景 1</a>
<a href="#">链接背景 2</a>
<a href="#">链接背景 3</a>
</body>
```

```
</html>
```

在 Firefox 中浏览效果如下图所示，可以看到显示了 3 个超链接，当鼠标停留在一个超链接上时，其背景图就会显示浅黄色并带有下画线；而当鼠标不在超链接上时，背景图显示浅蓝色，并且不带有下画线。当鼠标不在超链接上停留时，会不停地改变超链接显示图片，即样式，从而实现超链接动态菜单效果。

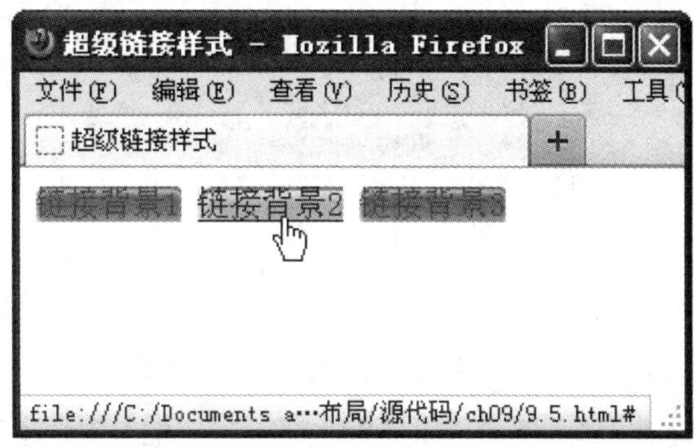

在上面的代码中，使用 background-image 引入背景图，text-decoration 设置超链接是否具有下画线。

9.2.3 超链接按钮效果

有时为了增强超链接的效果，会将超链接模拟成表单按钮，即当鼠标指针移到一个超链接上的时候，超链接的文本或图片就会像被按下一样，有一种凹陷的效果。其实现方式通常是利用 CSS 中的 a:hover，当鼠标经过链接时，将链接向下、向右各移一个像素，这时候的显示效果就像按钮被按下的效果。

【案例 9-6】如下代码就是一个设置链接按钮效果的实例（详见随书光盘中的“源代码\ch09\9.6.html”）。

```
<html>
<head>
<title>超链接样式</title>
<style>
a{
        font-family:"幼圆";
        font-size:2em;
        text-align:center;
        margin:3px;
}
a:link,a:visited{
        color:#ac2300;
        padding:4px 10px 4px 10px;
        background-color:#ccd8db;
        text-decoration:none;
        border-top:1px solid #EEEEEE;
```

```
        border-left:1px solid #EEEEEE;
        border-bottom:1px solid #717171;
        border-right:1px solid #717171;
}
a:hover{
        color:#821818;
        padding:5px 8px 3px 12px;
        background-color:#e2c4c9;
        border-top:1px solid #717171;
        border-left:1px solid #717171;
        border-bottom:1px solid #EEEEEE;
        border-right:1px solid #EEEEEE;
}
</style>
</head>
<body>
<a href="#">新闻</a>
<a href="#">网页</a>
<a href="#">贴吧</a>
<a href="#">知道</a>
<a href="#">音乐</a>
</body>
</html>
```

在 Firefox 中浏览效果如下图所示，可以看到显示了 5 个超链接，当鼠标停留在一个超链接上时，其背景色显示黄色并具有凹陷的感觉；而当鼠标不在超链接上时，背景图显示浅灰色。

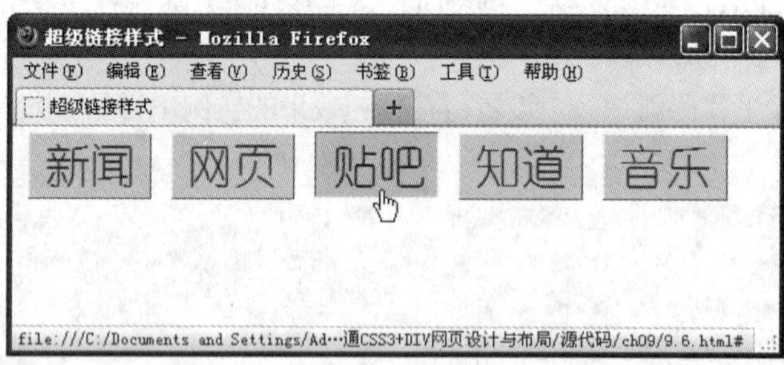

在上面的代码中，需要对 a 标记进行整体控制，同时加入了 CSS 的两个伪类属性。对于普通超链接和单击过的超链接采用同样的样式，并且边框的样式模拟按钮效果。而对于鼠标指针经过时的超链接，相应地改变文本颜色、背景色、位置和边框，从而模拟按下的效果。

9.3 技能训练 1——制作图片鼠标放置特效

本实例结合前面介绍的内容，来创建一个图片鼠标放置特效实例。具体操作步骤如下。

Step01 创建 HTML，实现基本超链接。

```
<html >
<head>
<title>鼠标特效</title>
</head>
<body>
<center>
<a href="#" >娱乐资讯</a>
<a href="#" >新闻直播</a>
<a href="#">最新动态</a>
</center>
</body>
</html>
```

在 Firefox 中浏览效果如下图所示，可以看到 3 个超链接，颜色为蓝色，并带有下画线。

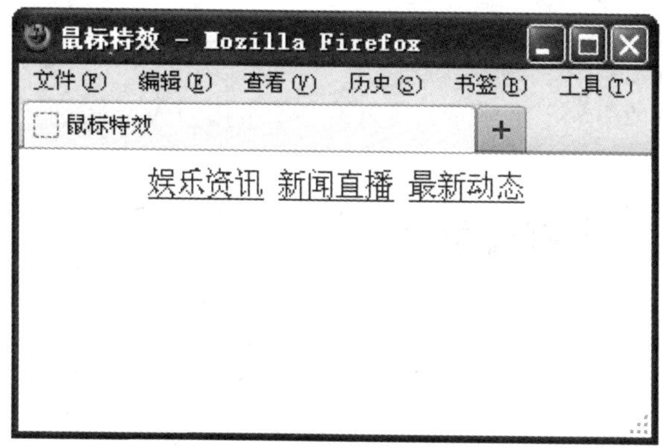

Step02 添加 CSS 代码，修饰整体样式。

```
<style type="text/css">
*{
 margin:0px;
 padding:0px;
 }
body{
 font-family:"宋体";
 font-size:18px;
 }
-->
</style>
```

在 Firefox 中浏览效果如下图所示，可以看到超链接颜色不变，字体大小为 18 像素，字形为宋体。

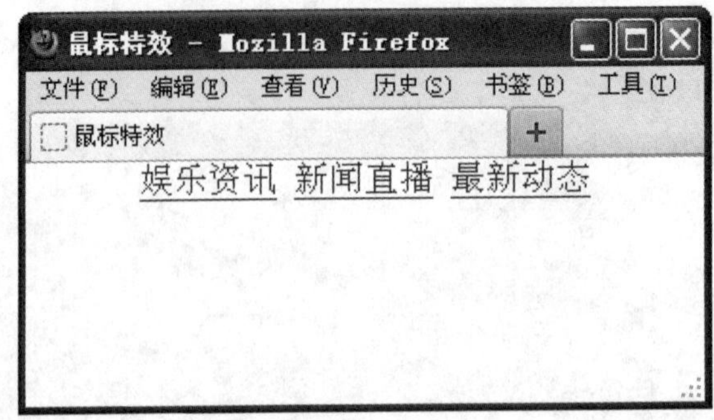

Step03 添加 CSS 代码，修饰链接基本样式。

```
a, a:visited {
line-height:20px;
 color: #000000;
 background-image:url(02.jpg);
 background-repeat: no-repeat;
 text-decoration: none;
 }
```

在 Firefox 中浏览效果如下图所示，可以看到超链接引入了背景图片，不带有下画线，并且颜色为黑色。

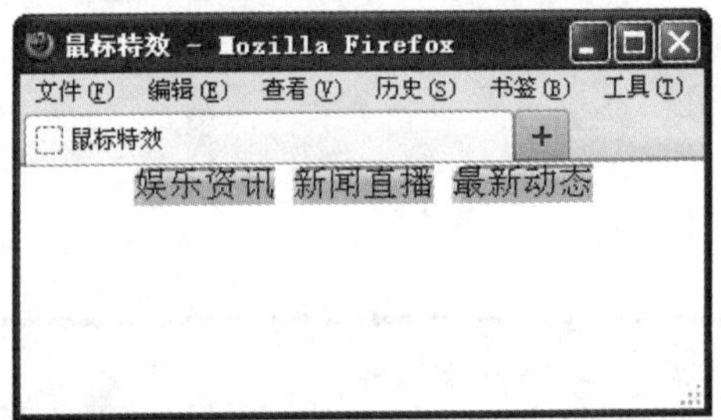

Step04 添加 CSS 代码，修饰悬浮样式。

```
a:hover {
 font-weight: bold;
 color:red;
 }
```

在 Firefox 中浏览效果如下图所示，可以看到当鼠标放到超链接上时，字体颜色变为红色，字体加粗。

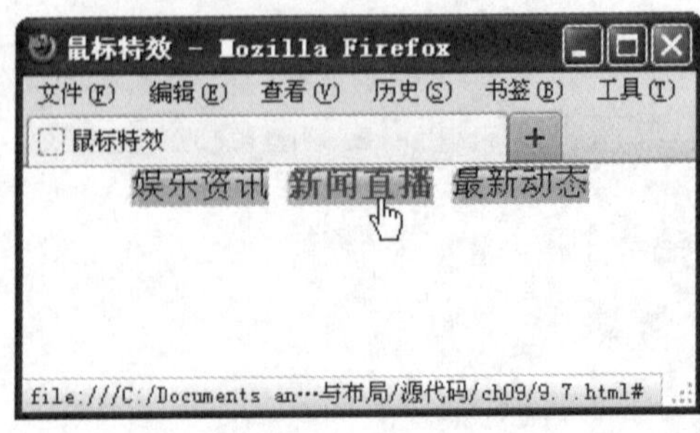

9.4 技能训练 2——制作图片超链接

本实例将结合前面学习的知识，创建一个图片超链接。

具体操作步骤如下。

Step01 构建基本 HTML 页面。创建一个 HTML 页面，需要创建一个段落 p 来包含图片 img 和介绍信息。其代码如下：

```
<html>
<head>
<title>图片超链接</title>
</head>
<body>
<p>
<a href="#" title="单击图片，会进入更详细页面介绍"><img src=04.jpg></a>
蝶，通称为“蝴蝶”，全世界大约有 14000 余种，大部分分布在美洲，尤其在亚马逊河流域品种最多，在世界其他地区除了南北极寒冷地带以外，都有分布，在亚洲，我国台湾也以蝴蝶品种繁多著名。蝴蝶一般色彩鲜艳，翅膀和身体有各种花斑，头部有一对棒状或锤状触角（这是和蛾类的主要区别，蛾的触角形状多样）。最大的蝴蝶展翅可达 24 厘米，最小的只有 1.6 厘米。大型蝴蝶非常引人注意，专门有人收集各种蝴蝶标本，在美洲“观蝶”迁徙和“观鸟”一样，成为一种的活动，吸引许多人参加。
</p>
</body>
</html>
```

在 Firefox 中浏览效果如下图所示，可以看到页面中显示了一张图片作为超链接，下面带有文字介绍。

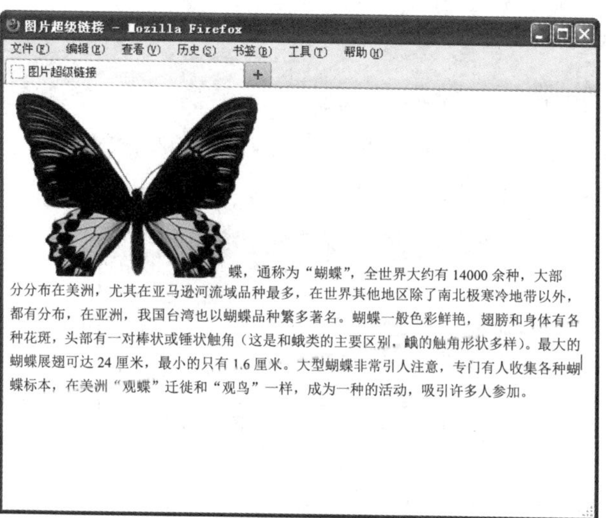

Step02 添加 CSS 代码，修饰 img 图片。

```
<style>
img{
        width:120px;
```

```
        height:100px;
        border:1px solid #ffdd00;
        float:left;
}
</style>
```

在 Firefox 中浏览效果如下图所示，可以看到页面中图片变为小图片，其宽度为 120 像素，高度为 100 像素，带有边框，文字在图片右部出现。

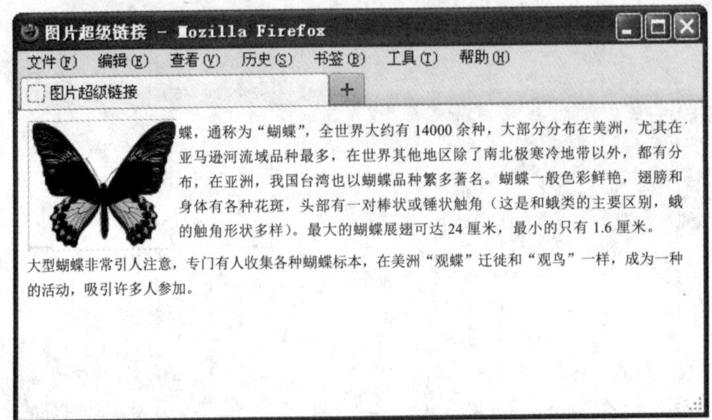

Step03 添加 CSS 代码，修饰段落样式。

```
p{
     width:200px;
     height:200px;
     font-size:13px;
     font-family:"幼圆";
     text-indent:2em;

}
```

在 Firefox 中浏览效果如下图所示，可以看到页面中图片变为小图片，段落文字大小为 13 像素，字形为幼圆，段落首行缩进了 2em。

第 10 天 让一切趋近于完美——CSS3 滤镜样式应用

学时探讨：

今日主要探讨滤镜样式的应用方法。在网页设计的过程中，通过使用滤镜，可以实现很多页面特效，能够产生各种各样的文字或图片特效，从而大大提高页面的吸引力。

学时目标：

通过此章节滤镜样式的学习，读者可学会添加滤镜效果的方法等知识。

10.1 什么是 CSS 滤镜

CSS 滤镜是 IE 浏览器厂商为了增加浏览器功能和竞争力，而独自推出的一种网页特效。CSS 滤镜不是浏览器插件，也不符合 CSS 标准。

从 Internet Explorer 4.0 开始，浏览器便开始支持多媒体滤镜特效，允许使用简单的代码对文本和图片进行处理，如模糊、彩色投影、火焰效果、图片倒置、色彩渐变、风吹效果和光晕效果等。当把滤镜和渐变结合运用到网页脚本语言中时，就可以建立一个动态交互的网页。

CSS 滤镜属性的标识符是 filter，语法格式如下：

```
filter:filtername(parameters)
```

filtername 是滤镜名称，如 Alpha、blur、chroma 和 DropShadow 等。parameters 指定了滤镜中的各参数，通过这些参数才能够决定滤镜显示的效果。下图所示就是使用了灯光滤镜后的效果。

10.2 通道（Alpha）

Alpha 滤镜能实现针对图片文字元素的“透明”效果，这种透明效果是通过“把一个目标元素和背景混合”来实现的，混合程度可以由用户指定数值来控制。通过指定坐标，可以指定点、线和面的透明度。如果将 Alpha 滤镜与网页脚本语言结合，并适当地设置其参数，就能使图像显示淡入淡出的效果。

Alpha 滤镜的语法格式如下：

```
{filter:Alpha(enabled=bEnabled,style=iStyle,opacity=iOpacity,finishOpacity=iFinishOpacity,
            startx=iPercent, starty=iPercent, finishx=iPercent, finishy=iPercent )}
```

各参数如表 10-1 所示。

表 10-1　Alpha 滤镜参数

参　数	含　义
enabled	设置滤镜是否激活
style	设置透明渐变的样式，也就是渐变显示的形状，取值为 0~3。0 表示无渐变，1 表示线形渐变，2 表示圆形渐变，3 表示矩形渐变
opacity	设置透明度，值范围是 0~100。0 表示完全透明，100 表示完全不透明
finishOpacity	设置结束时的透明度，值范围也是 0~100
startx	设置透明渐变开始点的水平坐标（即 *x* 坐标）
starty	设置透明渐变开始点的垂直坐标（即 *y* 坐标）
finishx	设置透明渐变结束点的水平坐标
finishy	设置透明渐变结束点的垂直坐标

【案例 10-1】如下代码就是一个对文字使用通道滤镜的实例（详见随书光盘中的“源代码\ch10\10.1.html”）。

```
<html>
<head>
    <title>Alpha 滤镜</title>
    <style type="text/css">
    <!--
      p{
        color:red;
        font-weight:bolder;
        font-size:25pt;
        width:100%
      }
    -->
    </style>
</head>
```

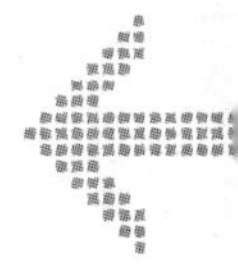

```
<body style="background-color: #84C1FF ">
    <div >
      <p>Alpha 通道滤镜</p>
      <p style="filter:alpha(opacity=80 , style=1)">80%的透明效果</p>
      <p style="filter:alpha(opacity=60 , style=2)">60%的透明效果</p>
     </div>
  </body>
</html>
```

在 IE 8.0 中浏览效果如下图所示，可以看到出现了 3 个段落，其透明度依次减弱。

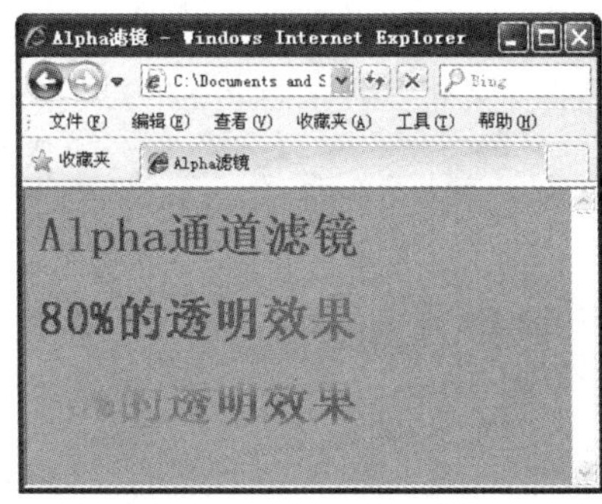

Alpha 滤镜不但能应用于文字，还可以应用于图片透明特效。

【案例 10-2】如下代码就是一个对图片使用通道滤镜的实例（详见随书光盘中的“源代码\ch10\10.2.html”）。

```
<html>
<head>
    <title>Alpha 滤镜</title>
</head>
<body>
      原图<img src="02.jpg" style="width:200px;height:300px;">
        80%不透明度<img src="02.jpg" style="width:200px;height:300px;
filter : Alpha(opacity=80 , style=0)" >
        60%不透明度<img src="02.jpg" style="width:200px;height:300px;
filter : Alpha(opacity=60 , style=2)" >
    </body>
</html>
```

在 IE 8.0 中浏览效果如下图所示，可以看到显示了 3 张图片，其透明度依次减弱。

在使用 Alpha 滤镜时要注意以下两点。

（1）由于 Alpha 滤镜使当前元素部分透明，该元素下层的内容的颜色对整个效果起着重要作用，因此颜色的合理搭配相当重要。

（2）透明度的大小要根据具体情况仔细调整，取一个最佳值。

10.3　模糊（Blur）

Blur 滤镜实现页面模糊效果，即在一个方向上的运动模糊。如果应用得当，就可以产生高速移动的动感效果。

Blur 滤镜的语法格式如下：

```
{filter : Blur ( enabled=bEnabled , add=iadd , direction=idirection ,
          strength=fstrength )}
```

其参数如表 10-2 所示。

表 10-2　Blur 滤镜参数

参　数	含　义
enabled	设置滤镜是否激活
add	指定图片是否改变成模糊效果。这是个布尔参数，有效值为 True 或 False。True 是默认值，表示应用模糊效果，False 则表示不应用
direction	设定模糊方向。模糊的效果是按顺时针方向起作用的，取值范围为 0~360°，45° 为一个间隔。有 8 个方向值：0 表示零度，代表向上方向，45 表示右上，90 表示向右，135 表示右下，180 表示向下，225 表示左下，270 表示向左，315 表示左上
strength	指定模糊半径大小，单位是像素，默认值为 5，取值范围为自然数，该取值决定了模糊效果的延伸范围

【案例 10-3】如下代码就是一个使用模糊滤镜的实例（详见随书光盘中的“源代码\ch10\10.3.html”）。

```
<html>
<head>
<title>模糊 Blur</title>
<style>
img{
    height:180px;
}
 div.div2 { width:400px;filter:blur(add=true,direction=90,strength=50) }
</style>
</head>
<body>
<div class="div2">
        <p style="font-size: 30pt; font-weight: bold; color:Blue">
         Blur 滤镜效果图</p>
```

```
    </div>
        原图<img src="03.jpg">
        模糊效果 1<img src="03.jpg" style="filter:Blur(add=true,direction=
225,strength=20)">
        模糊效果 2<img src="03.jpg" style="filter:Blur(add=false,direction=
225,strength=20)">
  </body>
</html>
```

在 IE 8.0 中浏览效果如下图所示，可以看到文字吹风的效果。另外图片也有两个不同的模糊效果。

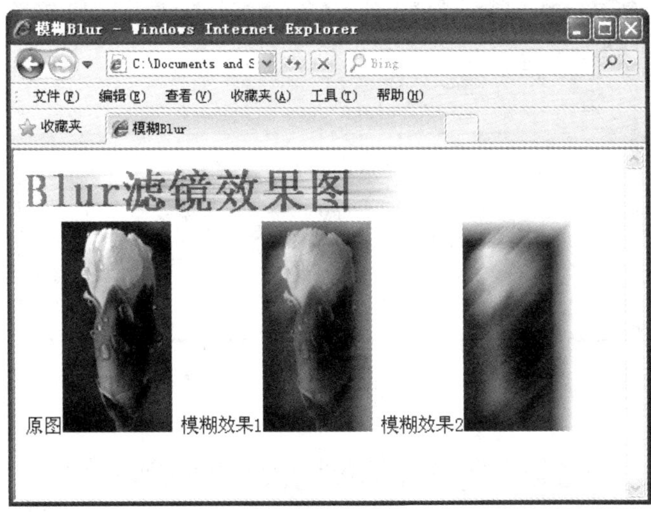

10.4　透明色（Chroma）

Chroma 滤镜可以设置 HTML 对象中指定的颜色为透明色。其语法格式如下：

```
{filter : Chroma(enabled=bEnabled , color=sColor)}
```

其中，color 参数设置要变为透明色的颜色。

【案例 10-4】如下代码就是一个使用透明色滤镜的实例（详见随书光盘中的“源代码\ch10\10.4.html”）。

```
<html>
<head>
    <title>Chroma 滤镜</title>
    <style>
      <!--
        div{position:absolute;top:70;letf:40; filter:Chroma(color=red)}
        p{font-size:30pt; font-weight:bold; color:red}
      -->
```

```
    </style>
</head>
<body>
    <p>未使用透明色滤镜效果前</p>
    <div>
        <p>使用透明色滤镜效果的效果</p>
    </div>
</body>
</html>
```

在 IE 8.0 中浏览效果如下图所示，可以看到第二个段落某些笔画丢失。

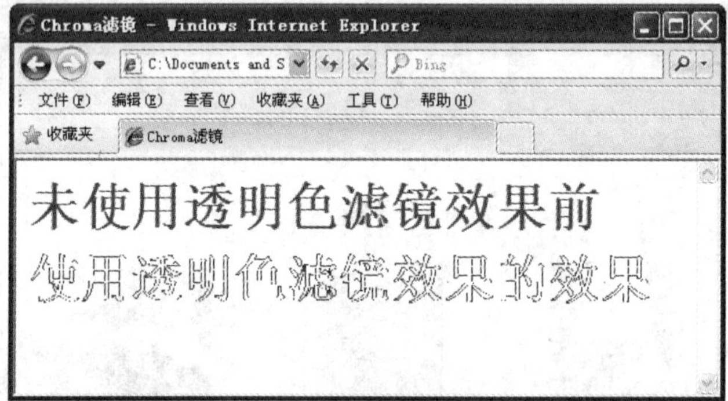

但拖动鼠标选择过滤颜色后的文字，便可以查看过滤掉颜色的文字。选择文字后效果如下图所示。

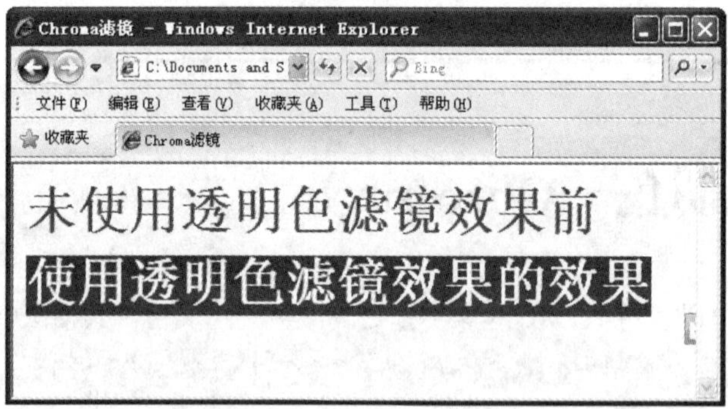

10.5 翻转变换（Flip）

在 CSS3 中，可以通过 Filp 滤镜实现 HTML 对象翻转效果。翻转变换分为两种：FlipH 和 FlipV。

其中，FlipH 滤镜用于水平翻转对象，即将元素对象按水平方向进行 180° 翻转；而 FlipV 滤镜用来实现对象的垂直翻转。

FlipH 滤镜可以在 CSS 中直接使用，使用格式如下：

```
{Fliter: FlipH(enabled=bEnabled)}
```

该滤镜中只有一个 enabled 参数，表示是否激活该滤镜。

【案例 10-5】如下代码就是一个使用水平翻转滤镜的实例（详见随书光盘中的“源代码\ch10\10.5.html”）。

```
<html >
<head>
    <title>FlipH 滤镜</title>
<style>
img{
height:120px;
width:200px;
}
</style>
</head>
<body>
        原图<img src="04.jpg">
        水平翻转效果<img src="04.jpg" style="Filter:FlipH()">

</body>
</html>
```

在 IE 8.0 中浏览效果如下图所示，可以看到图片以中心为支点进行了左右方向上的翻转。

FlipV 滤镜的语法格式如下：

```
{Fliter: FlipV(enabled=bEnabled)}
```

enabled 参数表示是否激活滤镜。

【案例 10-6】如下代码就是一个使用垂直翻转滤镜的实例（详见随书光盘中的“源代码\ch10\10.6.html”）。

```
<html>
<head>
<title>FlipV 滤镜</title>
</head>
```

```
<style>
img{
height:120px;
width:200px;
}
</style>
<body>
      原图<img src="04.jpg">
      垂直翻转效果<img src="04.jpg" style="Filter:FlipV()">
</body>
</html>
```

在 IE 8.0 中浏览效果如下图所示，可以看到右方图片上下发生了翻转。

10.6 光晕（Glow）

文字或物体发光的特性往往能吸引浏览者注意，Glow 滤镜可以使对象的边缘产生一种柔和的边框或光晕，并可产生如火焰一样的效果。

其语法格式如下：

```
{filter : Glow ( enabled=bEnabled , color=sColor , strength=iDistance ) }
```

其中，color 设置边缘光晕颜色；strength 设置晕圈范围，值范围是 1~255，值越大效果越强。

【案例 10-7】如下代码就是一个使用光晕滤镜的实例（详见随书光盘中的“源代码\ch10\10.7.html”）。

```
<html>
<head>
   <title>filter glow</title>
   <style>
   <!--
     .weny{
          width:100%;
```

```
            filter:Glow(color=blue,strength=15)}
        -->
        </style>
    </head>
    <body>
        <div class="weny">
            <p style="font-family: l 幼圆; font-size: 50pt; font-weight: bolder;
color: red">
                使用光晕滤镜效果</p>
        </div>
    </body>
    </html>
```

在 IE 8.0 中浏览效果如下图所示，可以看到文字带有光晕效果。

> 提示　当 Glow 滤镜作用于文字时，每个文字边缘都会出现光晕，效果非常强烈。而对于图片，Glow 滤镜只在其边缘加上光晕。

10.7　灰度（Gray）

黑白色是一种经典颜色，使用 Gray 滤镜能够轻松地将彩色图片变为黑白图片。

其语法格式如下：

```
{filter:Gray(enabled=bEnabled)}
```

enabled 表示是否激活滤镜，可以在页面代码中直接使用。

【案例 10-8】如下代码就是一个使用灰度滤镜的实例（详见随书光盘中的“源代码\ch10\10.8.html”）。

```
<html>
<head>
<title>Gray 滤镜</title>
</head>
<body>
```

```
        原图<img src="02.jpg"  style="width: 30%;height:30%"  />
        灰度滤镜后的效果<img src="02.jpg"  style="width: 30%;height:30%;
filter: Gray()"  />
</body>
</html>
```

在IE 8.0中浏览效果如下图所示，可以看到右边的图片以灰度效果显示。

10.8 反色（Invert）

Invert滤镜可以把对象的可视化属性全部翻转，包括色彩、饱和度和亮度值，使图片产生一种“底片”或负片的效果。

其语法格式如下：

```
{filter:Invert(enabled=bEnabled)}
```

enabled参数用来设置是否激活滤镜。

【案例10-9】如下代码就是一个使用反色滤镜的实例（详见随书光盘中的“源代码\ch10\10.9.html”）。

```
<html>
<head>
<title>Invert 滤镜</title>
</head>
<body>
  原图<img src="05.jpg" />
  反相滤镜效果<img src="05.jpg"  style="width:50%; filter: Invert()" />
</body>
</html>
```

在IE 8.0中浏览效果如下图所示，可以看到右边的图片以反色效果显示。

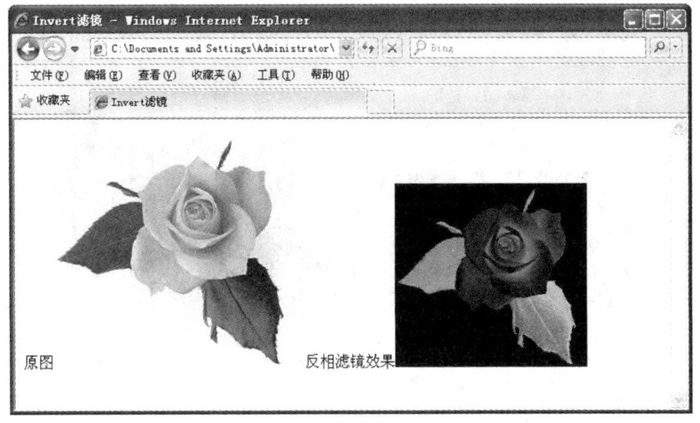

10.9 遮罩（Mask）

可以通过遮罩滤镜，为网页中的元素对象做出一个矩形遮罩。所谓遮罩，就是使用一个颜色图层将包含有文字或图像等对象的区域遮盖，但是文字或图像部分却以背景色显示出来。

Mask 滤镜语法格式如下：

```
{filter:Mask(enabled=bEnabled , color=sColor)}
```

参数 color 用来设置 Mask 滤镜作用的颜色。

【案例 10-10】如下代码就是一个使用遮罩的实例（详见随书光盘中的“源代码\ch10\10.10.html”）。

```
<html>
<head>
<title>Mask 遮罩滤镜</title>
<style>
p {
 width:400;
filter:mask(color:blue);
 font-size:40pt;
 font-weight:bold;
 color:#00CC99;
}
</style>
</head>
<body>
<p>使用遮罩滤镜的效果</p>
</body>
</html>
```

在 IE 8.0 中浏览效果如下图所示，可以看到文字上面有一个遮罩，文字颜色是背景颜色。

10.10 阴影（Shadow）

可以通过 Shadow 滤镜来给对象添加阴影效果，其实际效果看起来好像是对象离开了页面，并在页面上显示出该对象阴影。阴影部分的工作原理是建立一个偏移量，并为其加上颜色。

其语法格式如下：

```
{filter:Shadow(enabled=bEnabled , color=sColor , direction=iOffset, strength=iDistance)}
```

各参数如表 10-3 所示。

表 10-3 Shadow 滤镜参数

参　数	含　义
enabled	设置滤镜是否激活
color	设置投影的颜色
direction	设置投影的方向，有 8 种取值，代表 8 种方向：取值为 0 表示向上方向，45 为右上，90 为右，135 为右下，180 为下方，225 为左下方，270 为左方，315 为左上方
strength	设置投影向外扩散的距离

【案例 10-11】如下代码就是一个使用阴影滤镜的实例（详见随书光盘中的“源代码\ch10\10.11.html”）。

```
<html>
<head>
<title>阴影效果</title>
<style>
h1 {
 color:blue;
 width:400;
 filter:shadow(color=red, offx=15, offy=22, positive=flase);
}
</style>
```

```
</head>
<body>
<h1>阴影滤镜效果</h1>
</body>
</html>
```

在 IE 8.0 中浏览效果如下图所示，可以看到文字带有阴影效果。

10.11　X 射线（X-ray）

X-ray 中文含义为 X 射线，X-ray 滤镜可以使对象反映出它的轮廓，并把这些轮廓的颜色加亮，使整体看起来有一种 X 光片的效果。

其语法格式如下：

```
{filter:Xray(enabled=bEnabled)}
```

enabled 参数用于确定是否激活该滤镜。

【案例 10-12】如下代码就是一个使用 X 射线滤镜的实例（详见随书光盘中的“源代码\ch10\10.12.html”）。

```
<html>
<head>
<title>X 射线</title>
<style>
.noe {
filter:xray;
}
</style>
</head>
<body>
  原图<img src="06.jpg" />
```

```
  X射线图<img src="06.jpg" class="noe" />
</body>
</html>
```

在 IE 8.0 中浏览效果如下图所示，可以看到右边的图片有 X 光效果。

10.12　图像切换（RevealTrans）

RevealTrans 滤镜能够实现图像之间的切换效果。切换时，能产生 32 种动态效果，例如，溶解、水平（垂直）展幕、百叶窗等，而且还可以随机选取其中的一种效果进行切换。

RevealTrans 滤镜语法格式如下：

```
filter : RevealTrans ( enabled=bEnabled , duration=fDuration , transition=iTransitionType )
```

其中，enabled 表示是否激活滤镜；duration 用于设置切换停留时间；transition 用于指定转换方式，即指定要使用的动态效果，参数取值是 0~23。

transition 参数值如表 10-4 所示。

表 10-4　RevealTrans 滤镜动态效果

动态效果	参 数 值	动态效果	参 数 值
矩形从大至小	0	随机溶解	12
矩形从小至大	1	从上下向中间展开	13
圆形从大至小	2	从中间向上下展开	14
圆形从小至大	3	从两边向中间展开	15
向上推开	4	从中间向两边展开	16
向下推开	5	从右上向左下展开	17

续表

动态效果	参 数 值	动态效果	参 数 值
向右推开	6	从右下向左上展开	18
向左推开	7	从左上向右下展开	19
垂直形百叶窗	8	从左下向右上展开	20
水平形百叶窗	9	随机水平细纹	21
水平棋盘	10	随机垂直细纹	22
直棋盘	11	随机选取一种效果	23

但是，如果只设置了 transition 参数来实现切换过程的话，是不会有任何效果的，因为动态效果的实现还必须依靠脚本语言 JavaScript 调用相应的方法。

【案例 10-13】如下代码就是一个使用图像切换滤镜的实例（详见随书光盘中的“源代码\ch10\10.13.html”）。

```
<html >
<head>
   <title>RevealTrans 滤镜</title>
<style type="text/css">
  .revealtrans { filter:revealTrans(Transition=10,Duration=3)}
</style>
</head>
<body onload="playImg()">
  <img id="imgpic" class="revealtrans" src="05.jpg"/>
  <script language="JavaScript">
  <!--
    //声明数组，数组元素的个数就是图片的个数，然后给数组元素赋值，值为图片路径
    ImgNum=new ImgArray(2);
    ImgNum[0]="06.jpg";
    ImgNum[1]="07.jpg";
    //获取数组记录数
    function ImgArray(len)
    {
      this.length=len;
    }
    var i=1;
    //转换过程
    function playImg(){
      if (i==1){
        i=0 ;
      }
      else{
        i++;
      }
      imgpic.filters[0].apply();
      imgpic.src=ImgNum[i];
      imgpic.filters[0].play();
      // 设置演示时间，这里是以毫秒为单位的，4000 则表示延迟秒
```

```
        // 滤镜中设置的转换时间值，这样当转换结束后还停留一段时间
        timeout=setTimeout('playImg()',4000);
      }
      -->
      </script>
  </body>
  </html>
```

在 IE 8.0 中浏览效果如下图所示，可以看到以百叶窗的形式打开另一张图片，如此循环往复。

10.13 波浪（Wave）

Wave 滤镜可以为对象添加竖直方向上的波浪效果，也可以用来把对象按照竖直的波纹样式打乱。

其语法格式如下：

```
   {filter:Wave （ enabled=bEnabled  ， add=bAddImage  ， freq=iWaveCount  ，
lightStrength=iPercentage ，
            phase=iPercentage ，strength=iDistance）}
```

各参数说明如表 10-5 所示。

表 10-5 Wave 滤镜参数

参　数	说　明
enabled	设置滤镜是否激活
add	布尔值，表示是否在原始对象上显示效果。True 表示显示；False 表示不显示
freq	设置生成波纹的频率，也就是设定在对象上产生的完整的波纹的条数
lightStrength	波纹效果的光照强度，取值为 0~100
phase	设置正弦波开始的偏移量，取百分比值 0~100，默认值为 0。25 就是 360×25%为 90°，50 则为 180°
strength	波纹曲折的强度

【案例 10-14】如下代码就是一个使用波浪滤镜的实例（详见随书光盘中的“源代码\ch10\10.14.html”）。

```
<html>
<head>
<title>波浪效果</title>
<style>
h1 {
 color:red;
 text-align:left;
 width:400;
 filter:wave(add=true, freq=5, lightStrength=45, phase=20, strength=3);
}
</style>
</head>
<body>
<h1>使用波浪滤镜的效果</h1>
</body>
</html>
```

在 IE 8.0 中浏览效果如下图所示，可以看到文字带有波浪效果。

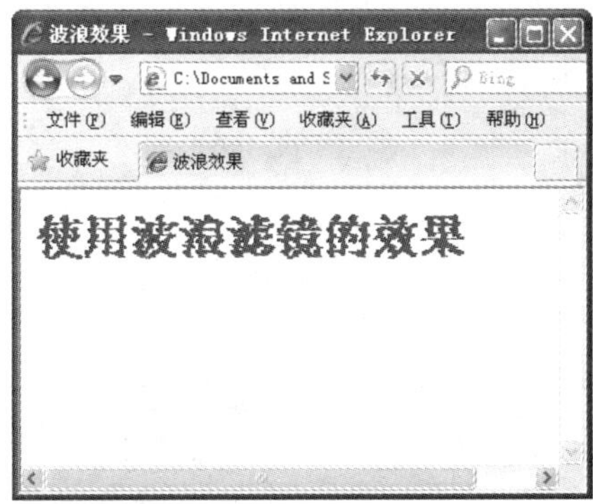

10.14 渐隐渐现（BlendTrans）

BlendTrans 滤镜是一种高级滤镜，如果要实现效果，需要结合 JavaScript。该滤镜可以实现 HTML 对象的渐隐渐现效果。

BlendTrans 滤镜语法格式如下：

```
{ filter : BlendTrans ( enabled=bEnabled , duration=fDuration ) }
```

上述代码中，enabled 表示是否激活滤镜；duration 表示整个转换过程所需的时间，单位为秒。

【案例 10-15】如下代码就是一个使用 BlendTrans 滤镜的实例（详见随书光盘中的“源代码\ch10\10.15.html”）。

```
<html >
```

```
<head>
    <title>BlendTrans 滤镜</title>
    <style type="text/css">
    <!--
      .blendtrans { filter:blendTrans(Duration=3)}
    -->
    </style>
</head>
<body onload="playImg()">
  <img src="08.jpg" class="blendtrans" id="imgpic"
  style="width:300px;height:280px;" />
  <script language="JavaScript">
  <!--
    //声明数组，数组元素的个数就是图片的个数，然后给数组元素赋值，值为图片路径
    ImgNum=new ImgArray(2);
    ImgNum[0]="08.jpg";
    ImgNum[1]="09.jpg";
    //获取数组记录数
    function ImgArray(len)
    {
      this.length=len;
    }
    var i=1;
    //转换过程
    function playImg(){
      if (i==1){
        i=0 ;
      }
      else{
        i++;
      }
      imgpic.filters[0].apply();
      imgpic.src=ImgNum[i];
      imgpic.filters[0].play();
      //设置演示时间，这里是以毫秒为单位的，4000 则表示延迟秒
      //滤镜中设置的转换时间值，这样当转换结束后还停留一段时间
      timeout=setTimeout('playImg()',4000);
    }
    -->
    </script>
</body>
</html>
```

上述代码中，对 HTML 元素 img 应用了 BlendTrans 滤镜，然后使用 JavaScript 脚本语言来定义转换过程。对于 JavaScript 代码，要声明用来存储图片数组，并指定图片所在路径。然后再获取数组长度，用于转换过程中循环读取图片数量。接着定义转换过程 playImg，该过程实现了两幅图片之间淡入淡出并进行转换的过程，apply 方法用于捕获对象内容的初始显示，为转换做必要的准备。timeout 指定了转换的延迟时间，再加上滤镜中设置的转换时间，则图

片在转换之间将停留，以方便清楚地浏览图片。最后，在主体元素 body 中插入 onload 事件，加载转换过程。

在 IE 8.0 中浏览效果如下图所示，可以看到一张图片慢慢消失，一张图片慢慢出现，两张图片不断循环往复，从而实现渐变效果。

10.15 立体阴影（DropShadow）

阴影效果在实际的文字和图片中非常实用，IE 8.0 通过 DropShadow 滤镜建立阴影效果，使元素内容在页面上产生投影，从而实现立体的效果。其工作原理就是创建一个偏移量，并定义一个阴影颜色，使之产生效果。

DropShadow 滤镜语法格式如下：

```
{filter : DropShadow ( enabled=bEnabled , color=sColor , offx=iOffsetx, offy=iOffsety, positive=bPositive ) }
```

参数如表 10-6 所示。

表 10-6 DropShadow 滤镜参数

参　数	含　义
enabled	设置滤镜是否激活
color	指定滤镜产生的阴影颜色
offx	指定阴影水平方向偏移量，默认值为 5 像素
offy	指定阴影垂直方向偏移量，默认值为 5 像素
positive	指定阴影透明程度，为布尔值。True（1）表示为任何的非透明像素建立可见的阴影；False（0）表示为透明的像素部分建立透明效果

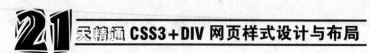

【案例 10-16】如下代码就是一个使用立体阴影的实例（详见随书光盘中的“源代码\ch10\10.16.html”）。

```
<html>
<head>
   <title>DropShadow 滤镜</title>
</head>
<body>
   <table width="90%" height="90%">
      <tr>
         <td style="filter: DropShadow(color=gray,offx=10,offy=10,
positive=1)">
            <img src="08.jpg" >
         </td>
      </tr>
      <tr>
         <td style="filter: DropShadow(color=gray,offx=5,offy=5.
positive=1);
               font-size:20pt; color:DarkBlue">
            使用立体阴影的效果
         </td>
      </tr>
   </table>
</body>
</html>
```

在 IE 8.0 中浏览效果如下图所示，可以看出立体阴影的效果比阴影滤镜的效果明显。

10.16 灯光滤镜（Light）

Light 滤镜是一个高级滤镜，需要结合 JavaScript 使用。该滤镜用来产生类似于光照的效果，并调节亮度以及颜色。

其语法格式如下：

```
{filter:Light(enabled=bEnabled)}
```

对于已定义的 Light 滤镜属性，可以调用它的方法（Method）来设置或改变属性，这些方法如表 10-7 所示。

表 10-7　Light 滤镜使用方法

参　数	含　义
AddAmbIE 8.0nt	加入包围的光源
AddCone	加入锥形光源
AddPoint	加入点光源
Changcolor	改变光的颜色
Changstrength	改变光源的强度
Clear	清除所有的光源
MoveLight	移动光源

【案例 10-17】如下代码就是一个使用灯光滤镜的实例（详见随书光盘中的“源代码\ch10\10.17.html”）。

```
<html>
<head>
<title>light 滤镜效果</title>
</head>
<body>
   <table>
      <tr>
         <td style="color:blue; font-weight:bolder">
             随鼠标变化的动态光源效果
         </td>
      </tr>
      <tr>
         <td id="light" style="filter: light(); width: 200px">
             <img src="08.jpg">
         </td>
      </tr>
   </table>
   <script language="Javascript">
   <!--
      var g_numlights=0;
      // 调用设置光源函数
      window.onload=setlights;
```

```
        // 获得鼠标句柄
        light.onmousemove=mousehandler;
        //建立光源的集合
        function setlights(){
           light.filters[0].clear();
           light.filters[0].addcone(0,0,5,100,100,255,255,0,60,30);
        }
        // 捕捉鼠标的位置来移动光线焦点
        function mousehandler(){
           x=(window.event.x-80);
           y=(window.event.y-80);
           light.filters[0].movelight(0,x,y,5,1);
        }
      -->
      </script>
   </body>
   </html>
```

在 IE 8.0 中浏览效果如下图所示，可以看到一幅图片实现光照的效果，而且随着鼠标的移动，灯光照射的方向也不相同，类似于镭射灯的效果。

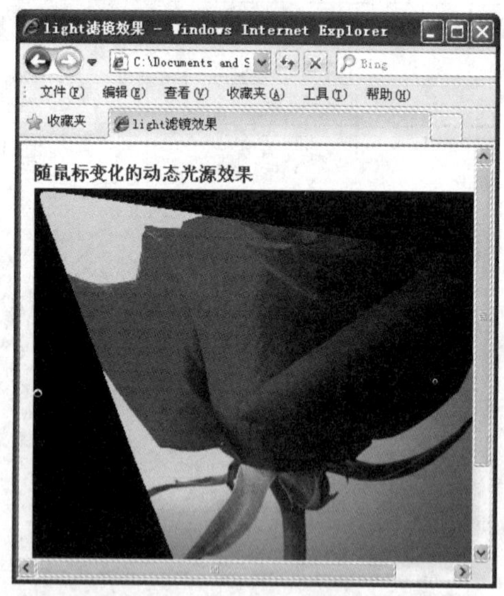

实现光照效果，JavaScript 脚本语言起主要作用。首先要创建光源并指定光源位置。setlights 函数中 filters[0]表示设置的光源滤镜，调用 clear 方法表示在每次页面加载时先清除所有的光源，然后再使用 addcone 方法创建锥形光源。如果需要在图片上添加多束光源，则可以重复使用 addcone 方法，但注意要使用不同的参数，否则光源处于同一位置，就无法产生效果了。函数 mousehandler 用来实现光束随着鼠标移动的效果。

第 11 天 页面布局的黄金搭档——用 CSS+DIV 灵活进行网页布局

学时探讨：

今日主要探讨网页布局。CSS+DIV 是 Web 标准中的常用术语之一，通常为了说明与 HTML 网页设计语言中的表格（table）定位方式的区别，用 CSS+DIV 可以非常灵活地布局页面，制作出漂亮而又充满个性的个人网页。

学时目标：

通过此章节网页布局的学习，读者可学会不同类型、不同规格网页的布局，能达到专业网页设计与布局人员的技能要求。

11.1 认识 DIV

<div>标记作为一个容器标记被广泛地应用在<html>语言中。利用这个标记，加上 CSS 对其控制，可以很方便地实现各种效果。

11.1.1 创建 DIV

<div>（division）就是一个区块容器标记，声明时只需要对<div>进行相应的控制，其中的各种标记元素都会因此而改变。

【案例 11-1】如下代码就是一个 DIV 的应用实例（详见随书光盘中的“源代码\ch11\11.1.html”）。

```
<html>
<head>
<title>div 标记范例</title>
<style type="text/css">
<!--
div{
      font-size:18px;
      font-weight:bold;
      font-family:Arial;
      color:blue;
      background-color: #D3A4FF;
```

```
        text-align:center;
        width:300px;
        height:100px;}
-->
</style>
</head>
<body>
<div>
使用 div 标记的效果
</div>
</body>
</html>
```

在上面的实例中通过 CSS 对<div>块的控制，制作了一个宽 300 像素和高 100 像素的浅紫色区块，并进行了文字效果的相应设置，在 Firefox 中的执行结果如下图所示。

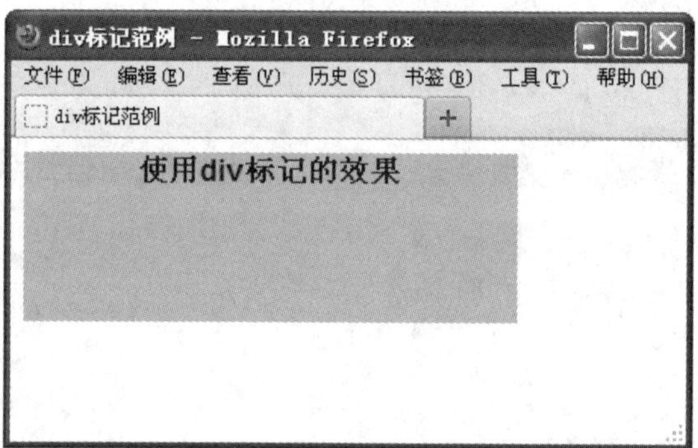

11.1.2 为什么要用 CSS+DIV 布局

下面以一个设计 1 级标题为例，讲解一下 DIV 与 CSS 结合的优势。

对于 1 级标题，传统的表格布局代码如下：

```
<table width="100%"border="2"cellpadding="0">
<tr>
<td><font face="Arial"size="4"color="#000000"><b>height</b></font></td>
</tr>
</table>
<!--下面是实现下线的表格-->
<table width="100%"border="1"cellspacing="1"cellpadding="0">
<tr>
<td height="2"bgcolor="#FF9900"></td>
</tr>
</table>
```

显示效果如下图所示。

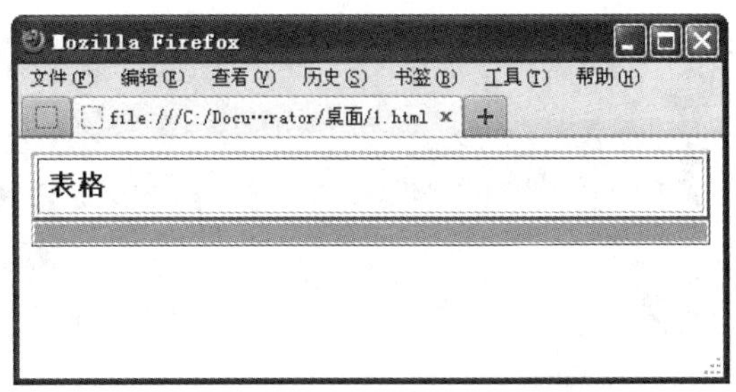

从代码中可以看出不仅结构和表现混杂在一起，而且页面内到处都是为了实现装饰线而插入的表格代码。使用 CSS+DIV 布局可以使结构清晰化，将内容、结构与表现相分离，以方便设计人员对网页进行改版和引用数据。

对于 1 级标题的实现如下：

```
<h1>height</h1>
同时,在 CSS 内定义<h1>的样式如下.
h1{
font:bold 16px Arial;
color:#000;
border-bottom:2px solid#f90:
}
```

这样，当需要修改外观的时候，例如，需要把标题文字替换成红色，下画线变成 1 像素灰色的虚线，只需要修改相应的 CSS 即可，而不用修改 HTML 文档，如下：

```
h1{
font:bold 16px Arial;
color:#f00;
border-bottom:1px dashed#666:
}
```

11.2 CSS 定位与 DIV 布局

网页中的各种元素都必须有自己合理的位置，从而搭建出整个页面的结构。本节围绕 CSS 定位的几种原理，深入介绍使用 CSS 对页面中的块元素进行定位的方法。

11.2.1 盒子模型

一个盒子模型是由 content（内容）、border（边框）、padding（间隙）和 margin（间隔）4 个部分组成的，如下图所示。

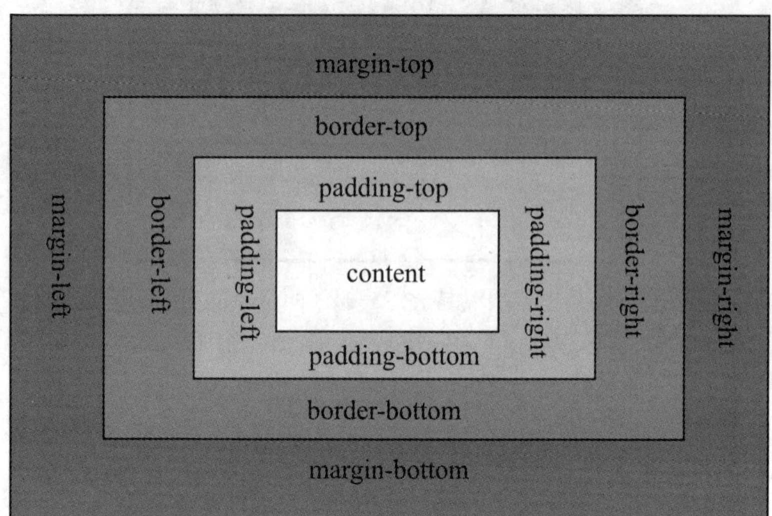

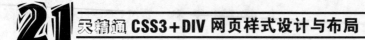

一个盒子的实际宽度（或高度）是由 content+padding+border+margin 组成的。在 CSS 中可以通过设定 width 和 height 的值来控制 content 的大小，并且对于任何一个盒子，都可以分别设定 4 条边各自的 border、padding 和 margin，如下图进行。

11.2.2　元素的定位

网页中的各种元素都必须有自己合理的位置，从而搭建出整个页面的结构。

提示　本小节围绕 CSS 定位的几种原理进行深入的介绍，包括 position、float 和 z-index 等。需要说明的是，这里的定位不是用<table>进行排版，而是用 CSS 的方法对页面中的块元素定位。

1. float 定位

float 定位是 CSS 排版中非常重要的手段。属性 float 的值很简单，可以设置为 left、right 或者默认值 none。当设置了元素向左或者向右浮动时，元素会向其父元素的左侧或右侧靠近。

【案例 11-2】如下代码参见“光盘\源代码\ch11\11.2.html”文件。

```
<html>
<head>
<title>float 属性</title>
<style type="text/css">
<!--
body{
    margin:15px;
    font-family:Arial;font-size:12px;
}
.father{
      background-color:#ff0000;
      border:1px solid#111111;
      padding:25px;                /*父块的 padding*/
}
.son1{
    padding:10px;                  /*子块 son1 的 padding*/
    margin:5px;                    /*子块 son1 的 margin*/
    background-color:#ffff00;
    border:1px dashed#111111;
    float:left;                    /*块 son1 左浮动/
 }
.son2{
    padding:5px;
    margin:0px;
    background-color:#ffd270;
    border:1px dashed#111111;
}
-->
</style>
</head>
<body>
   <div class="father">
        <div class="son1">float1</div>
        <div class="son2">float2</div>
</div>
</body>
</html>
```

没有设置块 son1 向左浮动前，页面效果如下图所示。

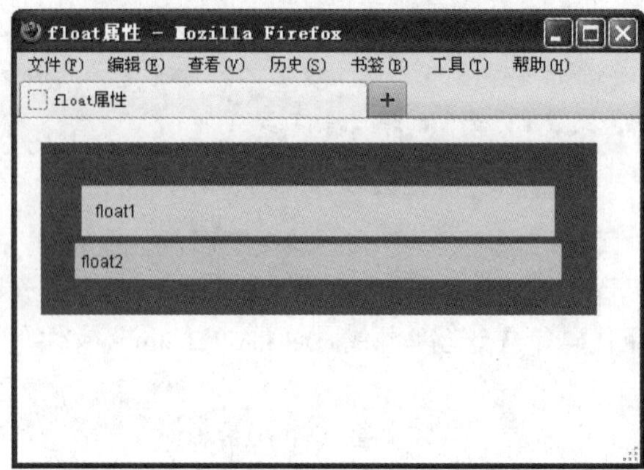

当设置了块 son1 的 float 值为 left 时，页面效果如下图所示。

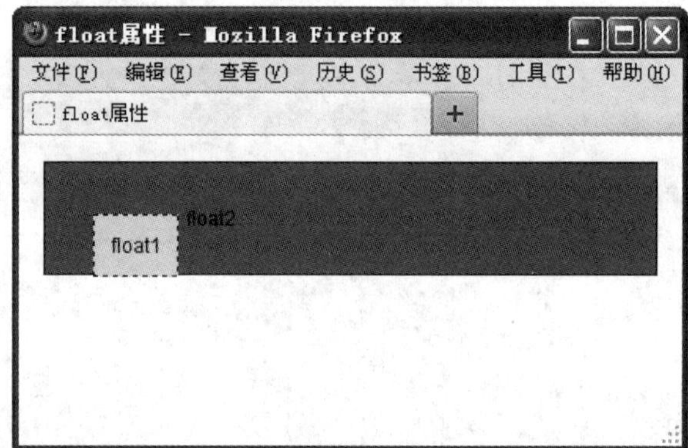

2. position 定位

position 从字面意思上看就是指定块的位置，即块相对于其父块的位置和相对于它自身应该在的位置。

position 属性一共有 4 个值，分别是 static、absolute、relative 和 fixed。这里以 absolute 为例来讲解 position 定位。

【案例 11-3】如下代码参见“光盘\源代码\ch11\11.3.html”文件。

```
<html>
<head>
<title>position 属性</title>
<style type="text/css">
<!--
#father{
       background-color:#ffff66;
       border:1px dashed#000000;
       width:100%;
       height:100%;
       padding:5px;
```

```
        }
#block1{
        background-color:#fff0ac;
        border:1px dashed#000000;
        padding:10px;
        position:absolute; /*absolute 绝对定位*/
        left:30px;
        top: 35px;
        }
#block2{
        background-color:#ffbd76;
        border:1px dashed#000000;
        padding:10px;
        }

-->
</style>
</head>
</body>
     <div id="father">
         <div id="block1">absolute</div>
         <div id="block2">block2</div>
     </div>
</body>
</html>
```

在上面的例子中，将子块 1 的 position 属性值设置为 absolute，并且调整了它的位置，如下图所示。此时子块 1 已经不再属于父块#father，因为将其 position 值设置成了 absolute，因此子块 2 成为父块中的第一个子块，移动到了父块的最上方。

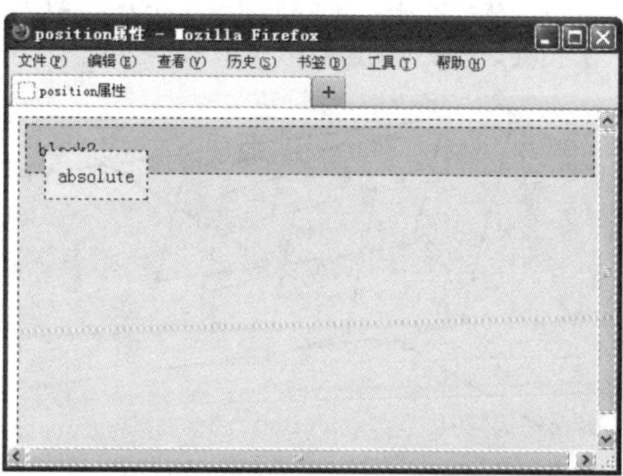

如果将两个子块的 position 属性同时设置为 absolute，这时两个子块都将不再属于其父块，而都相对于页面定位。

【案例 11-4】在上例的基础上进行修改，如下代码详见“光盘\源代码\ch11\11.4.html”文件。

```
#block1{
        background-color:#fff0ac;
        border:1px dashed#000000;
        padding:10px;
```

```
        position:absolute;
        left:30px;
        top:35px;
        }
    #block2{
        background-color:#ffbd76;
        border:1px dashed#000000;
        padding:10px;
        position:absolute; /*absolute 绝对定位*/
        left:50px;
        top:60px;
        }
```

当两个子块的 position 属性都设置为 absolute 时，它们都按照各自的属性进行了定位，都不再属于其父块。两个子块有重叠的部分，且块 2 位于块 1 的上方，如下图所示。

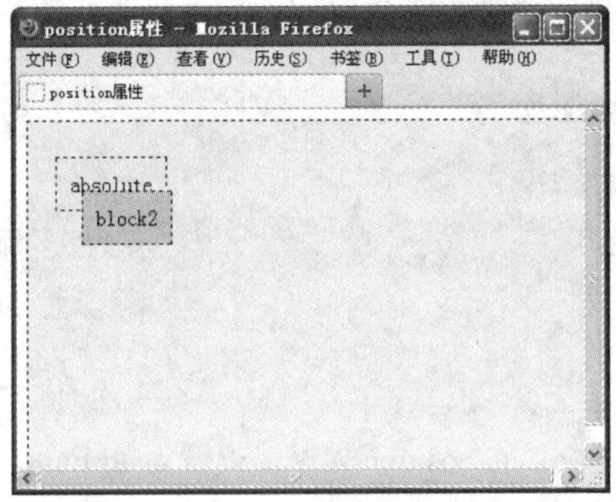

3. z-index 空间位置

z-index 属性用于调整定位时重叠块的上下位置，与它的名称一样，想象页面为 *x-y* 轴，垂直于页面的方向为 *z* 轴，z-index 值大的页面位于其值小的上方，如下图所示。

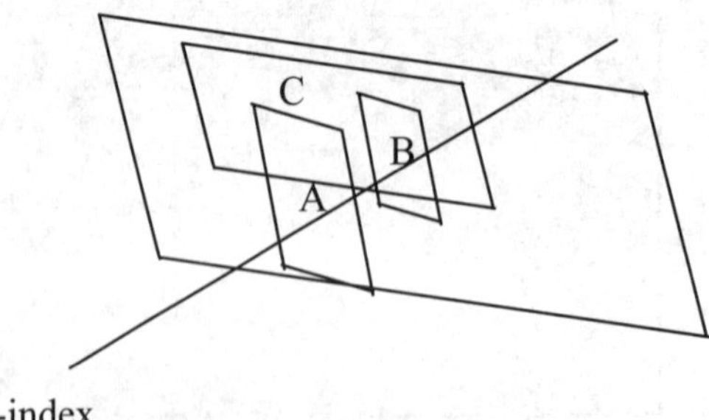

> 提示　z-index 属性的值为整数，可以是正数也可以是负数。当块被设置了 position 属性时，该值便可设置各块之间的重叠高低关系。默认的 z-index 值为 0，当两个块的 z-index 值一样时，将保持原有的高低覆盖关系。

【案例 11-5】如下代码详见“光盘\源代码\ch11\11.5.html”文件。

```
<html>
<title>z-index 属性</title>
<style type="text/css">
<!--
body{
   margin:10px;
   font-family:Arial;
   font-size:13px;
   }
#block1{
      background-color:#ff0000;
      border:1px dashed#000000;
      padding:10px;
      position:absolute;
      left:20px;
      top:30px;
      z-index:1;      /*高低值 1*/
      }
#block2{
      background-color:#ffc24c;
      border:1px dashed#000000;
      padding:10px;
      position:absolute;
      left:40px;
      top:50px;
      z-index:0;         /*高低值 0*/
      }
#block3{
      background-color:#c7ff9d;
      border:1px dashed#000000;
      padding:10px;
      position:absolute;
      left:60px;
      top:70px;
      z-index:-1;   /*高低值-1*/
   }
-->
</style>
</head>
<body>
     <div id="block1">AAAAAAAAAA</div>
     <div id="block2">BBBBBBBBBB</div>
     <div id="block3">CCCCCCCCCC</div>
</body>
</html>
```

在上面的例子中，对 3 个有重叠关系的块分别设置了 z-index 的值。设置前与设置后的效果分别如下图所示。

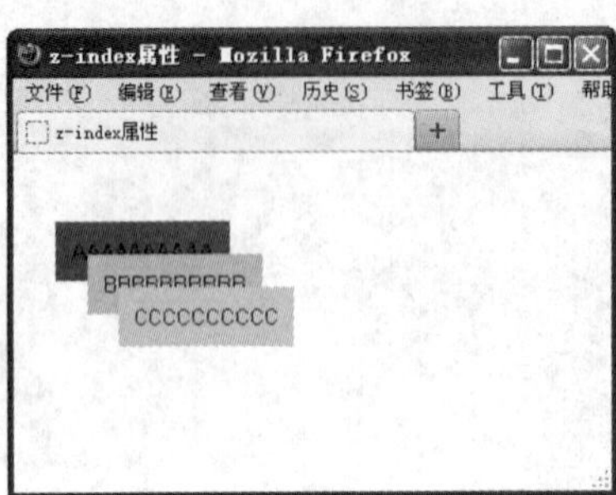

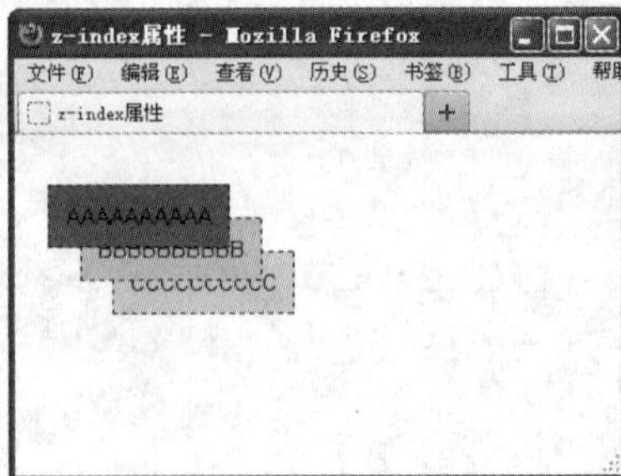

下面采用本小节介绍的元素的定位方法来实现文字的阴影效果，如下图所示。

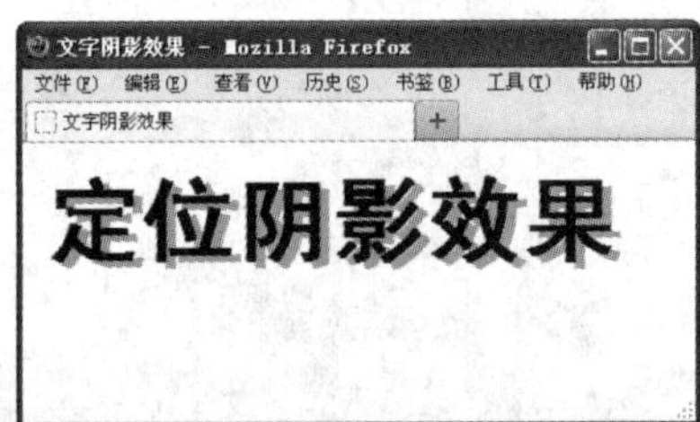

【案例 11-6】如下代码参见“光盘\源代码\ch11\11.6.html”文件。

```
<html>
<head>
<title>文字阴影效果</title>
<style type="text/css">
<!--
body{
   margin:15px;
   font-family:黑体;
   font-size:60px;
   font-weight:bold;
}
#block1{
      position:relative;
      z-index:1;
}
#block2{
     color:#AAAAAA;
/*阴影颜色*/
     position:relative;
     top:-1.06em;
/*移动阴影*/
     left:0.1em;
     z-index:0;
/*阴影重叠关系*/
}
```

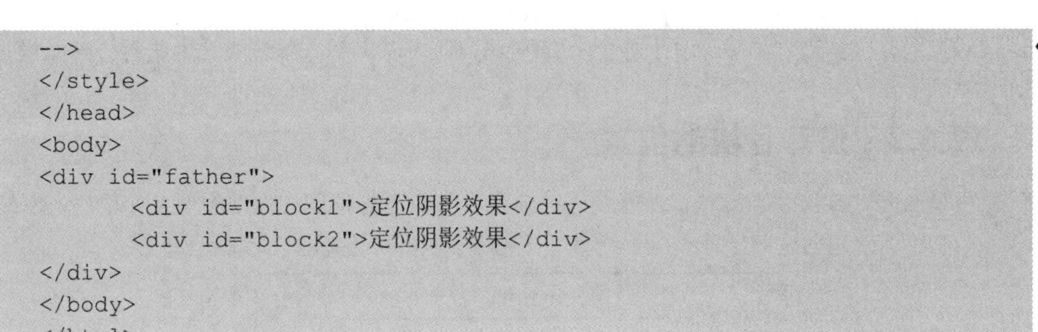

```
-->
</style>
</head>
<body>
<div id="father">
        <div id="block1">定位阴影效果</div>
        <div id="block2">定位阴影效果</div>
</div>
</body>
</html>
```

11.3　CSS+DIV 布局的常用方法

前面主要讲解了 CSS 对页面中各个元素的定位原理。本节在此基础上，从页面的整体布局出发，介绍 CSS 布局的整体思路和具体方法，包括 CSS 布局的整体规划、设计各块的位置以及使用 CSS 定位等。

11.3.1　使用 DIV 对页面进行整体规划

使用 DIV 可以将页面首先在整体上进行<div>标记的分块，然后对各个块进行 CSS 定位，最后在各个块中添加相应的内容。这样进行<div>标记过的页面更新起来会十分容易，同时也可以通过修改 CSS 的属性来重新定位。

CSS 布局要求设计者首先对页面有一个整体的框架规划，包括整个页面分为哪些模块、各个模块之间的父子关系如何，等等。以最简单的框架为例，页面是由 banner、主体内容（content）、菜单导航（links）和脚注（footer）等几个部分组成的，各个部分分别用自己的 ID 来标识，整体内容如下图所示。

#container
#banner
#content
#links
#footer

上图中的每个色块都是一个<div>，这里直接用 CSS 的 ID 表示方法来表示各个块。页面中的所有 DIV 块都属于块#container，一般的 DIV 布局都会在最外面加上这么一个父 DIV，以便对页面的整体进行调整。对于每个子 DIV 块，还可以再加入各种块元素或者行内元素。

11.3.2 设计各块的位置

当页面的内容已经确定后，则需要根据内容本身来考虑整体的页面版型，如单栏、双栏或左中右等。这里考虑到导航条的易用性，采用了常见的双栏模式，如下图所示。

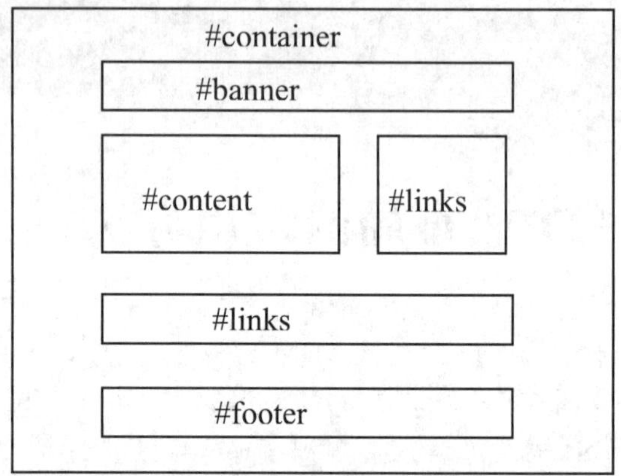

在整体的#container 框架中，页面的#banner 在最上方，然后是内容#content 与导航条#links，二者在页面的中部，其中#content 占据整个页面的主体。最下方的是页面的脚注#footer，用于显示版权信息和注册日期等。有了页面的整体框架后，就可以使用 CSS 对各个 DIV 块进行定位了。

11.3.3 使用 CSS 定位

整理好页面的框架后，便可以利用 CSS 对各个块进行定位，实现对页面的整体规划，然后再往各个模块中添加内容。

首先对<body>标记与#container 父块进行设置，代码如下：

```
body{
  margin:0px;
  font-size:13px;
  font-family:Arial;
   }
#container{
    position:realtive;
    width:100%;
}
```

以上设置了页面文字的字号、字体以及父块的宽度，让其撑满整个浏览器。接下来设置#banner 块，代码如下：

```
#banner{
    height:80px;
```

```
    border:1px solid#000000;
    text-align:center;
    background-color:#a2d9ff;
    padding:10px;
    margin-bottom:2px;
}
```

这里设置了#banner 块的高度，以及一些其他的个性化设置，当然读者可以根据自己的需要进行调整。如果#banner 本身就是一幅图片，那么对#banner 的高度就不需要设置。

利用 float 浮动方法将#content 移动到页面左侧，#links 移动到页面右侧。这里不指定#content 的宽度，因为它需要根据浏览器的变化而自己调整，但#links 作为导航条则指定其宽度为 200 像素。

```
#content{

    float:left;
}
#links{
float:right;
width:200px;
text-align:center;
}
```

在分别设置#content 和#links 的浮动属性后，页面的块并没有按照想象进行移动，#links 被挤到了#content 的下方，这是因为对#content 没有设置宽度，它的宽度仍然是整个页面的 100%。而页面又需要占满浏览器的 100%，因此不能设置#content 的宽度，此时的解决办法就是将#links 的 margin-left 设为负数，强行往左拉回 200 像素，代码如下：

```
#links{
float:right;
width:200px;
border:1px solid#000000;
margin-left:-200px                  /*往左拉回 200 像素*/
text-align:center;
}
```

此时会发现#content 的内容与#links 的内容发生了重叠，这时只需要设置#content 的 padding-right 为-200 像素，在宽度不变的情况下将内容往左挤回去即可。另外，由于#content 和#links 都设置了浮动属性，因此对#footer 需要设置 clear 属性，使其不受浮动的影响。

```
#content{
       float:left;
       text-align:center;
       padding-right:-200px;
      }
#footer{
     clear:both;
     text-align:center;
```

```
    height:30px;
    border:1px solid#000000;
}
```

这样页面的整体框架便搭建好了。这里需要指出的是，#content 块中不能放宽度太长的元素，否则#links 将再次被挤到#content 的下方。

> 提示　在对页面采用 CSS 布局时，通常都需要绘制页面的框架图，至少要做到心中有图纸，这样才能有的放矢，合理地控制页面中的各个元素。

11.4　技能训练——制作个人网站首页

本实例创建一个个人网站首页，结果如下图所示。

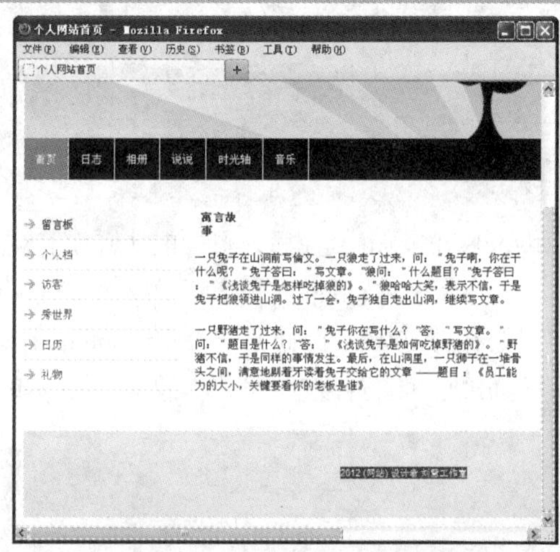

首先需要使用 DIV 层将页面划分不同的区域，用以构建网页布局。然后创建一个 DIV 层作为布局容器，其他 DIV 层分别代表不同的区域。

具体操作步骤如下。

Step01 创建 HTML 网页，使用 DIV 层分块。在 HTML 页面，根据上图的页面效果，总体可以划分为上中下结构，网页主体内容分为左中右版式。其代码如下：

```
<html>
<head>
<title>个人网站首页</title>
</head>
<body>
<div id="wrapper">
<div id="header"> <h1> 个人<span class="orange"> 的网站 </span></h1>
</div>
<div id="navhorisontell">
<ul>
```

```
<li><a href="index.htm" class="selected">首页 </a> </li>
<li><a href="index.htm">日志</a></li>
<li><a href="index.htm">相册 </a></li>
<li><a href="index.htm">说说 </a></li>
<li><a href="index.htm">时光轴 </a></li>
<li><a href="index.htm">音乐 </a></li>
</ul>
</div>
<div id="content">
<div id="col1">
<h1>寓言故事</h1>
<p> 一只兔子在山洞前写论文。一只狼走了过来，问： " 兔子啊，你在干什么呢？ "兔子答曰：
" 写文章。 "狼问： " 什么题目？ "兔子答曰 ： " 《浅谈兔子是怎样吃掉狼的》。 "狼哈哈大笑，
表示不信，于是兔子把狼领进山洞。过了一会，兔子独自走出山洞，继续写文章。
</p>
<p>一只野猪走了过来，问： " 兔子你在写什么？ "答： " 写文章。 "问： " 题目是什么？ "
答： " 《浅谈兔子是如何吃掉野猪的》。 "
野猪不信，于是同样的事情发生。最后，在山洞里，一只狮子在一堆骨头之间，满意地剔着牙读着
兔子交给它的文章 ——题目 ：《员工能力的大小，关键要看你的老板是谁》
</p>
</div>
<div id="col2"><img src="Img/bild.jpg" class="imagecol2"
 alt="bild"></img> </div>
</div>
<div id="nav">
<ul>
<li><a href="index.htm" class="selected">留言板 </a> </li>
<li><a href="index.htm">个人档 </a></li>
<li><a href="index.htm">访客 </a></li>
<li><a href="index.htm">秀世界 </a></li>
<li><a href="index.htm">日历 </a></li>
<li><a href="index.htm">礼物 </a></li>
</ul>
</div>
<div id="footer"><p>2012 (网站) 设计者 <a href="">刘意工作室  </a> </p></div>
</div>
</body>
</html>
```

上面代码中，层 wrapper 用做布局容器，放置其他 DIV 层。header 层显示显示网页 Logo，navhorisontell 层显示页头部分的导航菜单，header 层和 navhorisontell 层共同组合成页头部分。层 col1 作为页面主体中的中间部分，显示段落信息；col2 是页面主体中的右侧部分，显示了一张图片；nav 是页面主体中的左侧部分，显示的是导航链接。footer 层用于页脚部分，存放版权和地址信息。content 层是层 col1 和层 col2 的父层，<link>标记表示当前 HTML 页面引入一个 CSS 文件。

在 Firefox 中浏览效果如下图所示，可以看到页面中显示列表信息、段落信息和图片，其显示顺序依据 HTML 网页的 DIV 排列顺序。

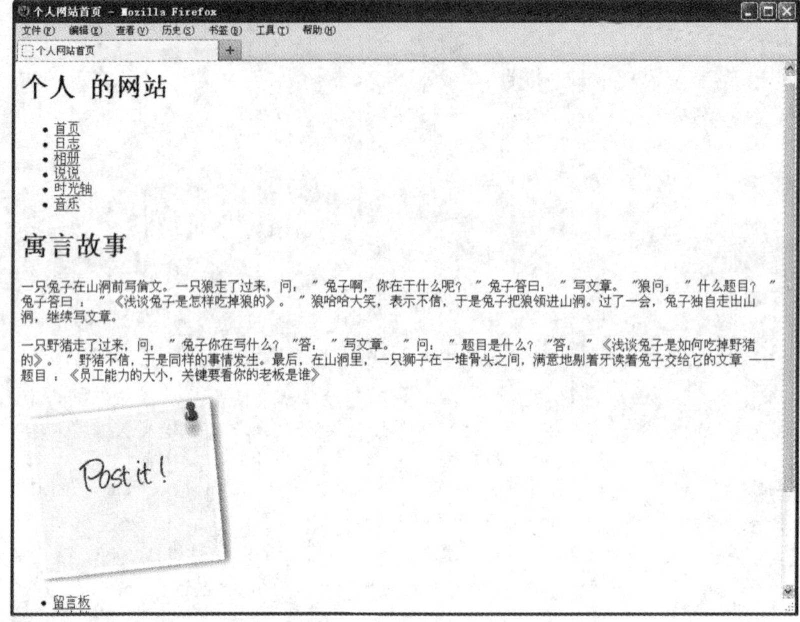

Step02 添加 CSS 代码，修饰全局样式。

```
*{margin:0px;padding:0px}/* 布局*/
body
{
background:url(Img/bodybg.jpg) repeat-x top center #eceddd;
font-family:Arial, Verdana,'Lucida Grande', Helvetica, sans-serif;
text-align: center;
color: #333333;
}
#wrapper
{
background-color:#fff;
margin-top: 20px;
margin-right: auto;
margin-bottom:0px;
margin-left: auto;
width:902px;
border:10px solid #ffffff;
}
```

上述代码定义了*全局选择器、body 标记选择器和 ID 选择器 wrapper，在 body 标记选择器中定义了背景图片、字形、对齐方式和字体颜色等，在 ID 选择器 wrapper 中定义了背景色、外边距、宽度和边框样式等。

在 Firefox 中浏览效果如下图所示，可以看到列表、段落信息和图片等都居中显示，网页上、左、右 3 侧都有边框显示。

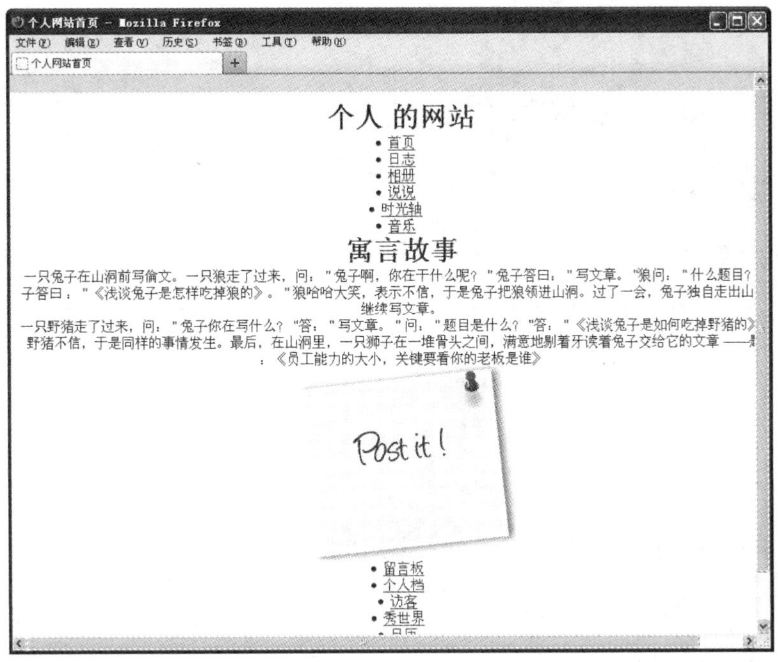

Step03 添加 CSS 代码，修饰页头部分。

```
#header
{
background:url(Img/bgheader.jpg) no-repeat;
width:902px;
height:203px;
padding-top: 0px;
margin-left:0px;
margin-right:0px;
margin-top: 0px;
margin-bottom: 0px;
}
#header h1
{
float:left;
font-size:2.9em;
padding-top:60px;
padding-left:37px;
font-family:Arial,verdana, sans-serif;
color:#37210c;
font-weight:bolder;
letter-spacing:-1px;
}
.orange
{color:#e67e1f;}
#navhorisontell
{
float:left;
```

```
list-style:none;
margin-bottom:0px;
margin-top:0px;
margin-left:0px;
width:902px;
background-color: #37210c;
}
#navhorisontell ul
{
list-style:none;
margin-bottom:0px;
margin-top:0px;
margin-left:0px;
}
#navhorisontell li
{
text-align:left;
float:left;
padding-left:0px;
padding-top:0px;
padding-bottom:0px;
}
#navhorisontell ul li a
{
display:block;
background-color:#37210c;
border-right:1px solid #fff;
line-height:2.5em;
margin-right:0px;
padding:8px 14px 8px 14px;
color: #ecf9ff;
font-weight:normal;
font-size: 0.8em;
text-decoration: none;
}
#navhorisontell  li a:hover
{
color: #ecf9ff;
background-color:#543e29;
}
#navhorisontell ul li .selected
{
color: #ecf9ff;
background-color:#e67e1f;
}
```

上述代码主要修饰网页的页头部分，其中 ID 选择器 header 定义页头背景图片的宽度、高度和外边距距离等；ID 选择器 navhorisontell 定义层宽度、列表显示样式、层浮动显示和外边

距距离；其他的选择器都是在这两个选择器的基础上，对层中的每个具体标记进行修饰，例如定义 h1 样式。

在 Firefox 中浏览效果如下图所示，可以看到页面顶部显示了一张背景图片，并显示了导航菜单，当将鼠标放到菜单上时，背景色会显示为灰色样式。

Step04 添加 CSS 代码，修饰页面主体左侧部分。

```
#nav
{
float:left;
list-style:none;
margin-top:15px;
margin-left:0px;
height:50%;
}
#nav ul
{
list-style:none;
margin-bottom:20px;
margin-top:20px;
margin-left:0px;
}
#nav li
{
text-align:left;
padding-left:0px;
padding-top:0px;
padding-bottom:0px;
border-bottom:1px solid #eaeada;
}
#nav ul li a
{
background-image: url(Img/bullet.gif);
```

```
background-repeat:no-repeat;
background-position:left center;
display:block;
background-color:#ffffff;
line-height:1.7em;
margin-right:0px;
padding-top:6px;
padding-bottom:6px;
padding-left:22px;
color: #666666;
font-weight:normal;
font-size: 0.8em;
text-decoration: none;
width:165px;
}
#nav  li a:hover
{
color: #37210c;
background-color:#f7f7f2;

}
#nav .selected
{
color: #37210c;
background-color:#f7f7f2;
}
```

在上面代码中，ID选择器nav定义页面主体左侧部分，例如定义层浮动布局，列表显示无特殊符号，上侧和左侧外边距距离，其层高占父DIV层的50%。下面依据选择器nav分别定义了无序列表显示样式、列表选项样式、超链接显示样式、鼠标悬浮显示样式等。

在Firefox中浏览效果如下图所示，可以看到页面底部显示了一个导航菜单，其菜单前面都带有箭头标识。

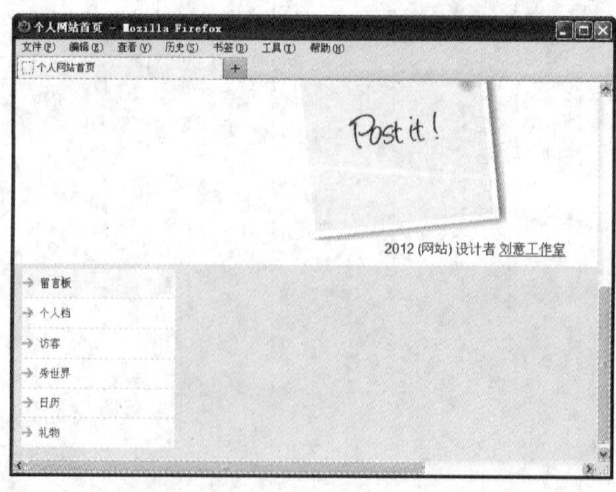

Step05 添加 CSS 代码，修饰页面主体中间部分。

```
#content
{
float:right;
background-color:#ffffff;
width:710px;
margin-top:20px;
margin:auto;
padding:0px;
margin-bottom:30px;
margin-right:0px;
}
#col1
{
float:left;
width:410px;
margin-right:0px;
margin-top:20px;
background-color:inherit;
text-align:left;
font-size:0.9em;
padding:5px;
}
#col1 h1
{
display:block;
font-size:0.9em;
width:50px;
font-family: arial;
text-align:left;
font-weight:bold;
color:#403f3b;
font-family:arial;
font-weight:bold;
padding:5px;
margin-top:5px;
margin-left:12px;
}
#col1 p
 {
font: normal 0.9em Arial, Verdana, Helvetica, sans-serif;
font-size:0.9em;
color: #000000;
padding:10px;
text-align:left;
}
```

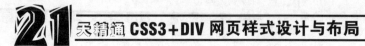

在上面代码中，ID选择器content定义了层在右边浮动显示、层宽度为710像素以及背景色、外边距距离等。在ID选择器col1中定义了层左边浮动显示、宽度为410像素、字体大小、对齐方式依据内外边距等。下面的选择器分别定义了层col1中的标题和段落信息。

在Firefox中浏览效果如下图所示，可以看到页面主体左侧显示了导航菜单，中间显示了段落信息，右侧显示的是一张图片信息。

Step06 添加CSS代码，修饰页面主体右侧部分。

```
#col2
{
float:right;
background-color:#ffffff;
width:272px;
margin-top:20px;
padding:8px 0 8px 8px;
text-align:left;
font-size:0.9em;
}
#col2 p
 {
font: bold 0.9em Arial, Verdana, Helvetica, sans-serif;
font-size:0.8em;
color: #000000;
padding:10px;
text-align:left;
}
#col2 .imagecol2
{
padding-left:0px;
padding-top:0px;
border:none;
}
```

在上面代码中，ID 选择器 col2 定义层浮动在右边上显示、宽度为 272 像素、字体大小、对齐方式、背景色和内外边距等。下面的选择器定义层 col2 中的段落和图片样式。

Step07 添加 CSS 代码，修饰页脚部分。

```
#footer
{
width:902px;
height: 85px;
clear:both;
margin-top: 0px;
background-color:#dfeef9;
color:#666666;;
margin-left:auto;
margin-right:auto;
margin-bottom: 0px;
padding-top: 15px;
padding-right: 0px;
padding-bottom: 0px;
padding-left: 0px;
}
#footer p
{
font-size:0.7em;
font-family:arial;
font-weight:normal;
line-height: 1.4em;
color:#555555;
padding:25px 0 0 10px;
text-align:center;
}
#footer a
{
font-size:1em;
text-decration:none;
font-weight:normal;
color:#467AA7;
text-align:center;
}
#footer a:hover
{
text-decoration:underline;
font-weight:normal;
color:#467AA7;
text-align:center;
}
```

在上面代码中，ID 选择器 footer 定义了层宽度、高度、背景色、字体颜色和内外边距，并使用 clear 属性去掉 float 属性对本层的影响。下面的选择器对 footer 层中的段落和超链接样式进行了定义。

在 Firefox 中浏览效果如下图所示，可以看到页面底部显示了一个背景色为青蓝色的矩形，中间位置显示了版权信息。

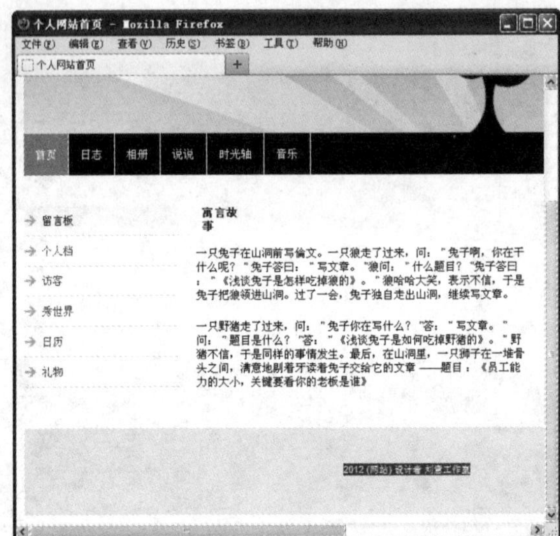

第 12 天　布局方式大探讨——CSS+DIV 布局剖析

学时探讨：

今日主要探讨 CSS+DIV 的布局分析。目前，使用 CSS+DIV 布局页面非常流行，并且逐步替代了表格布局。本章节主要讲述布局方式分析、CSS 排版的常见样式以及新增的 CSS3 多列布局方法和技巧。

学时目标：

通过此章节布局方法的学习，读者可学会使用 CSS 进行排版，了解常见布局的排版方法等知识。

12.1　布局方式分析

CSS+DIV 页面布局是首先在整体上进行<div>标记的分块，然后对各个块进行 CSS 定位，最后在各个块中添加相应的内容。

复杂的网页布局不是单纯的一种结构，而是包含多种网页结构，例如总体上是上中下、中间内分为两列布局等，如下图所示。

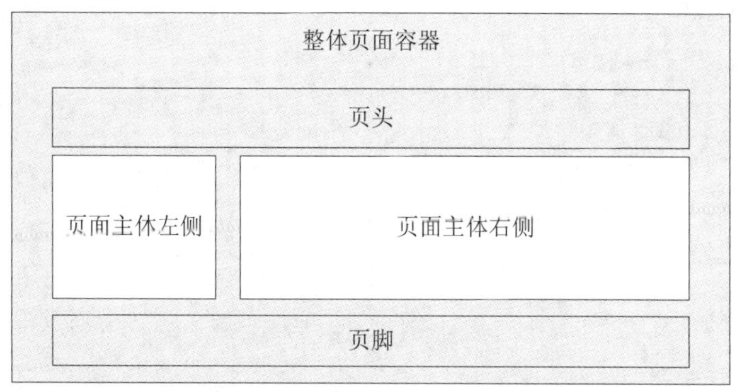

例如新浪主页主要采用上中下结构，中间部分又采用三列布局，效果如下图所示。

页面总体结构确认后，一般情况下，页头和页脚变化就不大了，会发生变化的就是页面主体，此时需要根据页面展示的内容决定中间布局采用什么样式，是三列水平分布还是两列分布等。

页面版式确定后，就可以利用 CSS 对 DIV 进行定位，使其在指定位置出现，从而实现对页面的整体规划，然后再向各个页面添加内容。

本节将创建一个总体为上中下布局，页面主体布局为左右布局的页面的 CSS 定位实例。

【案例 12-1】如下代码就是一个设计上述目标的实例（详见随书光盘中的“源代码\ch12\12.1.html”）。

Step01 创建 HTML 页面，使用 DIV 构建层。首先构建 HTML 网页，使用 DIV 划分最基本的布局块，其代码如下：

```
<html>
<head>
<title>CSS 排版</title><body>
<div id="container">
  <div id="banner">网页头部</div>
  <div id=content >
  <div id="right">
网页主体右侧
  </div>
  <div id="left">
网页主体左侧
  </div>
</div>
  <div id="footer">网页页脚</div>
</div>
</body>
</html>
```

在上面代码中创建了 5 个层，其中 ID 名称为 container 的 DIV 层是一个布局容器，即所有的页面结构和内容都是在这个容器内实现的；名称为 banner 的 DIV 层是页头部分；名称为

footer 的 DIV 层是页脚部分；名称为 content 的 DIV 层是中间主体，该层包含了两个层，一个是 right 层，一个 left 层，分别放置不同的内容。

在 Firefox 中浏览效果如下图所示，可以看到页面中显示了这几个层，从上到下依次排列。

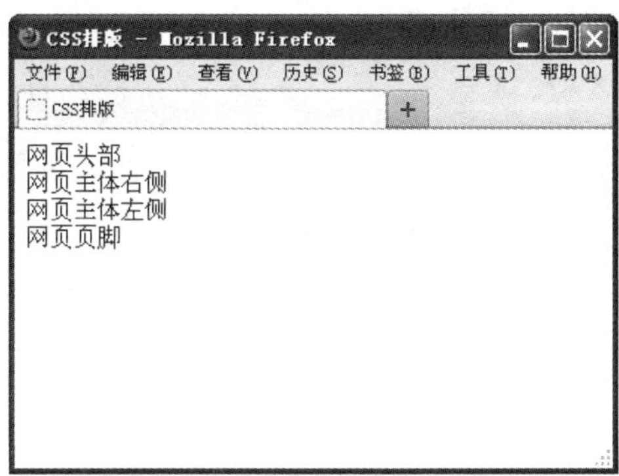

Step02 CSS 设置网页整体样式。对 body 标记和 container 层（布局容器）进行 CSS 修饰，从而对整体样式进行定义，代码如下：

```
<style type="text/css">
<!--
body {
  margin:0px;
  font-size:16px;
  font-family:"幼圆";
}
#container{
  position:relative;
  width:100%;
}
-->
</style>
```

上面代码只是设置了文字大小、字形、布局容器 container 的宽度、层定位方式，布局容器撑满整个浏览器。

在 Firefox 中浏览效果如下图所示，可以看到此时相比较上一个显示页面，发生的变化不大，只不过字形和字体大小发生了变化，因为 container 没有带边框和背景色，无法显示该层。

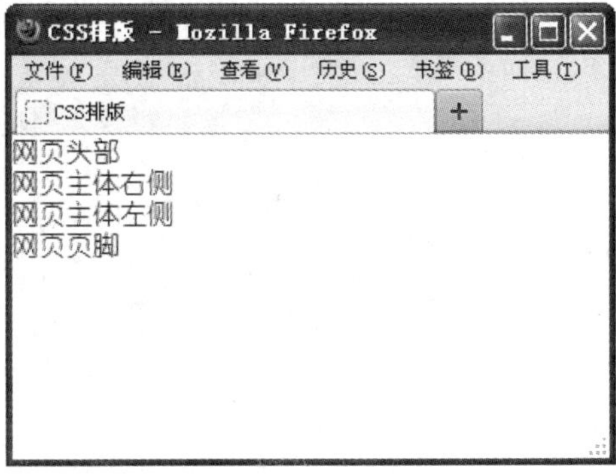

Step03 使用 CSS 对页头进行定位，即 banner 层，使其在网页上显示。代码如下：

```
#banner{
  height:80px;
  border:1px solid #000000;
  text-align:center;
  background-color: #02F78E;
  padding:10px;
  margin-bottom:2px;
}
```

上面代码首先设置了 banner 层的高度为 80 像素，宽度充满整个 container 布局容器，接着分别设置了边框样式、字体对齐方式、背景色、内边距和外边距的底部等。

在 Firefox 中浏览效果如下图所示，可以看到在页面顶部显示了一个浅绿色的边框，边框充满整个浏览器，边框中间显示了一个“网页头部”文本信息。

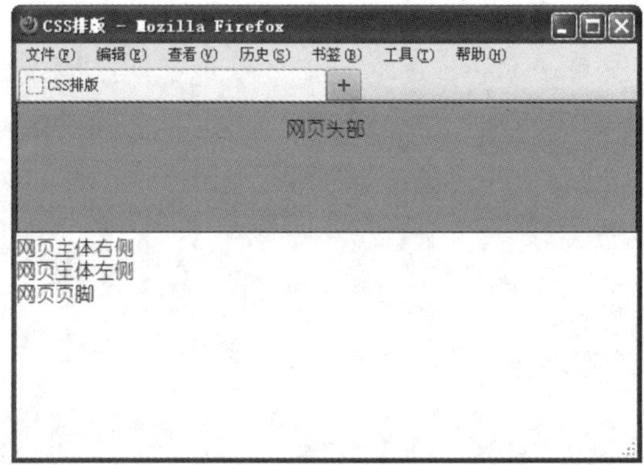

Step04 使用 CSS 定义页面主体。在页面主体如果两个层并列显示，需要使用 float 属性，将一个层设置到左边，另一个层设置到右边。其代码如下：

```
#right{
  float:right;
  text-align:center;
  width:80%;
 border:1px solid #ddeecc;
margin-left:1px;
height:200px;
}
#left{
  float:left;
  width:19%;
  border:1px solid #000000;
  text-align:center;
height:200px;
background-color: #FF44FF;
}
```

上面代码设置了这两个层的宽度，right 层占有空间的 80%，left 层占有空间的 19%，并分别设置了两个层的边框样式、对齐方式、背景色等。

在 Firefox 中浏览效果如下图所示，可以看到页面主体部分分为两个层并列显示，左边背景色为浅紫色，占有空间较小；右侧背景色为白色，占有空间较大。

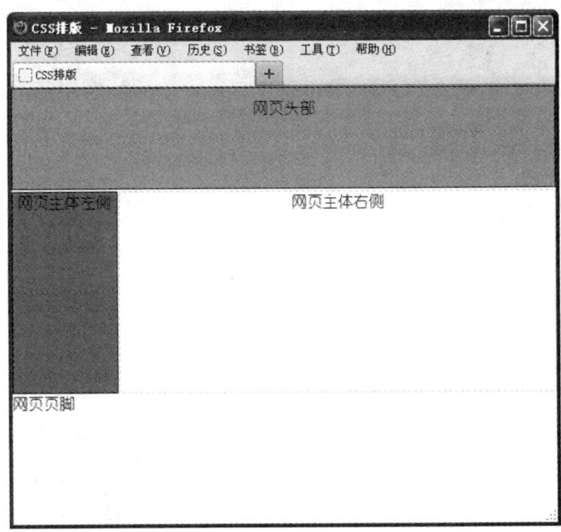

Step05 最后需要设置页脚部分，页脚通常在主体下面。因为页面主体中使用了 float 属性设置层浮动，所以需要在页脚层设置 clear 属性，使其不受浮动的影响。其代码如下：

```
#footer{
  clear:both;          /*不受 float 影响*/
  text-align:center;
  height:30px;
  border:1px solid #000000;
              background-color: #00EC00;
}
```

上面代码设置页脚对齐方式、高度、边框和背景色等。

在 Firefox 中浏览效果如下图所示，可以看到页面底部显示了一个边框，背景色为浅绿色，边框充满整个 DIV 布局容器。

12.2 CSS 排版样式

本节将介绍常见的 CSS 排版样式，包括上中下版式、左右版式、自适应版式和浮动版式等。这些版式在各种类型的网站设计中经常用到，所以熟练掌握这些版式的排版方法非常重要。

12.2.1 设计上中下版式

上中下版式是目前网页设计中最为常见的版式，也是最简单的版式。上中下版式分为 3 个部分：第一部分包含图片和菜单栏，这一部分放到页头，是上中下版式的“上”；第二部分是中间的内容部分，即页面主体，用于存放要显示的文本信息，是上中下版式的“中”；第三部分是页面底部，包含地址和版权信息的页脚，是上中下版式的“下”。下图所示为上中下的版式。

【案例 12-2】如下代码就是一个设计上中下版式的实例（详见随书光盘中的“源代码\ch12\12.2.html”）。

Step01 创建 HTML 网页，使用 DIV 层构建块。基本代码如下：

```
<html>
<head>
<title>上中下排版</title>
```

```
    </head>
    <body>
      <div class="big">
          <div class="up">
              <p><a href="#">首页</a><a href="#">选车</a><a href="#">买车</a><a
href="#">养车</a><a href="#">互动</a></p></div>       <div class="middle">
              <br />
                <h1> 打蜡、封釉和镀膜的区别</h1>
            <p>      打蜡、封釉、镀膜三种都是汽车漆面美容的项目，都是以增亮车漆、保护漆面
为目的，但是施工工艺、保持的时间效果上都有很大差异。打蜡：保持的时间较短，一般为 1-2
个月，蜡面很薄，几乎没有硬度起不到保护漆面的作用，但是相对来说是三种服务中最便宜的，一般打
一次蜡的价格为 50-150 元。封釉：保持时间大概 3-6 个月。釉面有一定厚度，具备一定的防轻微划
伤的能力。但是价格相对打蜡较高，一般一次封釉的价格为 300-500 元。镀膜：保持时间大约 1 年左
右，采用无机物为原料附着在漆面上，硬度高，防划伤能力强，同样价格偏贵，但是性价比较高，镀膜
的常见价格为 600-2000 元不等。
    </p>        </div>
            <div class="down">
            <br />
              <p><a href="#">关于我们</a> | <a href="#">免责声明</a> | <a href="#">
联系我们</a> | <a href="#">汽车中国</a> | <a href="#">联系我们</a></p>
                <p>2012&copy; 郑州汽车公司 技术支持</p>
            </div>
        </div>
    </body>
    </html>
```

上面代码创建了 4 个层，层 big 是 DIV 布局容器，用来存放其他的 DIV 块；层 up 表示页头部分；层 middle 表示页面主体；层 down 表示页脚部分。

在 Firefox 中浏览效果如下图所示，可以看到页面显示了 3 个区域信息，顶部显示的是超链接部分，中间显示的是段落信息，底部显示的地址和版权信息。其布局从上到下自动排列，不是期望的那种。

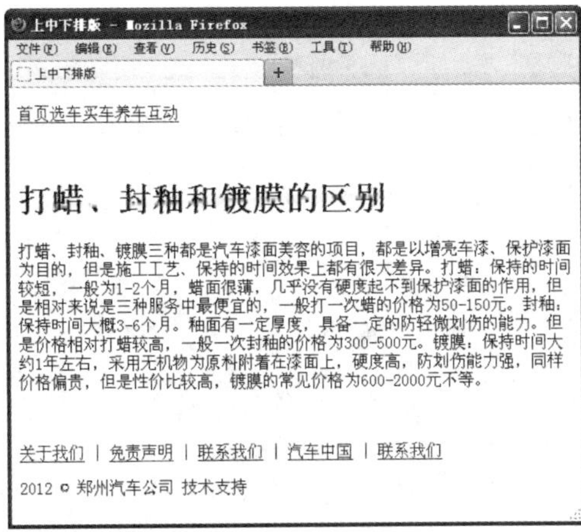

Step02 使用 CSS 代码，对页面整体样式进行修饰。代码如下：

```
    <style>
```

```
 *{
  padding:0px;
  margin:0px;
  }
 body{
  font-family:"幼圆";
  font-size:12px;
   color:blue;
  }
 .big{
  width:900px;
  margin:0 auto 0 auto;
  }
</style>
```

上面代码定义了页面整体样式，例如字形为“幼圆”，字体大小为 12 像素，字体颜色为绿色，布局容器 big 的宽带为 900 像素。margin:0 auto 0 auto 语句表示该块与页面的上下边界为 0，左右自动调整。

在 Firefox 中浏览效果如下图所示，可以看到页面字体变小，字体颜色为绿色，并充满整个页面，页面宽度为 900 像素。

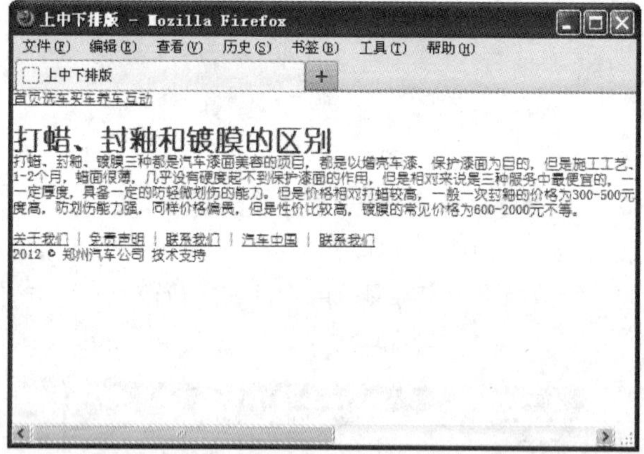

Step03 下面就可以使用 CSS 定义页头部分，即导航菜单。代码如下：

```
.up{
    width:900px;
    height:100px;
    background-image:url(17.jpg);
    background-repeat:no-repeat;
    }
.up p{
    margin-top:80px;
    text-align:left;
   position:absolute;
   eft:60px;
   top:0px;
```

```
    }
.up a{
    display:inline-block;
    width:100px;
    height:20px;
    line-height:20px;
    background-color:#CCCCCC;
    color:#000000;
    text-decoration:none;
    text-align:center;
    }
.up a:hover{
    background-color:#FFFFFF;
    color:#FF0000;
    }
```

在类选择器 up 中，CSS 定义层的宽度和高度，其宽度为 900 像素，并定义了背景图片。

在 Firefox 中浏览效果如下图所示，可以看到页面顶部显示了一个背景图，并且超链接以一定距离显示，以绝对定位方式在页头显示。

Step04 下面需要使用 CSS 定义页面主体，即定义层和段落信息。代码如下：

```
.middle{
    border:1px #ddeecc solid;
    margin-top:10px;
    }
.middle h1{
    text-align:center;
    font-size:16px;
    margin:0 0 10px 0; }
.middle p{
    margin:10px;
    line-height:20px;
    text-indent:20px;
    }
```

在类选择器 middle 中定义了边框样式和内边距距离，此处层的宽度和 big 层的宽度一致。

在 Firefox 中浏览效果如下图所示，可以看到中间部分以边框形式显示，标题居中显示，段落缩进两个字符显示。

Step05 定义页脚部分，代码如下：

```
.down{
    background-color:#CCCCCC;
    height:80px;
    text-align:center;
    }
.down a{
    line-height:20px;
    color:#000000;
    text-decoration:none;
    text-align:center;
    }
.down a:hover{
    color:#0000FF;
    text-decoration:underline;
    }
```

在上面代码中，类选择器 down 定义了背景颜色、高度和对齐方式，其他选择器定义了超链接的样式。

在 Firefox 中浏览效果如下图所示，可以看到页面底部显示了一个灰色矩形框，其版权信息和地址信息居中显示。

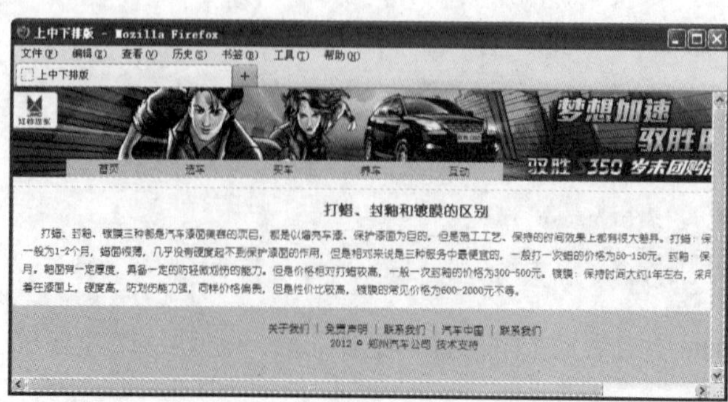

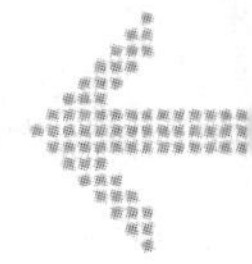

12.2.2 设计左右版式

在页面排版中，有时会根据内容需要将页面主体分为左右两个部分显示，用来存放不同的信息内容。实际上这也是一种宽度固定的版式。

例如下面的新浪微博主页面，主要是左右版式的设计。

【案例 12-3】如下代码就是一个设计左右版式的实例（详见随书光盘中的“源代码\ch12\12.3.html”）。

Step01 创建 HTML 网页，使用 DIV 构建块。在 HTML 页面，将 DIV 框架和所要显示的内容显示出来，并将要引用的样式名称定义好，代码如下：

```
<html>
<head>
<title>英达科技</title>
  </head>
<body>
<div id="container">
  <div id="banner">
    <img src="02.jpg" border="0">
  </div>
  <div id="links">
    <ul>
      <li>首页</li>
      <li>IT 动态</li>
      <li>科技新闻</li>
      <li>数码产品</li>
      <li>监控产品</li>
      <li>软件开发</li>
      <li>数据管理</li>
     <li>办公理财</li>
    </ul>
    <br>
  </div>
  <div id="leftbar">
     <p class="lefttitle">最新产品</p>
```

```
        <p>.电脑新产品</p>
         <p>.数码新产品</p>
         <p>.数据库新产品</p>
        <p>.财务新产品</p>
      <p class="lefttitle">科技新闻</p>
       <p>.苹果产品新突破</p>
      <p>.Postgresql 创新数据</p>
       <p>.金蝶 RIS 新功能</p>
      <p>.用友 U9 新功能</p>
    </div>
    <div id="content">
      <h4>iPhone5 新技术</h4>
      <p>
  苹果一直致力于将 iOS 设备上的组件微型化。苹果是首个采用 micro-SIM 卡设计的公司，而且该公司也曾提出要采用更小的 SIM 卡设计，这样就可以将产品设计得更轻薄。虽然当前使用的 30 针接口基座不算很大，但是由于设备的设计有不断变薄缩小的趋势，所以即使是一点点微小的减肥也是十分必要的。
    </div>
    <div id="footer">版权所有 2012.10.12</div>
  </div>
  </body>
  </html>
```

上面代码定义了几个层，用来构建页面布局。其中 container 层作为布局容器，banner 层作为页面图形 Logo，links 层作为页面导航，leftbar 层作为左侧内容部分，content 层作为右侧内容部分，footer 层作为页脚部分。

在 Firefox 中浏览效果如下图所示，可以看到页面上部显示了一张图片，下面是超链接、段落信息，最后是地址信息等。

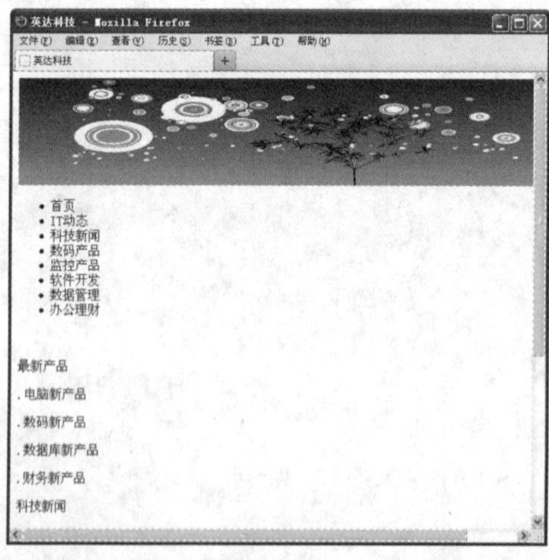

Step02 首先需要定义整体样式，例如网页中的字形或对齐方式等。代码如下：

```
<style>
<!--
body, html{
```

```
    margin:0px; padding:0px;
    text-align:center;
  }
  #container{
    position: relative;
    margin: 0 auto;
    padding:0px;
    width:700px;
    text-align: left;
  }
  -->
  </style>
```

上面代码中，类选择器 container 定义了布局容器的定位方式为相对定位，宽度为 700 像素，文本左对齐，内外边距都为 0 像素。

在 Firefox 中浏览效果如下图所示，可以看到与上一个页面比较，发生的变化不大。

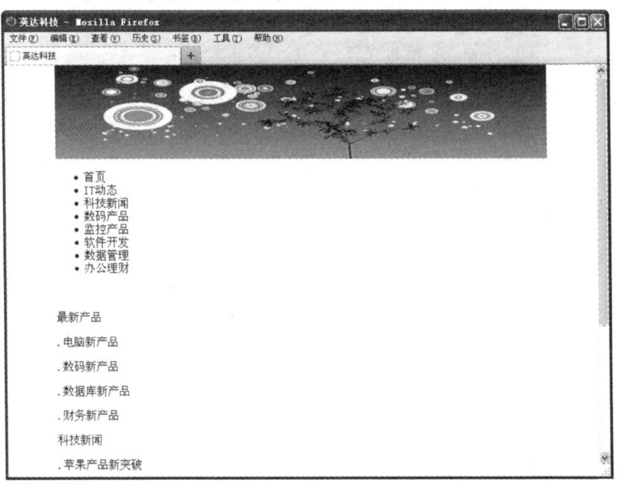

Step03 此网页的页头部分包含两个部分，一个是页面 Logo，另一个是页面的导航菜单。定义这两个层的 CSS 代码如下：

```
  #banner{
    margin:0px; padding:0px;
  }
  #links{
    font-size:16px;
    margin:-10px 0px 0px 0px;
    padding:0px;
    position:relative;
  }
  #links ul{
   list-style-type:none;
   padding:0px; margin:0px;
   width:700px;
  }
```

```
#links ul li{
 text-align:center;
 width:80px;
 display:block;
 float:left;
        color:red;
}
#links br{
 display:none;
}
```

上面代码中，ID 选择器 banner 定义了内外边距都是 0 像素，ID 选择器 links 定义了导航菜单的样式，例如字体大小为 16 像素、定位方式为相对定位等。

在 Firefox 中浏览效果如下图所示，可以看到页面导航部分在图像上显示，并且每个菜单相隔一定距离。

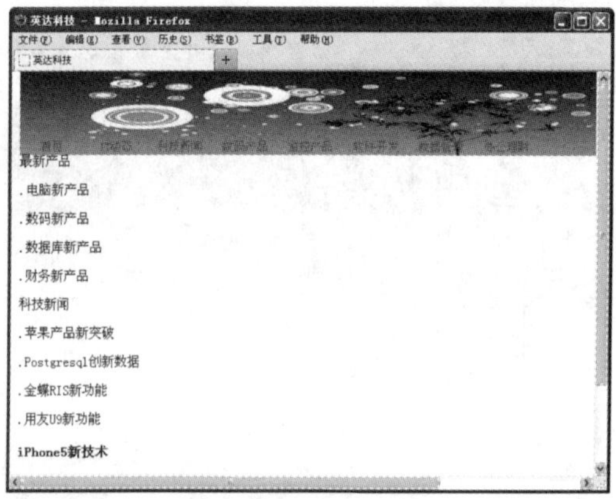

Step04 使用 CSS 代码，定义页面主体左侧部分，代码如下：

```
#leftbar{
 background-color:#d2e7ff;
 text-align:center;
 font-size:12px;
 width:150px; float:left;
 padding-top:0px;
 padding-bottom:30px;
 margin:0px;
}
#leftbar p{
 padding-left:12px;
padding-right:12px;
ext-align:left;
}
.lefttitle{
background-color:green;
border:1px solid #ddeecc;
}
```

在选择器 leftbar 中定义了层背景色、对齐方式、字体大小和左侧 DIV 层的宽度，这里使用 float 定义层在水平方向上浮动定位。

在 Firefox 中浏览效果如下图所示，可以看到页面左侧部分以矩形框显示，包含了一些简单的页面导航。

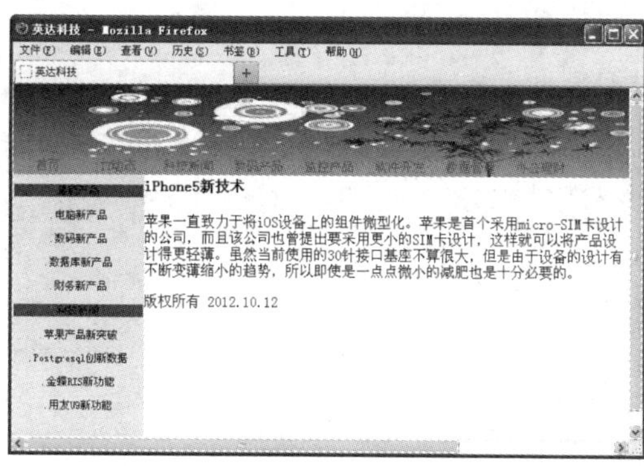

Step05 使用 CSS 代码，定义页面主体右侧部分，代码如下：

```
#content{
 font-size:12px;
 float:left; width:550px;
 padding:5px 0px 30px 0px;
 margin:0px;
}
#content p, #content h4{
 padding-left:20px;
padding-right:15px;
text-indent:2em;
}
```

代码中 ID 选择器 content 用来定义字体大小、右侧 div 层宽度、内外边距等。

在 Firefox 中浏览效果如下图所示，可以看到右侧部分的段落字体变小，段落缩进了两个单元格。

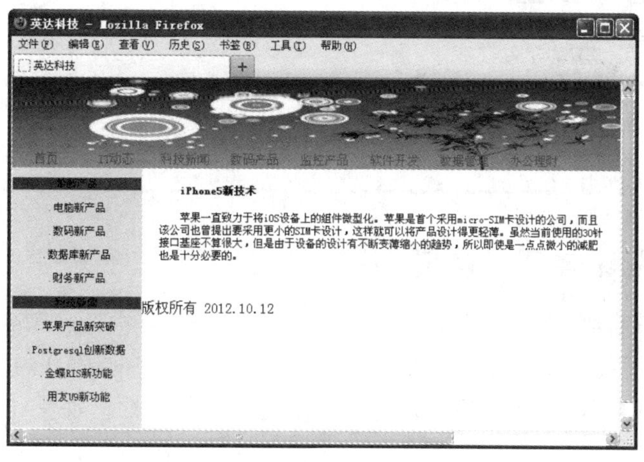

Step06 如果上面的层使用了浮动定位，则页脚一般需要使用 clear 去掉浮动所带来的影响，其代码如下：

```
#footer{
  clear:both;
font-size:12px;
  width:100%;
  padding:3px 0px 3px 0px;
  text-align:center;
  margin:0px;
  background-color:#b0cfff;
}
h4{
 text-decoration:underline;
 color:#0078aa;
 padding-top:15px;
 font-size:16px;
}
```

在 footer 选择器中定义了层的宽度，即充满整个布局容器，字体大小为 12 像素，居中对齐和背景色。

在 Firefox 中浏览效果如下图所示，可以看到页脚显示了一个矩形框，背景色为浅蓝色，矩形框内显示了版权信息。

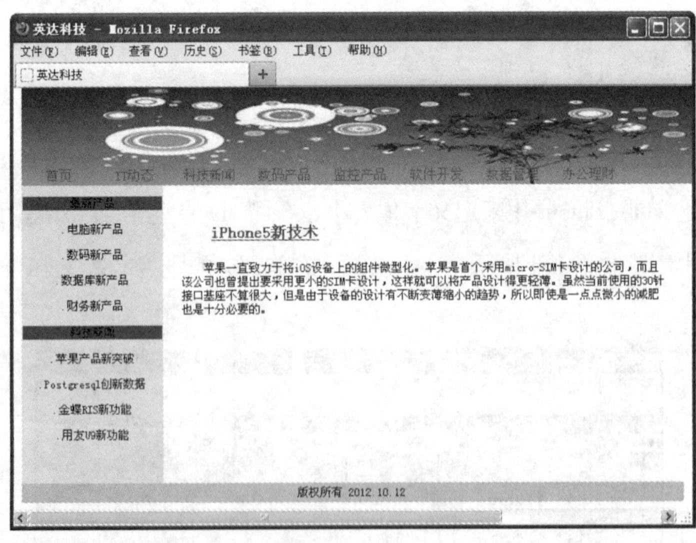

12.2.3 设计自适应宽度布局

一般的门户网站都采用了一种典型的 960 像素的固定宽度布局，但现在的浏览器分辨率越来越大，有时候需要尽量利用屏幕的空间，可以采用自适应布局模式。

本节创建了一个中间宽度自适应、左右两侧宽度固定的页面，效果如下图所示。

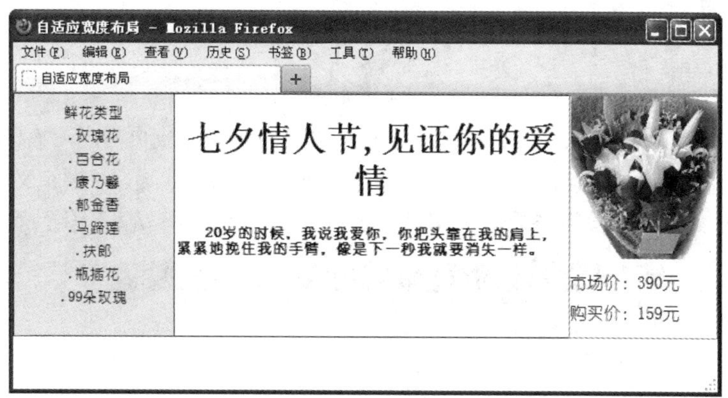

上面页面可以划分为 3 个部分，分别是左、中、右 3 个布局。左侧存放列表，中间存放段落，右侧存放图片信息。

【案例 12-4】如下代码就是设计上述自适应宽度布局的实例（详见随书光盘中的“源代码\ch12\12.4.html”）。

Step01 在 HTML 页面中使用 DIV 层将页面划分为不同的区域，即划分左侧层、右侧层和中间层。其代码如下：

```
<html>
<head>
<title>自适应宽度布局</title>
</head>
<body>
<div id="wrap">
<div class="wrap_l">
<p>鲜花类型</p>
<p>.玫瑰花</p>
<p>.百合花</p>
<p>.康乃馨</p>
<p>.郁金香</p>
<p>.马蹄莲</p>
<p>.扶郎</p>
<p>.瓶插花</p>
<p>.99 朵玫瑰</p>
</div>
<div class="wrap_r">
<img src="03.jpg"/>
<p>市场价：390 元</p>
<p>购买价：159 元</p>
</div>
<div class="wrap_m">
<h1>七夕情人节,见证你的爱情</h1><p>
20 岁的时候，我说我爱你，你把头靠在我的肩上，紧紧地挽住我的手臂，像是下一秒我就要消失一样。
</p>
</div>
```

```
</div>
</body>
</html>
```

上面代码定义了 4 个层，层 wrap 是一个布局容器，用来存放页面内所有的文本和图片信息。wrap_l 层定义页面左侧部分，wrap_r 层定义页面右侧部分，wrap_m 层定义页面中间部分。

在 Firefox 中浏览效果如下图所示，可以看到页面自上而下显示列表、图片和文本信息等。

Step02 首先设置页面整体样式，例如字体、背景色等。代码如下：

```
<style type="text/css">
<!--
body{margin:0;padding:0px;text-align:center;}
#wrap{margin:0 auto;text-align:left;}
</style>
```

上面代码定义了 body 页面和层 wrap 的内外边距及对齐方式。页面没有发生较大的变化，如下图所示。

Step03 使用 CSS 定义左侧内容，代码如下：

```
/*左边栏，固定宽度*/
.wrap_l{float:left;margin-right:-150px;width:150px;
border:1px solid #333;background-color:#ddeecc;
margin-right:2px;height:220px;}
.wrap_l p{
     text-align:center;
      font-family:"幼圆";
      font-size:13px;
      line-height:8px;
}
```

上面代码中，类选择器 wrap_l 定义了页面左侧部分的宽度为 150 像素、高度为 220 像素，右侧内边距为-150 像素，页面浮动在左侧显示以及边框样式、背景色等。下面的选择器定义段落的显示样式，例如字体大小、字形、对齐方式和行高等。

在 Firefox 中浏览效果如下图所示，可以看到页面左侧显示了一个矩形框，其背景色为浅蓝色，并居中对齐。

Step04 上一步在左侧部分定义了固定的宽度，而中间部分就不需要定义宽度了。其 CSS 代码如下：

```
/*中间栏，自适应宽度*/
.wrap_m{width:auto;margin:0 140px 0 150px;border-top:1px solid #000;
border-bottom:1px solid #000;height:220px;}
.wrap_m h1{
     text-align:center;
}
.wrap_m p{
       font-size:13px;
       font-weight:bolder;
       text-indent:2em;
       font-family:"幼圆";
}
```

上面代码中，wrap_m 类选择器定义中间部分显示样式，例如宽度自适应、外边距大小、层的上边框样式等。下面的选择器定义了字体样式。

在 Firefox 中浏览效果如下图所示，可以看到页面中间部分还是在页面底部显示，其字体加黑变粗显示，段落缩进两个字符显示，标题居中显示。

Step05 右侧部分需要固定页面宽度，其 CSS 代码如下：

```
/*右边栏，固定宽度*/
.wrap_r{float:right;margin-left:-140px;width:140px;border:1px solid
 #999;margin-left:2px;height:220px;}
img{width:140px;}
.wrap_r p{
  line-height:12px;
  font-family:"幼圆";
}
```

在 wrap_r 类选择器中，float 属性定义了层浮动在右边显示，宽度为 140 像素，高度为 220 像素等。在 img 选择器中定义了图片宽度，最后一个选择器定义了行高和字形。

在 Firefox 中浏览效果如下图所示，可以看到页面 3 个层并列显示，其中右侧部分显示了一张图片。读者可以自由调整页面宽度，中间会随着浏览器自动发生变化。

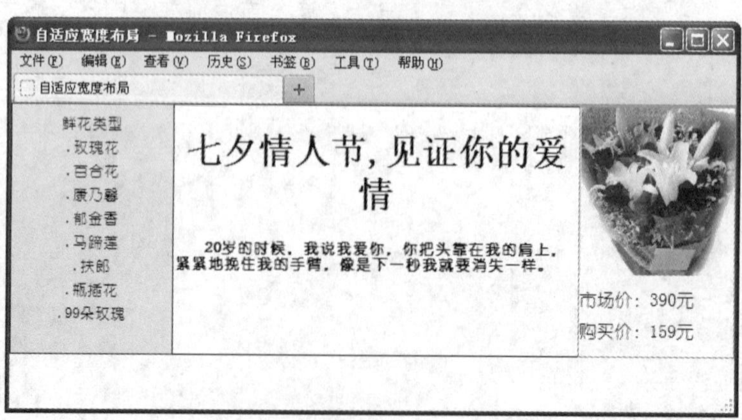

12.2.4　设计浮动布局

DIV+CSS 网页布局常用到浮动布局，但浮动并不像表格那样好用，很多时候会出现问题。同时设计不够良好的浮动布局，在不同的浏览器下会有不同的表现。对浮动布局支持比较好的是 Firefox 浏览器。

本节创建一个浮动布局，其效果如下图所示。从页面效果上可以看出当前页面分为两个层，一个是左侧层，一个是右侧层。

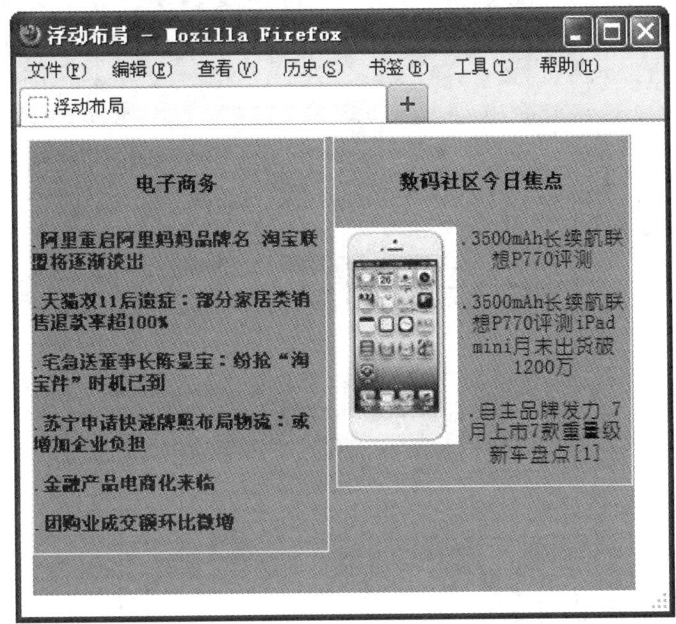

【案例 12-5】如下代码就是一个设计浮动布局的实例（详见随书光盘中的“源代码\ch12\12.5.html”）。

Step01 在 HTML 页面中使用 DIV 将页面划分为两个部分：左侧和右侧，并将这两个部分放入到一个 DIV 层，方便页面布局和排版。代码如下：

```
<html>
<head>
<title>浮动布局</title>
</head>
<body>
<div id="wrap" >
<div id="col1" >
<h5>电子商务</h5>
<p>.阿里重启阿里妈妈品牌名 淘宝联盟将逐渐淡出</p>
<p>.天猫双 11 后遗症：部分家居类销售退款率超 100% </p>
<p>.宅急送董事长陈显宝：纷抢“淘宝件”时机已到 </p>
<p>.苏宁申请快递牌照布局物流：或增加企业负担 </p>
<p>.金融产品电商化来临 </p>
<p>.团购业成交额环比微增 </p>
```

```
</div>
<div id="col2" >
<h5>数码社区今日焦点</h5>
<img src=04.jpg/>
<p>.3500mAh 长续航联想 P770 评测</p>
<p>.3500mAh 长续航联想 P770 评测 iPad mini 月末出货破 1200 万 </p>
<p>.自主品牌发力 7 月上市 7 款重量级新车盘点[1] </p>
</h3>
</div>
</div>
</div>
</body>
```

上面代码中创建了 3 个层，层 wrap 作为布局容器，层 col1 作为左侧布局层，层 col2 作为右侧布局层。

在 Firefox 中浏览效果如下图所示，可以看到页面自上而下显示信息，页面布局非常混乱。

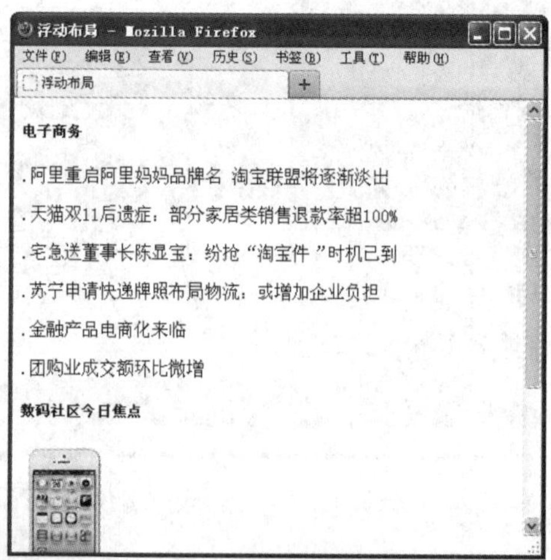

Step02 使用 CSS 代码，定义页面整体样式，即 wrap 中的所有元素。代码如下：

```
<style>
#wrap{
height:300px;
width:410px;
background:url(05.JPG) repeat-y left top;
}
</style>
```

上面代码定义了 wrap 层，宽度为 410 像素，高度为 300 像素，并设置背景图片，图片在 *Y* 轴重复。

在 Firefox 中浏览效果如下图所示，可以看到页面显示一个背景图片为蓝色的区域，该区域用来存放左右两侧内容。

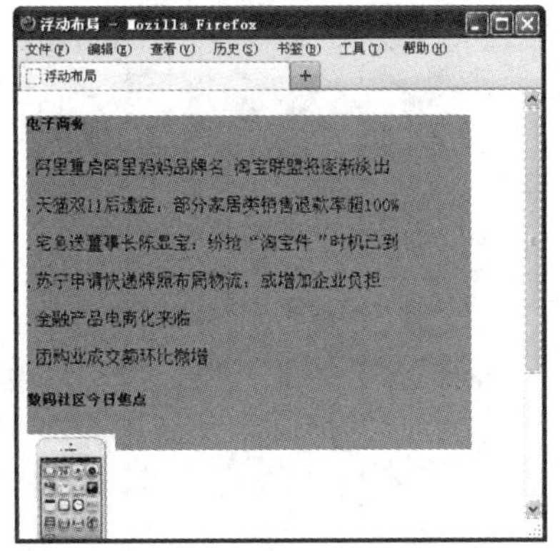

Step03 使用 CSS 代码，定义页面左侧部分，代码如下：

```
#coll{
float:left;
width:200px;
text-align:center;
border:1px solid #ddeecc;
margin-right:5px;
}
#coll p{
   text-align:left;
    font-size:12px;
    color:#123456;
    font-weight:bolder;
}
```

上面代码中，ID 选择器 coll 定义了层在左侧悬浮显示，宽度为 200 像素，居中对齐，边框以直线型显示。下面的选择器定义了字体样式，例如对齐方式、字体大小、字体颜色和字体样式等。

在 Firefox 中浏览效果如下图所示，可以看到页面蓝色区域中，左侧部分以列表形式显示页面导航链接。

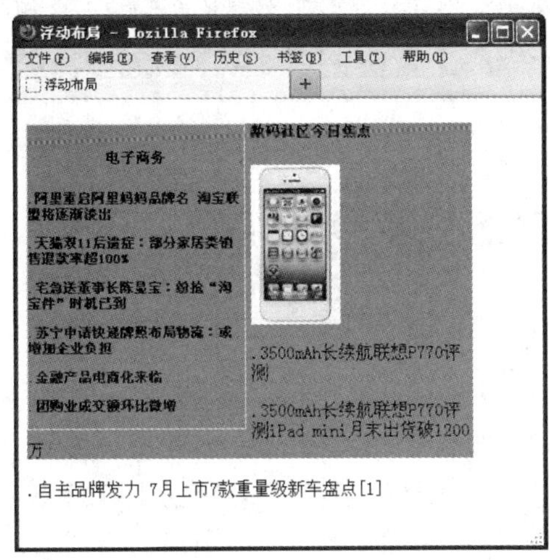

Step04 使用 CSS 代码，定义页面右侧部分样式，代码如下：

```
#col2{
float:left;
width:200px;
text-align:center;
border:1px solid #ddeecc;
}
img{
    float:left;
}
#col2 p{
      font-size:13px;
      font-family:"幼圆";
      line-height:12.5px;
}
```

在 ID 选择器 col2 中定义了层的悬浮方式、宽度、对齐方式和边框样式，img 选择器中定义了图片悬浮方式，最后一个选择器定义了字体大小、字形和行高等。

在 Firefox 中浏览效果如下图所示，可以看到左右两侧在蓝色区域内显示，右侧部分显示了一张图片，其文字环绕图片显示。

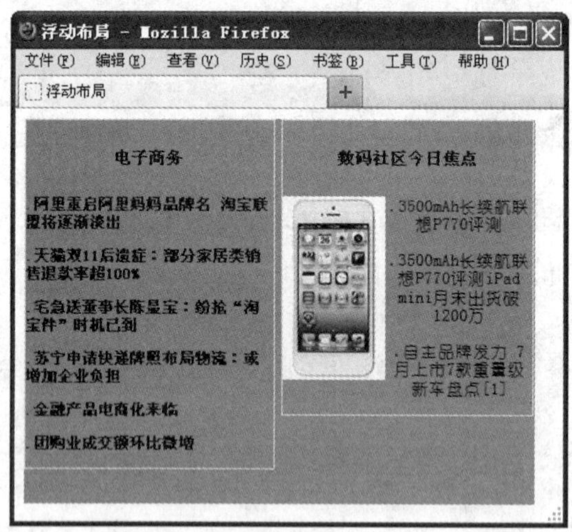

12.3 新增 CSS3 多列布局

在 CSS3 没有出来之前，网页设计者如果要设计多列布局，不外乎有两种方式，一种是浮动布局，另一种是定位布局。浮动布局比较灵活，但容易发生错位，这时需要添加大量的附加代码或无用的换行标记，增加了不必要的工作量。定位布局可以精确地确定位置，不会发生错位，但无法满足模块的适应能力。为了解决多列布局的难题，CSS3 新增了多列自动布局。

12.3.1　设置列宽度

在 CSS3 中，可以使用 column-width 属性定义多列布局中每列的宽度。它可以单独使用，也可以和其他多列布局属性组合使用。

column-width 语法格式如下：

```
column-width: [<length> | auto]
```

其中属性值<length>是由浮点数和单位标识符组成的长度值，不可为负值；auto 根据浏览器计算值自动设置。

【案例 12-6】如下代码就是一个设置列宽度的实例（详见随书光盘中的“源代码\ch12\12.6.html”）。

```
<html>
<head>
<title>多列布局属性</title>
<style>
body{
  -moz-column-width:300px;/*兼容 Webkit 引擎，指定列宽是 300 像素*/
  column-width:300px; /*CSS3 标准指定列宽是 300 像素*/
}
h1{
    color:#333333;
     background-color:#DCDCDC;
     padding:5px 8px;
     font-size:20px;
     text-align:center;
      padding:12px;
}
h2{
   font-size:16px;text-align:center;
}
p{color:#333333;font-size:14px;line-height:180%;text-indent:2em;}
</style>
</head>
<body>
<h1>支付宝新动向</h1>
<h2>支付宝进军农村支付市场</h2>
<p>
12 月 19 日下午消息，支付宝公司确认，已于今年 7 月成立了新农村事业部，意在扩展三四线城市和农村的非电商类的用户规模。
</p><p>
支付宝方面表示，支付宝的新农村事业部目前在农村的拓展将分两路并进，分别是农村便民支付普及和农村金融服务合作。
</p><p>
农村便民支付普及方面，支付宝计划与各大农商行、电信经销网点合作，为农村用户提供各种支付应用的指导和咨询服务，从而实现网络支付的农村普及。
</p>
```

```
….
</body>
</html>
```

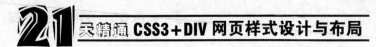

在上面代码 body 标记选择器中，使用 column-width 指定了要显示的多列布局每列的宽度。下面分别定义标题 h1、h3 和段落 p 的样式，例如字体大小、字体颜色、行高和对齐方式等。

在 Firefox 中浏览效果如下图所示，可以看到页面文章分为两列显示，列宽相同。

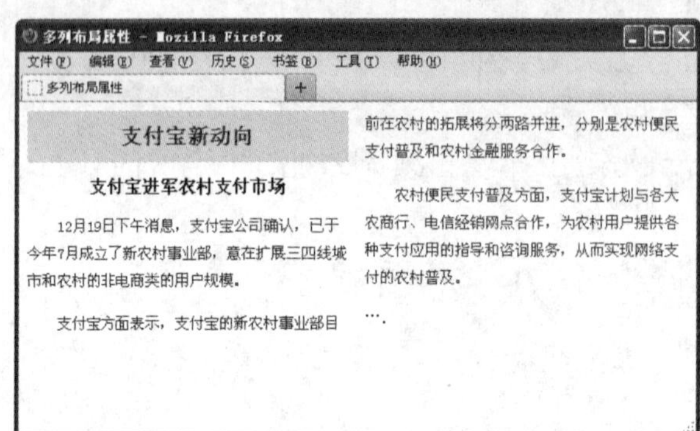

12.3.2 设置列数

在 CSS3 中，可以直接使用 column-count 指定多列布局的列数，而不需要通过列宽度自动调整列数。

column-count 语法格式如下：

```
column-count: auto | <integer>
```

其中，属性值<integer>表示值是一个整数，用于定义栏目的列数，取值为大于 0 的整数，不可以为负值；auto 属性值表示根据浏览器计算值自动设置。

【案例 12-7】如下代码就是一个设置页面列数的实例（详见随书光盘中的“源代码\ch12\12.7.html”）。

```
<html>
<head>
<title>多列布局属性</title>
<style>
body{
   -moz-column-count:4;/*Webkit 引擎定义多列布局列数*/
   column-count:3; /*CSS3 标准定义多列布局列数*/
}
h1{
    color:#333333;
     background-color:#DCDCDC;
     padding:5px 8px;
     font-size:20px;
     text-align:center;
      padding:12px;
```

```
}
h2{
    font-size:16px;text-align:center;
}
p{color:#333333;font-size:14px;line-height:180%;text-indent:2em;}
</style>
</head>
<body>
<h1>支付宝新动向</h1>
<h2>支付宝进军农村支付市场</h2>
<p>
12 月 19 日下午消息，支付宝公司确认，已于今年 7 月成立了新农村事业部，意在扩展三四线城市和农村的非电商类的用户规模。
</p><p>
支付宝方面表示，支付宝的新农村事业部目前在农村的拓展将分两路并进，分别是农村便民支付普及和农村金融服务合作。
</p><p>
农村便民支付普及方面，支付宝计划与各大农商行、电信经销网点合作，为农村用户提供各种支付应用的指导和咨询服务，从而实现网络支付的农村普及。
</p>
<p>比如，新农村事业部会与一些贷款公司和涉农机构合作。贷款机构将资金通过支付宝借贷给农户，资金不流经农户之手而是直接划到卖房处。比如，农户需要贷款购买化肥，那贷款机构的资金直接通过支付宝划到化肥商家处。
这种贷后资金监控合作模式能够确保借款资金定向使用，降低法律和坏账风险。此外，可以减少涉事公司大量人工成本，便于公司信息数据统计，并完善用户的信用记录。
支付宝方面认为，三四线城市和农村市场已经成为电商和支付企业的下一个金矿。2012 年淘宝天猫的交易额已经突破 1 万亿，其中三四线以下地区的增长速度超过 60%，远高于一二线地区。
</p>
</body>
</html>
```

上面的 CSS 代码除了 column-count 属性设置外，其他样式属性和上一个例子基本相同，就不再介绍了。

在 Firefox 中浏览效果如下图所示，可以看到页面根据指定的情况显示了 4 列布局，其布局宽度由浏览器自动调整。

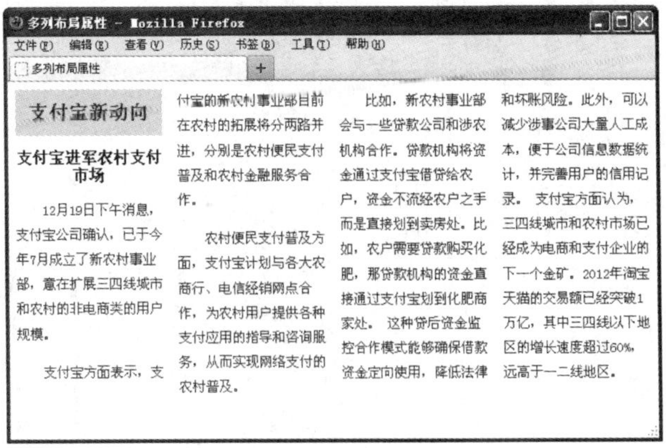

12.3.3 设置列间距

在多列布局中，可以根据内容和喜好的不同，调整多列布局中列之间的距离，从而完成整体版式规划。在 CSS3 中，column-gap 属性用于定义两列之间的间距。

column-gap 语法格式如下：

```
column-gap: normal | <length>
```

其中属性值 normal 表示根据浏览器默认设置进行解析，一般为 1em；属性值<length>表示值是由浮点数和单位标识符组成的长度值，不可为负值。

【案例 12-8】如下代码就是一个设置列间距的实例（详见随书光盘中的“源代码\ch12\12.8.html”）。

```
<html>
<head>
<title>多列布局属性</title>
<style>
body{
   -moz-column-count:2; /*Webkit 引擎定义多列布局列数*/
   column-count:2; /*CSS3 定义多列布局列数*/
   -moz-column-gap:5em; /*Webkit 引擎定义多列布局列间距*/
   column-gap:5em; /*CSS3 定义多列布局列间距*/
   line-height:2.5em;
}
h1{
    color:#333333;
     background-color:#DCDCDC;
     padding:5px 8px;
     font-size:20px;
     text-align:center;
      padding:12px;
}
h2{
   font-size:16px;text-align:center;
}
p{color:#333333;font-size:14px;line-height:180%;text-indent:2em;}
</style>
</head>
<body>
<h1>支付宝新动向</h1>
<h2>支付宝进军农村支付市场</h2>
<p>
12 月 19 日下午消息，支付宝公司确认，已于今年 7 月成立了新农村事业部，意在扩展三四线城市和农村的非电商类的用户规模。
</p><p>
支付宝方面表示，支付宝的新农村事业部目前在农村的拓展将分两路并进，分别是农村便民支付普及和农村金融服务合作。
</p><p>
```

```
农村便民支付普及方面，支付宝计划与各大农商行、电信经销网点合作，为农村用户提供各种支付应用的指导和咨询服务，从而实现网络支付的农村普及。
</p>
</body>
</html>
```

上面代码中，使用-moz-column-count 私有属性设定了多列布局的列数，-moz-column-gap 私有属性设定列间距为 5em、行高为 2.5em。

在 Firefox 中浏览效果如下图所示，可以看到页面还是分为两列，但列之间的距离相比原来增大了不少。

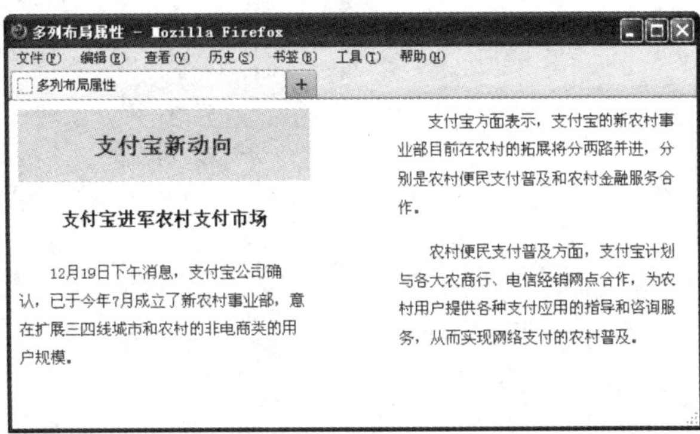

12.3.4 设置列边框样式

边框是样式属性中不可缺少的属性之一，通过边框可以很容易地界定边框内容，从而划分不同的区域。在多列布局中，同样可以设置多列布局的边框，用于区分不同的列数。在 CSS3 中，边框样式使用 column-rule 属性定义，包括边框宽度、边框颜色和边框样式等。

column-rule 语法格式如下：

```
column-rule: <length> | <style> | <color>
```

其中属性值含义如表 12-1 所示。

表 12-1 column-rule 属性值

属 性 值	含 义
<length>	由浮点数和单位标识符组成的长度值，不可为负值。用于定义边框宽度，其功能和 column-rule-width 属性相同
<style>	定义边框样式，其功能和 column-rule-style 属性相同
<color>	定义边框颜色，其功能和 column-rule-color 属性相同

为了方便网页设计时设计灵活的边框，CSS3 在 column-rule 属性的基础上派生了 3 个列边框属性，分别为 column-rule-width、column-rule-style 和 column-rule-color。

column-rule-color 属性用于定义边框颜色，其颜色值接受 CSS3 支持的所有颜色值。column-rule-width 属性定义边框宽度，其属性值可以是任意浮点数。column-rule-style 属性定义边框样式，其属性值和 border-style 属性值相同，即包括 none、hidden、dotted、dashed、solid、 double、groove、ridge、inset 和 ouset。

【案例 12-9】如下代码就是一个设置列边框样式的实例（详见随书光盘中的“源代码\ch12\12.9.html”）。

```
<html>
<head>
<title>多列布局属性</title>
<style>
body{
   -moz-column-count:3;
   column-count:3;
   -moz-column-gap:3em;
   column-gap:3em;
   line-height:2.5em;
   -moz-column-rule:dashed 2px gray;/*Webkit 引擎定义多列布局边框样式*/
   column-rule:dashed 2px gray; /*CSS3 定义多列布局边框样式*/
}
h1{
    color:#333333;
     background-color:#DCDCDC;
     padding:5px 8px;
     font-size:20px;
     text-align:center;
      padding:12px;
}
h2{
   font-size:16px;text-align:center;
}
p{color:#333333;font-size:14px;line-height:180%;text-indent:2em;}
</style>
</head>
<body>
<h1>支付宝新动向</h1>
<h2>支付宝进军农村支付市场</h2>
<p>
12 月 19 日下午消息，支付宝公司确认，已于今年 7 月成立了新农村事业部，意在扩展三四线城市和农村的非电商类的用户规模。
</p><p>
支付宝方面表示，支付宝的新农村事业部目前在农村的拓展将分两路并进，分别是农村便民支付普及和农村金融服务合作。
</p><p>
农村便民支付普及方面，支付宝计划与各大农商行、电信经销网点合作，为农村用户提供各种支付应用的指导和咨询服务，从而实现网络支付的农村普及。
</p>
</body>
</html>
```

在 body 标记选择器中定义了多列布局的列数、列间距和列边框样式，其边框样式是灰色破折线样式，宽度为 2 像素。

在 Firefox 中浏览效果如下图所示，可以看到页面列之间添加了一个边框，其样式为破折线。

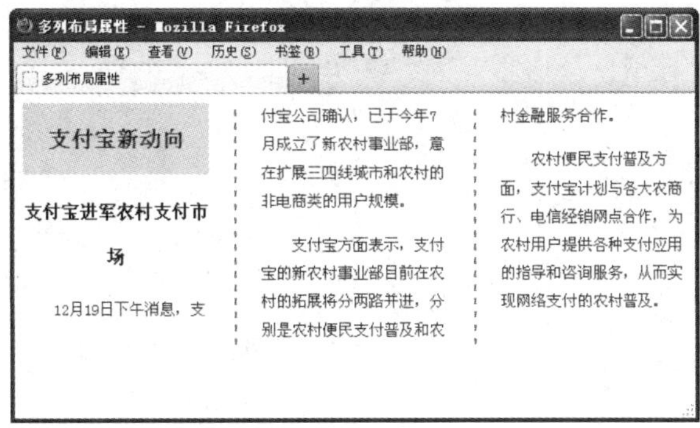

12.4 技能训练 1——制作当当网布局

在复杂的首页中，往往不是一种单一的结构，而是多种布局混合排版，但其中多列排版布局是不错的选择。

本实例模拟当当网首页中一个左中右排版布局，其中左侧、右侧和中部 3 个 DIV 容器宽度固定。创建一个左中右三列布局，现在有 3 种方式，一种是浮动布局，一种是定位布局，还有一种是 CSS3 的多列布局。这里使用了浮动布局，并固定左中右三侧宽度。实例完成后，效果如下图所示。

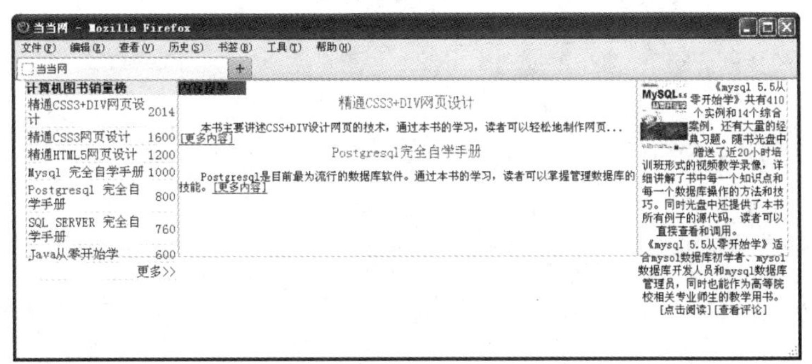

如下代码就是一个设计上述目标的实例（详见随书光盘中的“源代码\ch12\12.10.html”）。具体操作步骤如下。

Step01 从上图效果可以看出，需要使用 3 个层分别设置左侧内容、中间内容和右侧内容，并将这 3 个 DIV 层都保护在一个 DIV 布局容器中，方便排版和调整。其代码如下：

```
<html>
<head>
<title>当当网</title>
</head>
```

```
<body>
<div class="big">
  <div class="left">
   <h3>计算机图书销量榜</h3>
   <table border=0 width=178px>
    <tr><td align=left>精通 CSS3+DIV 网页设计</td><td
 align=right>2014</td></tr>
    <tr><td align=left>精通 CSS3 网页设计</td><td align=right>1600</td></tr>
    <tr><td align=left>精通 HTML5 网页设计</td><td
 align=right>1200</td></tr>
    <tr><td align=left>Mysql 完全自学手册</td><td
 align=right>1000</td></tr>
    <tr><td align=left>Postgresql 完全自学手册</td><td
 align=right>800</td></tr>
    <tr><td align=left>SQL SERVER 完全自学手册</td><td align=right>
 760</td></tr>
    <tr><td align=left>Java 从零开始学</td><td align=right>600</td></tr>
    <tr><td colspan=2 align=right>更多>></td></tr>
   </table>
  </div>
  <div class="middle">
  <h3>内容提要</h3>
  <p class=title>精通 CSS3+DIV 网页设计</p>      <p class=content>本书主要讲述
CSS+DIV 设计网页的技术，通过本书的学习，读者可以轻松地制作网页...<a href="">[更多
内容]</a>
</p>
<p class=title>Postgresql 完全自学手册</p>
<p class=content>Postgresql 是目前最为流行的数据库软件。通过本书的学习，读者可以
掌握管理数据库的技能。<a href="">[更多内容]</a></p>
</div>
  <div class="right">
<img src=98.jpg >
<p>《mysql 5.5 从零开始学》共有 410 个实例和 14 个综合案例，还有大量的经典习题。随书
光盘中赠送了近 20 小时培训班形式的视频教学录像，详细讲解了书中每一个知识点和每一个数据库操
作的方法和技巧。同时光盘中还提供了本书所有例子的源代码，读者可以直接查看和调用。
《mysql 5.5 从零开始学》适合 mysol 数据库初学者、mysol 数据库开发人员和 mysql 数据库
管理员，同时也能作为高等院校相关专业师生的教学用书。
</div>
</div>
</body>
</html>
```

上述代码定义了层 big 作为布局容器，层 left 作为左侧容器，层 middle 作为中间容器，层 right 作为右侧容器。

在 Firefox 中浏览效果如下图所示，可以看到页面信息从上到下自动排列，没有任何修饰样式。

Step02 添加 CSS 代码，定义全局样式，代码如下：

```
<style>
* {
  padding:0px;
  margin:0px;
}
body {
  font-family:"宋体";
  font-size:12px;
}
.big {
  width:900px;
  margin:0 auto 0 auto;
  height:300px;
}
</style>
```

上述代码定义了全局的显示样式，例如在 body 标记选择器中定义了字形为“宋体”，字体大小为 12 像素；在类选择器 big 中定义了布局容器宽度为 900 像素，高度为 300 像素，上下外边距为 0，左右外边距自动调整。

在 Firefox 中浏览效果如下图所示，可以看到字体变小，网页在一定范围内显示。

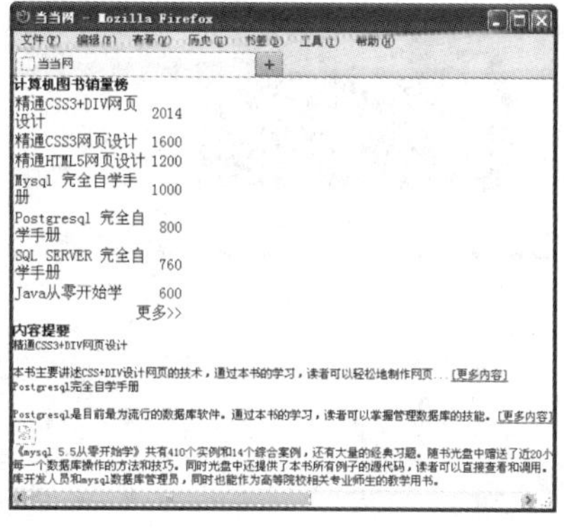

Step03 添加 CSS 代码，定义左侧样式，代码如下：

```
.left {
 width:178px;
 float:left;
 height:200px;
            border:1px solid #CBCBCB;
}
.left h3{
    background-color:E9E9E9;
    text-align:left;
    font-weight:bolder;
}
.left table td{
            list-style-type:none;
            font-size:15px;
            border-bottom:1px dotted #ddeecc;
            color:#234628;
            font-family:"宋体";
   }
```

上面代码中，选择器 left 定义了层宽度为 178 像素、高度为 200 像素，在网页左边浮动布局。下面分别定义标题 h3 和表格单元格的显示样式，例如对齐方式、字体大小、边框样式等。

在 Firefox 中浏览效果如下图所示，可以看到页面左侧以绿色字体显示，并且每行文本下面带绿色边框。

Step04 添加 CSS 代码，定义中间样式。

```
.middle {
 width:538px;
 float:left;
 height:200px;
  border:1px solid #CBCBCB;
```

```
}
.middle h3{
       background-color:red;
        width:80px;
}
.title{
    font-size:16px;
    color:red;
    text-align:center;
}
.content{
    text-indent:2em;
    line-height:12px;
    font-size:13px;
}
```

上面代码中，选择器 middle 定义了中间宽度为 538 像素、高度为 200 像素、边框样式和浮动布局。其他选择器对背景色、对齐方式，颜色、行高和缩减进行了定义。

在 Firefox 中浏览效果如下图所示，可以看到中间部分带有边框显示，边框中以红色显示标题信息，段落缩进两个文字。

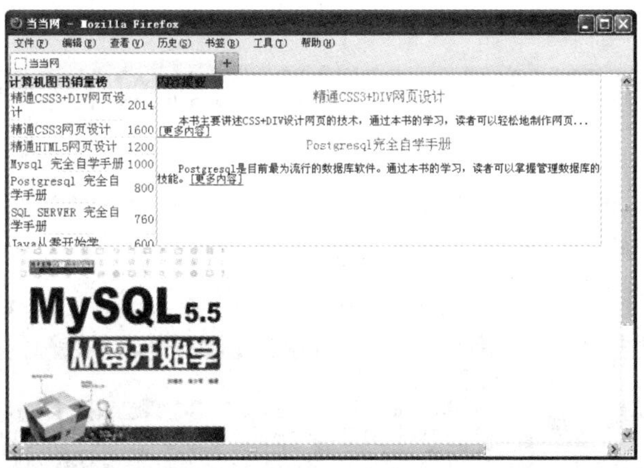

Step05 添加 CSS 代码，定义右侧样式。

```
.right {
  width:178px;
  float:left;
  height:200px;
  text-align:center;
   border:1px solid #CBCBCB;
}
img{
       float:left;
       max-height:80px;

}
```

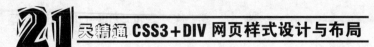

```
.right p{
    font-size:10px;
    text-indent:2em;
}
```

上面 right 选择器定义了右侧容器宽度为 178 像素、高度为 200 像素、居中对齐、浮动在左侧显示和边框样式。下面的选择器对图片和段落进行了样式定义。

在 Firefox 中浏览效果如下图所示，可以看到页面 3 个矩形框并列在页面显示，右侧显示了一张图片和段落，文本信息环绕图片显示。

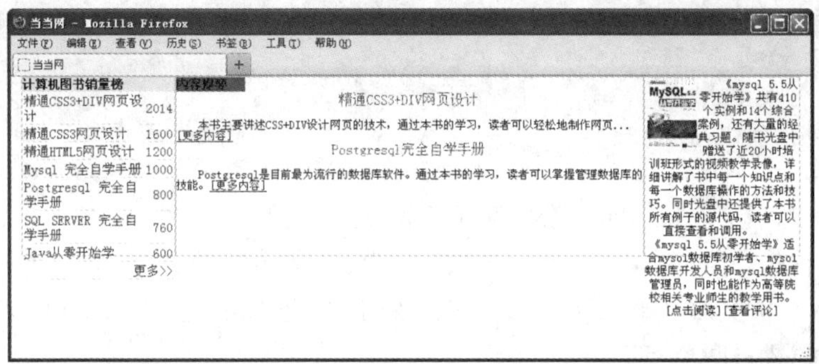

12.5 技能训练 2——制作团购网的促销页面

本实例模拟一个团购网的促销首页。创建一个上中下结构网页，如果宽度固定就非常容易了。这里需要创建 4 个 DIV 层，一个用来作为布局容器，另外 3 个分别对应上、中、下 3 块。效果如下图所示。

如下代码就是一个设计上述目标的实例（详见随书光盘中的“源代码\ch12\12.11.html”）。具体操作步骤如下。

Step01 创建 HTML，使用 DIV 层分块，代码如下：

```
<html>
<head>
<title>团购首页</title>
```

```
</head>
<body>
<div class="big">
  <div class="logo">
  <img src="07.jpg" />
  </div>
    <div class="up">
    <br />
      <h1>火锅品牌介绍</h1>
      <p> 刘一手无论是在重庆老家还是在北京上海广州都算得上是火锅中的战斗机，大大小小的铺面占据着这些城市的主要餐饮路段，分外抢眼。刘一手火锅先后被评为重庆名火锅，巴渝名火锅，中国火锅十佳著名品牌，中国质量万里行定点单位，全国绿色餐饮企业，中国连锁企业五十强，质量信誉双满意单位，重庆市首届诚信经营示范单位、中国优秀品牌、中国知名商标、中国餐饮诚信经营示范单位、中国餐饮 50 强等称号。
  </p>
      <p>  刘一手火锅！火锅中的战斗机！仅 168 元！享原价 282 元重庆刘一手 8 人火锅套餐：内蒙羔羊肉+一号肥牛+大红虾+口感肉片+鱼豆腐+蟹肉棒+香辣三宝丸+千张+大白菜+龙口粉丝+冬瓜+黄瓜片+白豆腐+金针菇+菌汤鸳鸯锅+小料 8 位+餐巾纸！无需预约！午晚通用！周末通用！
</p>
    </div>
        <div class="foot">
        <br />
          <p><a href="#">首页</a> | <a href="#">美食</a> | <a href="#">娱乐</a> | <a href="#">电影</a> | <a href="#">酒店</a></p>
            <p>2011 &copy; 英达工作室 技术支持</p>
        </div>
</div>
</body>
</html>
```

上面代码中，定义了 4 个层，其中 big 层作为布局容器，logo 层作为页头部分，up 层作为页面主体，foot 层作为页脚部分。

在 Firefox 中浏览效果如下图所示，可以看到页面从上到下显示 3 个部分：图片、段落和导航菜单。

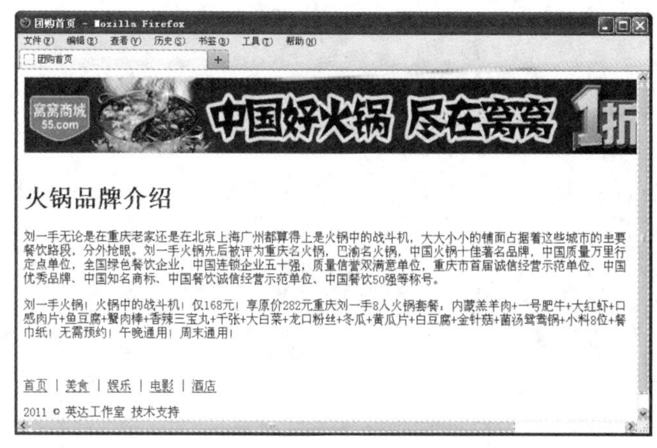

Step02 添加 CSS 样式，定义全局样式，代码如下：

```
<style>
* {
  padding:0px;
  margin:0px;
}
body {
  font-family:"宋体";
  font-size:12px;
}
.big {
  width:800px;
  margin:0 auto 0 auto;
}
</style>
```

上面代码中，在 body 选择器中定义了页面字形为“宋体”，字体大小是 12 像素；big 选择器中定义了布局容器宽度为 800 像素和外边距等。

在 Firefox 中浏览效果如下图所示，可以看到图片和文字居中显示，并且字体大小发生了变化。

Step03 添加 CSS 样式，修饰页头部分，代码如下：

```
.logo {
  width:800px;
  height:100px;
}
```

上面代码中，选择器 logo 定义了页头部分，宽度为 800 像素，高度为 100 像素。此页面只是图片高度发生变化，这里就不再显示了。

Step04 添加 CSS 样式，修饰中间样式，代码如下：

```
.up{
  width:800px;
  margin:5px auto 20px auto;
             border:#0066FF 1px solid;
  }
.up h1{
  font-size:18px;
```

```
     text-align:center;
     margin-bottom:10px;
     }
   .up p{
                text-indent:2em;
   }
```

上面代码中，up 选择器定义了页面主体宽度为 800 像素、边框样式和外边距等。下面的选择器定义了标题颜色。

在 Firefox 中浏览效果如下图所示，可以看到页面主体部分以边框形式显示，段落缩进两个字符显示。

Step05 添加 CSS 样式，修饰页脚部分，代码如下：

```
  .foot{
   width:800px;
   height:80px;
   text-align:center;
   margin-top:5px;
   }
  .foot p{
   margin-bottom:5px;
              font-style:italic;
   }
  a{
     line-height:20px;
     color:#000000;
     text-decoration:none;
     text-align:center;
     }
  a:hover{
     color:#0000FF;
     text-decoration:underline;
     }
```

上面代码中，foot 选择器定义了页脚部分宽度为 800 像素、高度为 80 像素，文本居中对齐，上外边距为 5 像素。下面的选择器分别定义了段落、超链接的显示样式。

在 Firefox 中浏览效果如下图所示，可以看到页脚部分显示了一个简单的导航菜单和版权信息，文字以斜体显示。

第3部分

CSS的高级应用

掌握了CSS+DIV网页布局的方法后，用户还需要掌握CSS的高级应用，包括CSS与JavaScript的综合应用、CSS与XML的搭配使用和CSS与Ajax的混合应用等。

3天学习目标

- □ 增加网页的动态效果——CSS与JavaScript的混合应用
- □ 这不再是神奇的传说——CSS与XML的混合应用
- □ 踏上革命性的征程——CSS与Ajax的混合应用

1 第13天

增加网页的动态效果——CSS与JavaScript的混合应用

13.1 JavaScript概述
13.2 JavaScript语法基础
13.3 技能训练1——制作字体的跑马灯效果
13.4 技能训练2——文字升降特效
13.5 技能训练3——打字效果的文字
13.6 技能训练4——跟随鼠标移动的图片

2 第14天

这不再是神奇的传说——CSS与XML的混合应用

14.1 XML概述
14.2 XML语法基础
14.3 CSS修饰XML文件
14.4 技能训练1——制作古诗字画
14.5 技能训练2——制作销售清单
14.6 技能训练3——制作新闻页面

3 第15天

踏上革命性的征程——CSS与Ajax的混合应用

15.1 Ajax概述
15.2 Ajax的工作流程
15.3 CSS在Ajax中的应用

第 13 天 增加网页的动态效果——CSS 与 JavaScript 的混合应用

学时探讨：

今日主要探讨 CSS 与 JavaScript 混合应用技术。JavaScript 是目前 Web 应用程序开发者使用最为广泛的客户端脚本编程语言，不仅可用来开发交互式的 Web 页面，还可以和 CSS 一起混合使用，从而制作出精美漂亮的网页。本章将介绍 JavaScript 概述、JavaScript 的基本语法和使用 JavaScript 制作的常见效果。

学时目标：

通过此章节 JavaScript 的学习，读者可学会 JavaScript 的语法知识和使用方法等知识。

13.1 JavaScript 概述

JavaScript 是一种面向对象、结构化、多用途的语言，它支持 Web 应用程序的客户端和服务器方面构件的开发。在客户端，利用 JavaScript 脚本语言，可以设计出多种网页特效，从而增加网页浏览量。

13.1.1 JavaScript 概念

JavaScript 是一种脚本编写语言，它采用小程序段的方式实现编程。与其他脚本语言一样，JavaScript 同样也是一种解释性语言，它提供了一个简易的开发过程。JavaScript 是一种基于对象的语言，同时也可以看成是一种面向对象的语言。这意味着它具有定义和使用对象的能力。因此，许多功能可以由脚本环境中对象的方法与脚本之间进行相互写作来实现。

JavaScript 是动态的，它可以直接对用户或客户输入的数据做出及时响应，无须经过 Web 服务程序。它对用户请求的响应是采用以事件驱动的方式进行的。所谓事件驱动，是指在主页中执行某种操作时所产生的动作，就称为“事件”。例如，按下鼠标、移动窗口、选择菜单等都可以视为事件。当“事件”被触发时，可能会引起相应的事件响应处理。

JavaScript 具有以下几个特点。

（1）它是一种描述语言，通过浏览器就可以直接运行。

（2）必须编写在 HTML 文件中，直接查看网页的源码，就可以看到 JavaScript 程序，所以没有保护，任何人都可以通过 HTML 文件复制程序。

（3）结构较为自由松散，例如，程序中使用变量前并不需要明确的定义，区分大小写。

（4）不具有读/写文件及网络控制等功能。

13.1.2 JavaScript 引用

在 HTML 文档中使用 JavaScript 有两种方式，一种是使用<script>标记将语句嵌入文档，另一种是将 JavaScript 做成独立的文件引入到 HTML 文档中。

1. 嵌入 JavaScript 代码

如果在 HTML 文件中嵌入 JavaScript 代码，需要在<head>标记中间嵌入一个<script>标记，如下：

```
<script language="JavaScript">脚本程序</script>
```

此代码语句表示在 HTML 文档里嵌入了一段脚本程序，脚本语言为 JavaScript，中间放置的是脚本程序。

【案例 13-1】如下代码就是一个 JavaScript 引用的实例（详见随书光盘中的“源代码\ch13\13.1.html”）。

```
<HTML>
<HEAD>
  <SCRIPT LANGUAGE = "JavaScript">
    document.write("通过案例可以快速掌握 JavaScript 知识");
 </SCRIPT>
</HEAD>
<BODY>
  <P>学习 JavaScript 最好的方法是多动手操作
</BODY>
</HTML>
```

该实例的功能是在 HTML 文档里输出一个字符串，即“通过案例可以快速掌握 JavaScript 知识”。

在 Firefox 中浏览效果如下图示，可以看到网页输出了两句话，其中第一句就是 JavaScript 中的输出语句。

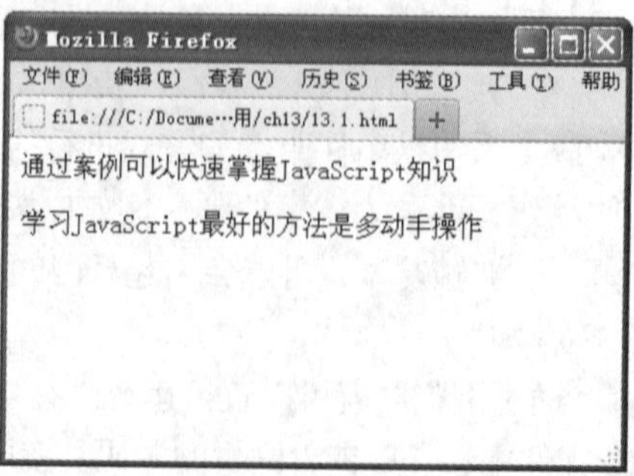

在 JavaScript 的语法中，分号“;”是 JavaScript 程序作为一个语句结束的标识符。

2. 导入 JavaScript 文件

如果要导入 JavaScript 文件，需要将 JavaScript 做成一个独立文件，然后使用<script>标记将其引入到 HTML 文件中。其引入格式如下：

```
<SCRIPT SRC = "hm_19.js"></SCRIPT>
```

【案例 13-2】如下代码就是一个 JavaScript 文件的实例（详见随书光盘中的“源代码\ch13\13.2.html）

```
<HTML>
<HEAD>
<TITLE>使用外部文件</TITLE>
<SCRIPT SRC = "13.1.js"></SCRIPT>
</HEAD>
<BODY>
<P>开始学习 JavaScript 的知识
</BODY>
</HTML>
```

在 Firefox 中浏览效果如下图示，可以看到网页首先弹出一个对话框，显示提示信息。单击【确定】按钮后，会显示网页内容。

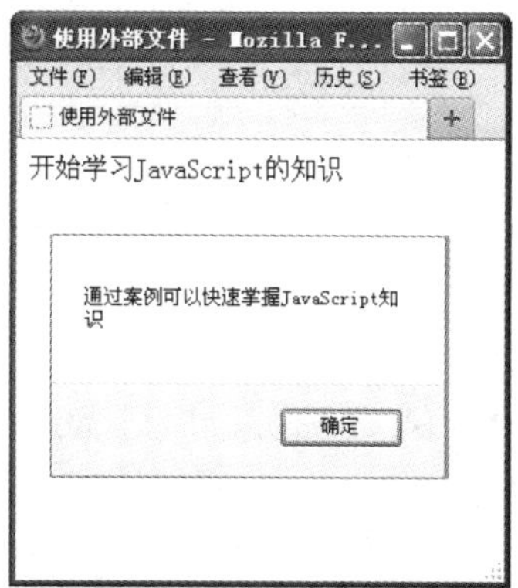

13.1.3 JavaScript 与 CSS

JavaScript 和 CSS 一个共同的特点，就是二者都是在浏览器上解析并运行的。CSS 用于设置网页上的样式和布局，从而增加网页特效。而 JavaScript 是一种脚本语言，可以直接在网页上被浏览器解释运行。如果将 JavaScript 的程序和 CSS 的静态效果结合起来，就可以创建出大量的动态特效，即使用 JavaScript 的循环、分支语句来控制 CSS 样式的不断转换。

对于动态特效，实际上前面 CSS 已经有了实现，例如当鼠标停留在表格中的某一行时会显示一种颜色，不停留时会显示另外一种颜色。同样对于其他 HTML 元素，可以用 JavaScript 动态判断，从而调用不同的 CSS 样式。

JavaScript 和 CSS 的结合运用对喜爱网页特效的浏览者来说是一大喜讯。作为一个网页设计者，通过对 JavaScript 和 CSS 的学习，可以创作出大量的网页特效。

13.2 JavaScript 语法基础

JavaScript 是一种脚本语言，并具有自己的数据类型、变量标识符、运算符和流程控制。但它是一种弱类型语言，非常容易学习和掌握。

13.2.1 数据类型

在 JavaScript 中有 4 种基本的数据类型：数值（整数和实数）、字符串型（用""号或"括起来的字符或数值）、布尔型（使用 true 或 false 表示）和空值。此外，JavaScript 还定义了其他复合数据类型，例如 Date 对象是一个日期和时间类型。

JavaScript 具有的数据类型如表 13-1 所示。

表 13-1　JavaScript 的基本数据类型

数据类型	数据类型名称	示　例
number	数值类型	123、071（十进制）、0X1fa（十六进制）
string	字符串类型	'Hello'、'get the &'、'b@911.com'、"Hello"
object	对象类型	Date、Window、Document、Function
boolean	布尔类型	true 和 false
null	空类型	null
undefined	未定义类型	没有被赋值的变量所具有的“值”

1. 数值型

JavaScript 的数值类型可以分为 4 类，即整数、浮点数、内部常量和特殊值。

整数可以为正数、0 或者负数；浮点数可以包含小数点，也可以包含一个“e”（大小写均可，在科学记数法中表示“10 的幂”），或者同时包含这两项。整数可以以 10（十进制）、8（八进制）和 16（十六进制）作为基数来表示。

内部常量和特殊值一般不常用，在这里就不再详细介绍了。

2. 字符串

字符串是用一对单引号（' '）或双引号（" "）和引号中的部分构成的。一个字符串也是 JavaScript 中的一个对象，有专门的属性。

引号中间的部分可以是任意多的字符，如果没有则是一个空字符串。如果要在字符串中使用双引号，则应该将其包含在使用单引号的字符串中，使用单引号时则反之。

3. 布尔型

布尔类型 boolean 表示一个逻辑数值，用于表示两种可能的情况。逻辑真，用 true 表示；逻辑假，用 false 表示。通常使用 1 表示真，0 表示假。

4. 未定义类型

未定义数据类型 undefined 表示变量被创建后，该变量未被赋过值，那么此时变量的值就是未定义数据类型。对于数字，未定义数值表示 NaN；对于字符串，未定义数值表示 undefined；对于逻辑数值，未定义数值表示为假。

5．null

在 JavaScript 里，使用 null 声明的变量并不是 0。null 是一个特殊的类型，它表示一个空值，即没有值，而不是 0，0 是有值的。

由于 JavaScript 采用弱类型的形式，因而一个数据的变量或常量不必首先进行声明，而是在使用或赋值时确定其数据类型。当然也可以先声明该数据类型，它是通过在赋值时自动说明其数据类型的。

13.2.2 变量

在 JavaScript 中使用 var 关键字来声明变量，其语法格式如下：

```
var var_name;
```

JavaScript 是一种区分大小写的语言，因此变量 temp 和变量 Temp 代表不同的含义。另外，在命名变量时必须遵循以下规则：

（1）变量名由字母、数字、下画线和美元符组成。

（2）变量名必须以字母、下画线（_）或美元符（$）开始。

（3）变量名不能是保留字。

JavaScript 语言使用等于号（=）给变量赋值，等号左边是变量，等号右边是数值。对变量赋值的语法如下：

```
变量 = 值;
```

JavaScript 里的变量分为全局变量和局部变量两种。其中局部变量就是在函数里定义的变量，在这个函数里定义的变量仅在该函数中有效。如果不写 var，直接对变量进行赋值，那么 JavaScript 将自动把这个变量声明为全局变量。

使用示例如下：

```
var yourAppleNumber = 100
//等价于
var yourAppleNumber
yourAppleNumber = 100
```

13.2.3 运算符

在 JavaScript 的程序中要完成各种各样的运算，是离不开运算符的。它用于将一个或几个值进行运算而得出所需要的结果值。在 JavaScript 常用的运算符有算术运算符、逻辑运算符和比较运算符。

1. 算术运算符

算术运算符是最简单、最常用的运算符，所以有时也称它们为简单运算符。可以使用它们进行通用的数学计算，如表 13-2 所示。

表 13-2　算术运算符

运 算 符	说　　明	示　　例
+	加法运算符，用于实现对两个数字进行求和	x+100、100+1000、+100
-	减法运算符或负值运算符	100-60、-100
*	乘法运算符	100*6
/	除法运算符	100/50
%	求模运算符，也就是算术中的求余	100%30
++	将变量值加 1 后再将结果赋值给该变量	x++用于在参与其他运算之前先将自己加 1，再用新的值参与其他运算 ++x 用于先用原值与其他运算后，再将自己加 1
--	将变量值减 1 后再将结果赋值给该变量	x--、--x，与++的用法相同

2. 比较运算符

比较运算符用于对运算符的两个表达式进行比较，然后根据比较结果返回布尔类型的值，例如，比较两个值是否相同或比较两个数字值的大小等。表 13-3 中列出了 JavaScript 支持的比较运算符。

表 13-3　比较运算符

运 算 符	说　　明	示　　例
==	判断左右两边表达式是否相等，当左边表达式等于右边表达式时返回 true，否则返回 false	Number == 100 Number1 == Number2
!=	判断左边表达式是否不等于右边表达式，当左边表达式不等于右边表达式时返回 true，否则返回 false	Number != 100 Number1 != Number2
>	判断左边表达式是否大于右边表达式，当左边表达式大于右边表达式时返回 true，否则返回 false	Number > 100 Number1 > Number2
>=	判断左边表达式是否大于等于右边表达式，当左边表达式大于等于右边表达式时返回 true，否则返回 false	Number >= 100 Number1 >= Number2
<	判断左边表达式是否小于右边表达式，当左边表达式小于右边表达式时返回 true，否则返回 false	Number < 100 Number1 < Number2
<=	判断左边表达式是否小于等于右边表达式，当左边表达式小于等于右边表达式时返回 true，否则返回 false	Number <= 100 Numer <= Number2

3. 逻辑运算符

逻辑运算符通常用于执行布尔运算，它们常和比较运算符一起使用来表示复杂的比较运算，这些运算涉及的变量通常不止一个，而且常用于 if、while 和 for 语句中。表 13-4 列出 JavaScript 支持的逻辑运算符。

表 13-4　逻辑运算符

运 算 符	说　明	示　例
&&	逻辑与，若两边表达式的值都为 true，则返回 true；任意一个值为 false，则返回 false	100>60 &&100<200 返回 true 100>50&&10>100 返回 false
||	逻辑或，只有表达式的值都为 false 时，才返回 false	100>60||10>100 返回 true 100>600||50>60 返回 false
!	逻辑非，若表达式的值为 true，则返回 false，否则返 true	!(100>60)返回 false !(100>600)返回 true

在 JavaScript 中，运算符具有明确的优先级与结合性。优先级用于控制运算符的执行顺序，具有较高优先级的运算符先于较低优先级的运算符执行；结合性则是指具有同等优先级的运算符将按照怎样的顺序进行运算，结合性有向左结合和向右结合。圆括号可用来改变运算符优先级所决定的求值顺序。

【案例 13-3】如下代码就是一个使用运算符的实例（详见随书光盘中的“源代码\ch13\13.3.html”）。

```
<HTML>
<HEAD>
<script language="javascript">
<!--
var a = 3+4*5;          //按照自动优先级进行
var b = (3+4)*5;        //用()改变运算优先级
alert("3+4*5="+a+"\n(3+4)*5="+b); //分行输出结果
//-->
</script>
</HEAD>
<BODY>
</BODY>
</HTML>
```

运行上述代码，结果如下图所示。从结果中可以看出，由于乘法的优先级高于加法，因此，表达式“3+4*5”的计算结果为 23；而在表达式“(3+4)*5”中则被圆括号“()”改变了运算符的优先级，括号内部分将优先于任何运算符而被最先执行，因此该语句的结果为 35。

除了上面介绍的常用运算符外，JavaScript 还支持条件表达式运算符“?”。这个运算符是个三元运算符，它有 3 个部分：一个计算值的条件和两个根据条件返回的真假值。格式如下：

```
条件 ? 表示式 1 : 表达式 2
```

在使用条件运算符时，如果条件为真，则使用表达式 1 的值，否则使用表达式 2 的值。示例如下：

```
( a> b ) ? 112 : 50
```

如果 a 的值大于 b 值，则表达式的值为 112；如果 a 的值小于或等于 b 值，则表达式的值为 50。

13.2.4 流程控制语句

JavaScript 编程中对流程的控制主要是通过条件判断、循环控制语句及 continue、break 来完成的。其中条件判断按预先设定的条件执行程序，它包括 if 语句和 switch 语句；而循环控制语句则可以重复完成任务，它包括 while 语句、do…while 语句及 for 语句。

1. if 语句

if 语句是使用最为普遍的条件选择语句，每一种编程语言都有一种或多种形式的 if 语句，在编程中它是经常被用到的。

其语法格式如下：

```
if(条件语句)
{
    执行语句;
}
```

其中的“条件语句”可以是任何一种逻辑表达式，如果“条件语句”的返回结果为 true，则程序先执行后面大括号{}对中的“执行语句”，然后执行它后面的其他语句；如果“条件语句”的返回结果为 false，则程序跳过“条件语句”后面的“执行语句”，直接去执行程序后面的其他语句。大括号的作用就是将多条语句组合成一个复合语句，作为一个整体来处理。如果大括号中只有一条语句，这对大括号{}可以省略。

【案例 13-4】如下代码就是一个使用 if 语句的实例（详见随书光盘中的“源代码\ch13\13.4.html”）。

```
<HTML>
<HEAD>
<script language="JavaScript">
<!--
var a=50;                         //定义变量 a
if(a>40)                          //进行条件判断
alert("a>40");                    //显示结果
//-->
```

```
</script>
</HEAD>
<BODY>
</BODY>
</HTML>
```

运行上述代码，显示结果如下图所示。其运行过程如下：if 语句先判断 a 的值是否大于 40，如果条件成立，则弹出“a>40”的提示，否则什么也不执行。

2. if...else 语句

if...else 语句通常用于一个条件需要两个程序分支来执行的情况。

其语法格式如下：

```
if(条件语句)
{
    执行语句块 1;
}
else
{
    执行语句块 2;
}
```

这种格式在 if 从句的后面添加一个 else 从句，这样当条件语句返回结果为 false 时，执行 else 后面部分的从句。

【案例 13-5】如下代码就是一个使用 if...else 语句的实例（详见随书光盘中的“源代码\ch13\13.5.html”）。

```
<HTML>
<HEAD>
<script language="JavaScript">
 <!--
   var a=1;        //a 值为 1
   if(a==10)       //a 值为 1，不满足此条件，不会执行下面的语句
   {
     alert("a==10");
   }
   else   //a 满足此条件，执行下面的语句
   {
```

```
        alert("a!=10");  //输出结果
      }
    //-->
   </script>
   </HEAD>
   <BODY>
   </BODY>
   </HTML>
```

运行上述代码，结果如下图所示。由于变量 a 的值为 1，所以弹出“a!=10”的提示。

3. swicth 选择语句

swicth 选择语句用于将一个表达式的结果同多个值进行比较，并根据比较结果选择执行语句。

其语法格式如下：

```
switch (表达式)
{
   case 取值 1 :
      语句块 1;break;
   case 取值 2 :
      语句块 2;break;
...
   case 取值 n:
   语句块 n;break;
   default :
      语句块 n+1;
}
```

case 语句相当于定义一个标记位置，程序根据 switch 条件表达式的结果，直接跳转到第一个匹配的标记位置处，开始顺序执行后面的所有程序代码，包括后面的其他 case 语句下的代码，直到碰到 break 语句或函数返回语句为止。default 语句是可选的，它匹配上面所有的 case 语句定义的值以外的其他值，也就是前面所有取值都不满足时，就执行 default 后面的语句块。

【案例 13-6】如下代码就是一个使用 swicth 选择语句的实例（详见随书光盘中的“源代码\ch13\13.6.html”）。

```
<html>
<head>
<title>switch 语句的应用</title>
<script language="JavaScript" type="text/javascript">
<!--
function btnOK()
{
 var txtBookId = document.all.txtBookId.value; //商品序号
 txtBookId = parseInt(txtBookId);
 switch(txtBookId)
 {
     case 1:
       window.alert("您选择的电器是：冰箱");
       break;
     case 2:
       window.alert("您选择的电器是：洗衣机");
       break;
     case 3:
       window.alert("您选择的电器是：空调");
       break;
     case 4:
       window.alert("您选择的电器是：彩电");
       break;
     default:
       window.alert("请输入正确的序号！");
       document.all.txtBookId.focus();
 }
}
//-->
</script>
</head>
<body>
<form action="#" name="frmSwitch">
 <table align="center" width="100%" border="1" cellspacing="0">
     <tr>
         <td colspan="2">输入团购商品号：</td>
     </tr>
     <tr>
         <td>1：冰箱</td>
         <td>2：洗衣机</td>
     </tr>
     <tr>
         <td>3：空调</td>
         <td>4：彩电</td>
     </tr>
     <tr>
```

```
            <td colspan="2">
                <input type="text" name="txtBookId">    
                <input type="button" value="购买" onclick="btnOK()">
            </td>
        </tr>
    </table>
</form>
</body>
</html>
```

运行以上代码，结果如下图所示，页面中显示可以购买的电器。

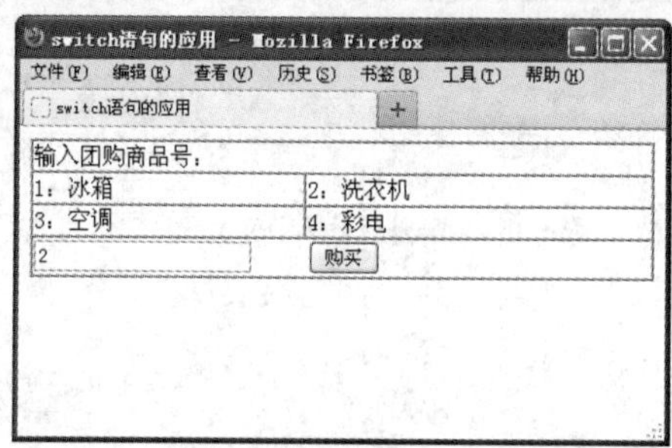

在上图的文本框中输入商品号。例如这里输入“2”，单击【确定】按钮，即可弹出购买的商品名称，效果如下图所示。

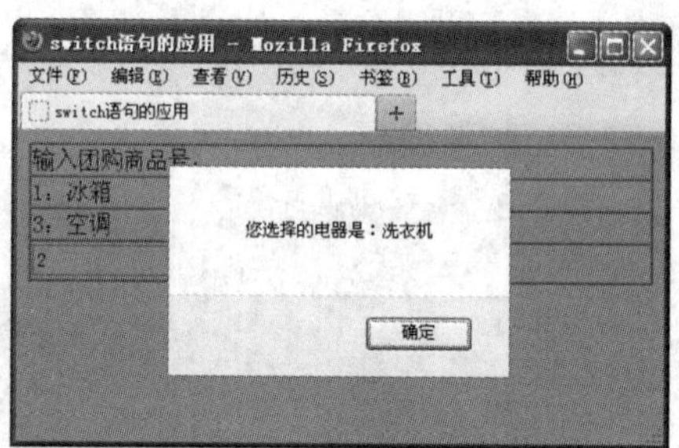

4. while 语句

while 语句是循环语句，也是条件判断语句。

其语法格式如下：

```
while(条件表达式语句)
{
  执行语句块
}
```

当“条件表达式语句”的返回值为 true 时，则执行大括号{}中的语句块，当执行完大括号{}中的语句块后，再次检测条件表达式的返回值，如果返回值还为 true，则重复执行大括号{}中的语句块，直到返回值为 false 时，结束整个循环过程，接着往下执行 while 代码段后面的程序代码。

【案例 13-7】如下代码就是一个使用 while 语句的实例（详见随书光盘中的“源代码\ch13\13.7.html”）。

```
<HTML>
<HEAD>
</HEAD>
<BODY>
  <table width="50%" border="1">
  <script language="JavaScript">
  <!--
     var n = 1;
     while( n <= 5 )                //循环 5 次
     {  //写出表格的列，共 5 行
      "<tr>"
      document.write( "<td align=center>" + "第 "+n+" 列</td>" );
      n++;
     }
    "</tr>"
    // -->
    </script>
   </table>
</BODY>
</HTML>
```

运行上述代码，结果如下图所示。其中，语句“n++;”是递增语句，和条件表达式“n<=5”共同决定了“{}”中代码的循环次数。“n++;”语句一定不可漏写，否则程序将陷入死循环。

5. do…while 语句

do…while 语句的功能和 while 语句差不多，只不过它是在执行完第一次循环之后才检测条件表达式的值，这意味着包含在大括号中的代码块至少要被执行一次，另外，do…while 语句结尾处的 while 条件语句的括号后有一个分号“;”。

其语法格式如下：

```
do
{
  执行语句块
}while(条件表达式语句);
```

【案例 13-8】如下代码就是一个使用 do…while 语句的实例（详见随书光盘中的“源代码\ch13\13.8.html”）。

```
<HTML>
<HEAD>
</HEAD>
<BODY>
<script language="JavaScript">
<!--
  var m = 1;
  do
   {
     document.write ("<p>这是第 "+m+" 个" );
     m++;
   }while(m<=5);
 //-->
</script>
</BODY>
</HTML>
```

运行上述代码，结果如下图所示。

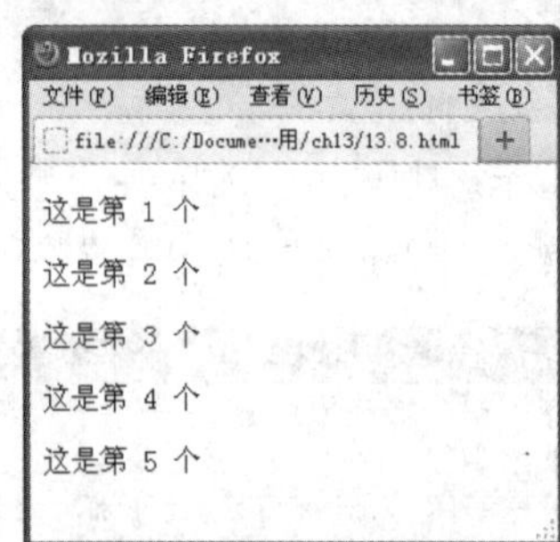

6. for 语句

for 语句通常由两部分组成，一部分是条件控制部分，一部分是循环部分。

其语法格式如下：

```
for(初始化表达式;循环条件表达式;循环后的操作表达式)
{
  执行语句块
}
```

在使用 for 循环前要先设定一个计数器变量，可以在 for 循环之前预先定义，也可以在使用时直接进行定义。在上述语法格式中，“初始化表达式”表示计数器变量的初始值；“循环条件表达式”是一个计数器变量的表达式，决定了计数器的最大值；“循环后的操作表达式”表示循环的步长，也就是每循环一次，计数器变量值的变化，该变化可以是增大的，也可以是减小的，或进行其他运算。for 循环是可以嵌套的，也就是在一个循环里还可以有另一个循环。

【案例 13-9】如下代码就是一个使用 for 语句的实例（详见随书光盘中的“源代码\ch13\13.9.html”）。

```
<html>
<head>
<title> for 语句示例</title>
<script language="JavaScript">
<!--
   for(var m=9;m>=1;m--)           //输出行
   {
   for(var n=9;n>=m;n--)           //输出列
   {
   if(n*m<10)                      //对所有的一位数增加前置空格
   {
   document.write(" ");
  }
  document.write(n*m+" "); //显示乘法表的行，两数之间由空格分开
 }
  document.write("<br>");          //每行输出结束后换行，开始下一行
  }
//-->
</script>
</head>
</html>
```

运行上述代码，结果如下图所示，利用两个 for 循环显示了倒置的九九乘法表。

除了上面的语句之外，JavaScript 还可以使用中断语句 break 和 continue。break 语句可以中止循环体中的执行语句和 switch 语句。一个无标号的 break 语句会把控制传给当前循环（while、do、for 或 switch）的下一条语句；如果有标号，控制会被传递给当前方法中带有这一标号的循环语句。continue 语句只能出现在循环语句（while、do、for）的循环体语句中；无标号的 continue 语句的作用是跳过当前循环的剩余部分，接着执行下一次循环。

13.2.5 函数

如果在一个程序中需要使用某个功能代码达到 10 次或更多，这时可以将这个功能代码组成一个可以调用的函数，通过调用该函数来执行相应的语句，这样程序就将变得非常简洁，

并便于后期进行维护。

在JavaScript中定义一个函数，必须以function关键字开头，函数名跟在关键字的后面，接着是函数参数列表和函数所执行的程序代码段。定义一个函数的格式如下：

```
function 函数名(参数列表)
{
    程序代码;
    return 表达式;
}
```

在上述格式中，参数列表表示在程序中调用某个函数时一串传递到函数中的某种类型的值或变量，如果这样的参数多于一个，那么两个参数之间需要用逗号隔开。虽然有些函数并不需要接收任何参数，但在定义函数时也不能省略函数名后面的那对小括号，保留小括号中的内容为空即可。

另外，函数中的程序代码必须位于一对大括号之间。如果主程序要求返回一个结果集，就必须使用return语句后面跟这个要返回的结果。当然，return语句后可以跟一个表达式，返回值将是表达式的运算结果。如果在函数程序代码中省略了return语句后的表达式，或者函数结束时没有return语句，这个函数就返回一个为undefined的值。

【案例13-10】如下代码就是一个使用函数制作计算器的实例（详见随书光盘中的“源代码\ch13\13.10.html”）。

```
<HTML>
<HEAD>
<TITLE>计算器</TITLE>
<SCRIPT language="JavaScript" >
 function compute(op)
  {
    var num1=0;
    var num2=0;
    num1=parseFloat(document.myform.num1.value);
    num2=parseFloat(document.myform.num2.value);
    if (op=="+")
document.myform.result.value=num1+num2  ;
    if (op=="-")
document.myform.result.value=num1-num2  ;
    if (op=="*")
document.myform.result.value=num1*num2  ;
    if (op=="/"  &&  num2!=0)
document.myform.result.value=num1/num2  ;
  }
</SCRIPT>
</HEAD>
<BODY>
<FORM action="" method="post" name="myform" id="myform">
  <P>第一个数
    <INPUT name="num1" type="text" id="num1" size="25">
```

```
    <BR>
    第二个数
    <INPUT name="num2" type="text" id="num2" size="25">
    </P>
  <P>
    <INPUT name="addButton" type="button" id="addButton" value="+"
onClick="compute('+')">
    <INPUT name="subButton" type="button" id="subButton" value="-"
onClick="compute('-')">
    <INPUT name="mulButton" type="button" id="mulButton" value="×"
onClick="compute('*')">
    <INPUT name="divButton" type="button" id="divButton" value="÷"
onClick="compute('/')">
  </P>
  <P>计算结果
    <INPUT name="result" type="text" id="result" size="25">
  </P>
</FORM>
<P>  </P>
</BODY>
</HTML>
```

在 Firefox 中浏览效果如下图所示，可以看到网页输入两个不同的数值，可以求它们的和、差、积和商。例如输入 10 和 30，然后单击【相乘】按钮，即可显示结果 300。

JavaScript 不但允许用户根据自己的需要自定义函数，而且还支持大量的系统函数。常用的系统函数如表 13-5 所示。

表 13-5　常用系统函数

函数名称	说　明
eval()	返回字符串表达式中的值
parseInt()	返回不同进制的数，默认是十进制，用于将一个字符串按指定的进制转换成一个整数
parseFloat()	返回实数，用于将一个字符串转换成对应的小数
escape()	返回对一个字符串进行编码后的结果字符串
encodeURI	返回一个对 URI 字符串编码后的结果
decodeURI	将一个已编码的 URI 字符串解码成最原始的字符串返回

续表

函数名称	说　明
unescape ()	将一个用 escape 方法编码的结果字符串解码成原始字符串并返回
isNaN()	检测 parseInt()和 parseFloat()函数返回值是否为非数值型，如果是，返回 true；否则，返回 false
abs(x)	返回 x 的绝对值
acos(x)	返回 x 的反余弦值（余弦值等于 x 的角度），用弧度表示
asin(x)	返回 x 的反正弦值
atan(x)	返回 x 的反正切值
atan2(x,y)	返回复平面内点(x,y)对应的复数的幅角，用弧度表示，其值在-π 到 π 之间
ceil(x)	返回大于等于 x 的最小整数
cos(x)	返回 x 的余弦
exp(x)	返回 e 的 x 次幂（e^x）
floor(x)	返回小于等于 x 的最大整数
log(x)	返回 x 的自然对数（lnx）
max(a,b)	返回 a、b 中较大的数
min(a,b)	返回 a、b 中较小的数
pow(n,m)	返回 n 的 m 次幂（n^m）
random()	返回大于 0 小于 1 的一个随机数
round(x)	返回 x 四舍五入后的值
sin(x)	返回 x 的正弦值
sqrt(x)	返回 x 的平方根值
tan(x)	返回 x 的正切值
isFinite()	如果括号内的数字是“有限”的（介于 Number.MIN_VALUE 和 Number.MAX_VALUE 之间）就返回 true；否则返回 false
toString()	用法：<对象>.toString()；把对象转换成字符串。如果在括号中指定一个数值，则转换过程中所有数值转换成特定进制

13.3　技能训练 1——制作字体的跑马灯效果

网页中有一种特效称为跑马灯，即文字从左到右自动输出，和晚上写字楼的广告霓虹灯非常相似。在网页中，如果 CSS 样式设计非常完美，就会设计出更加靓丽的网页效果。

设计跑马灯效果，需要使用 JavaScript 语言设置文字内容、移动速度和相应输入框，使用 CSS 设置显示文字样式，输入框用来显示水平移动文字。实例完成后，效果如下图所示。

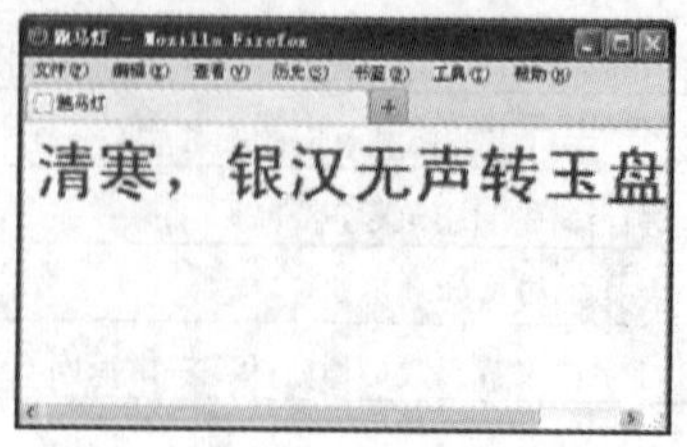

具体操作步骤如下。

Step01 创建 HTML，实现输入表单，代码如下：

```
<html>
<head>
<title>跑马灯</title>
  </head>
<body onLoad="LenScroll()">
<center>
<form name="nextForm">
<input type=text name="lenText">
</form>
</center>
</body>
</html>
```

上面代码非常简单，创建了一个表单，表单中存放了一个文本域，用于显示移动文字。

在 Firefox 中浏览效果如下图所示，可以看到页面中只存在一个文本域，没有其他显示信息。

Step02 添加 JavaScript 代码，实现文字移动，代码如下：

```
<script language="javascript">
var msg="暮云收尽溢清寒，银汉无声转玉盘。此生此夜不长好，明月明年何处看。";//移动文字
var interval = 400;             //移动速度
var seq=0;

function LenScroll() {
  document.nextForm.lenText.value = msg.substring(seq, msg.length) + "    " 
+ msg;
  seq++;
  if ( seq > msg.length )
    seq = 0;
  window.setTimeout("LenScroll();", interval);
}
</script>
```

上面代码中，创建了一个变量 msg 用于定义移动的文字内容，变量 interval 用于定义文字的移动速度，LenScroll()函数用于在表单输入框中显示移动信息。

在 Firefox 中浏览效果如下图所示，可以看到输入框中显示了移动信息，并且从右向左移动。

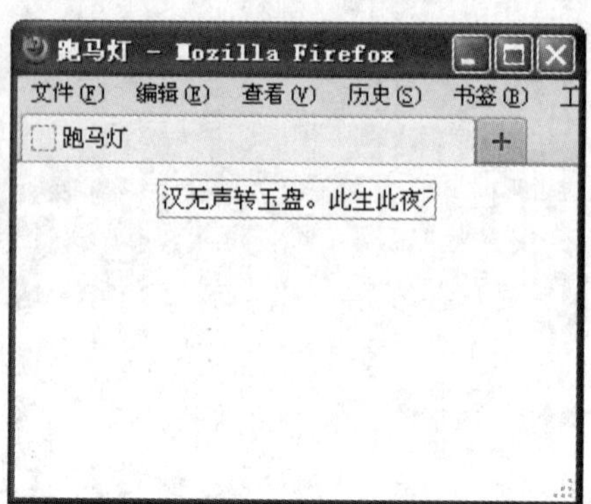

Step03 添加 CSS 代码，修饰输入框和页面，代码如下：

```
<style type="text/css">
<!--
body{
  background-color:#FFFFFF;  /* 页面背景色 */
}
input{
  background:transparent;    /* 输入框背景透明 */
  border:none;        /* 无边框 */
  color:red;
  font-size:45px;
  font-weight:bold;
  font-family:黑体;
}-->
</style>
```

上面代码设置了页面背景颜色为白色，在 input 标记选择器中定义了边框背景为透明，无边框，字体颜色为红色，大小为 45 像素，加粗并黑体显示。

在 Firefox 中浏览效果如下图所示，可以看到页面中相比较原来页面字体变大，颜色为黄色，没有输入框显示。

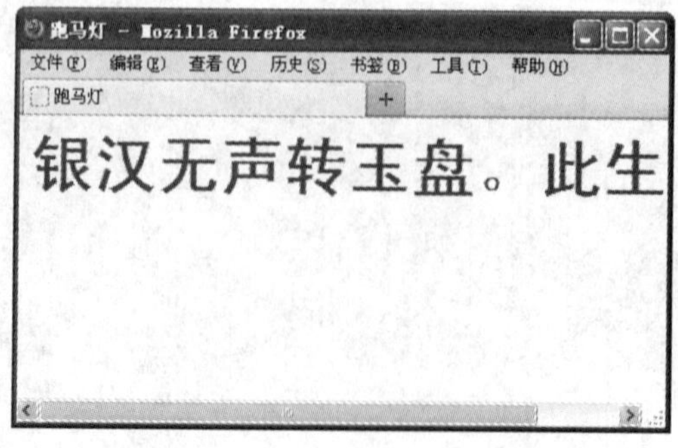

13.4 技能训练 2——文字升降特效

本实例将使用 JavaScript 和 CSS 实现文字升降效果。如果需要实现文字升降，则需要指定文字内容和文字升降范围，即为文字在 HTML 页面指定一个层，用于升降文字。

具体操作步骤如下：

Step01 创建 HTML，构建升降 DIV 层，代码如下：

```
<html>
<head>
<title>升降的文字效果</title>
</head>
<body>
<div id="napis" style="position: absolute;top: -50;color:
 #000000;font-family:宋体;font-size:9pt;border:1px #ddeecc solid">
<a href="" style="font-size:18px;text-decoration:none;">
端守银镜藏白发，客逢笑问缘何乡。
</a>
</div>
<script language="JavaScript">
<!--
setTimeout('start()',20);
//-->
</script>
</body>
</html>
```

上面代码创建了一个 DIV 层，用于存放升降的文字，层的 ID 名称是 napis，并在层的 style 属性中定义了层显示样式，例如字体大小、带有边框、字形等。在 DIV 层中创建了一个超级链接，并设定了超级链接的样式，其中的 script 代码用于定时调用 start()函数。

在 Firefox 中浏览效果如下图所示，可以看到页面空白，无文字显示。

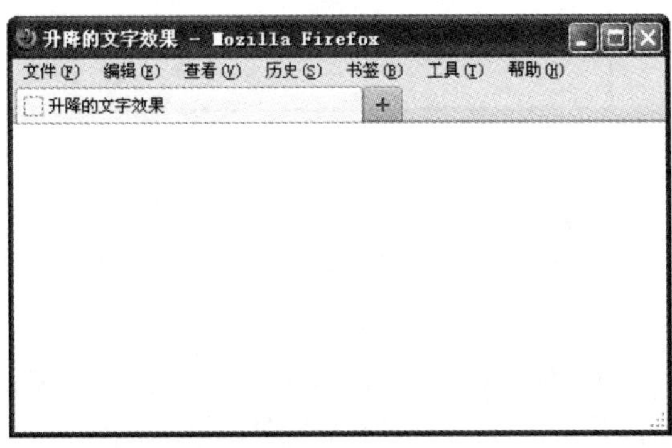

Step02 添加 JavaScript 代码，实现文字升降，代码如下：

```
<script language="JavaScript">
<!--
done = 0;
```

```
step = 4
function anim(yp,yk)
{
if(document.layers) document.layers["napis"].top=yp;
else document.all["napis"].style.top=yp;
if(yp>yk) step = -4
if(yp<60) step = 4
setTimeout('anim('+(yp+step)+','+yk+')', 35);
}function start()
{
if(done) return
done = 1;
if(navigator.appName=="Netscape") {
var nap=document.getElementById("napis");
nap.left=innerWidth/2 - 145;
anim(60,innerHeight - 60)
}
else {
napis.style.left=11;
anim(60,document.body.offsetHeight - 60)
}}//-->
</script>
```

上面代码创建了函数 anim()和 start()，其中 anim()函数用于设定每次升降数值，start()函数用于设定每次开始的升降坐标。

在 Firefox 中浏览效果如下图所示，可以看到页面中超级链接自动上下移动。

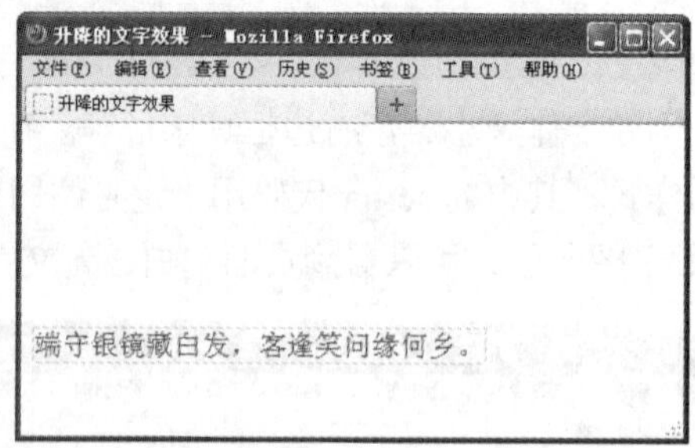

13.5 技能训练 3——打字效果的文字

文字特效始终是网页设计追求的目标，通过 JavaScript 可以实现多个网页特效。文字的打字效果是 JavaScript 脚本程序，将预先设置好的文字逐一在页面上显示出来。

具体操作步骤如下：

Step01 创建 HTML 页面，设置页面基本样式，代码如下：

```
<html>
```

```
<head>
<title>打字效果的文字</title>
<style type="text/css">
body{font-size:16px;font-weight:bold;}
</style>
</head>
<body>
  设计文字的打字效果：<a id="HotNews" href="" target="_blank"></a>
</body>
</html>
```

上面代码中，在<head>标记中间设置 body 页面的基本样式，例如字体大小为 16 像素、字形加粗，并在 body 页面创建了一个超级链接。

在 Firefox 中浏览效果如下图所示，可以看到页面中只显示了一个提示信息。

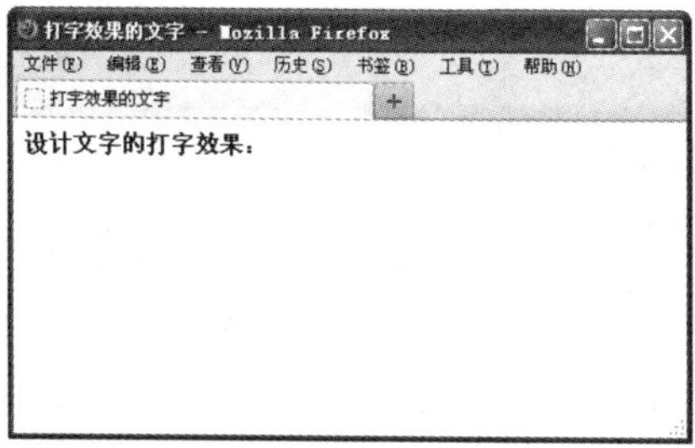

Step02 添加 JavaScript 代码，实现打字特效，代码如下：

```
<SCRIPT LANGUAGE="JavaScript">
<!--
var NewsTime = 2000;  //每条信息的停留时间
var TextTime = 50;    //文字出现等待时间，越小越快
var newsi = 0;
var txti = 0;
var txttimer;
var newstimer;
var newstitle = new Array();     //标题
var newshref = new Array();      //链接
newstitle[0] = "野旷天低树，江清月近人";
newshref[0] = "#";
newstitle[1] = "花近高楼伤客心，万方多难此登临。";
newshref[1] = "#";
newstitle[2] = "锦江春色来天地，玉垒浮云变古今。";
newshref[2] = "#";
newstitle[3] = "北极朝廷终不改，西山寇盗莫相侵。";
newshref[3] = "#";
function shownew()
{
  var endstr = "_"
  hwnewstr = newstitle[newsi];
  newslink = newshref[newsi];
  if(txti==(hwnewstr.length-1)){endstr="";}
```

```
     if(txti>=hwnewstr.length){
       clearInterval(txttimer);
       clearInterval(newstimer);
       newsi++;
       if(newsi>=newstitle.length){
         newsi = 0
       }
       newstimer = setInterval("shownew()",NewsTime);
       txti = 0;
       return;
     }
     clearInterval(txttimer);
     document.getElementById("HotNews").href=newslink;
    document.getElementById("HotNews").innerHTML = hwnewstr.substring(0,
txti+1)+endstr;
     txti++;
     txttimer = setInterval("shownew()",TextTime);
   }
   shownew();
   //-->
   </SCRIPT>
```

因为上面代码是一个整体，这里就不分开介绍了。在上面 JavaScript 代码中，主要调用 shownew()函数完成打字效果。在 JavaScript 代码开始部分定义了多个变量，其中数组对象 newstitle 用于存放文本标题。下面创建了 shownew()函数，并在函数中通过变量和条件获取要显示的文字，通过“setInterval("shownew()",NewsTime)”语句输出文字内容。代码最后使用 shownew()语句循环执行该函数中的输出信息。

在 Firefox 中浏览效果如下图所示，可以看到页面中每隔一定时间就会在提示信息后逐个打出单个文字，字体颜色为蓝色。

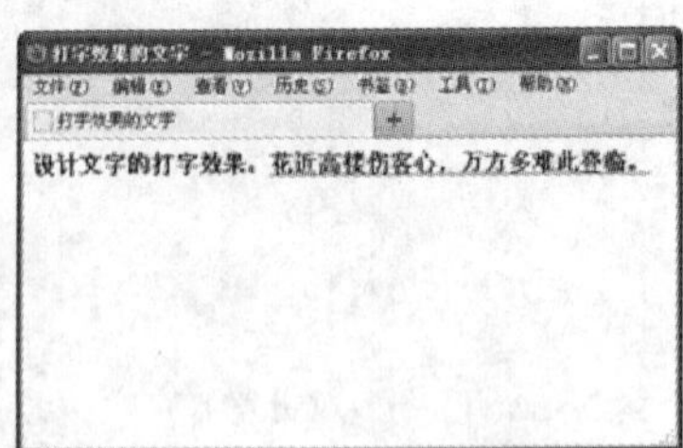

13.6 技能训练 4——跟随鼠标移动的图片

本实例实现图片跟随鼠标移动的特效，需要通过 JavaScript 获取鼠标指针的位置，并且动态调整图片的位置。图片需要通过 position 的绝对定位，很容易得到调整。采用 CSS 的绝对定位是 JavaScript 调整页面元素常用的方法。

具体操作步骤如下：

Step01 创建基本 HTML 页面。

```
<html >
<head>
<title>随鼠标移动的图片</title>
</head>
<body>
  实现图片跟随鼠标的特效。
</body>
</html>
```

在 Firefox 中浏览效果如下图所示。

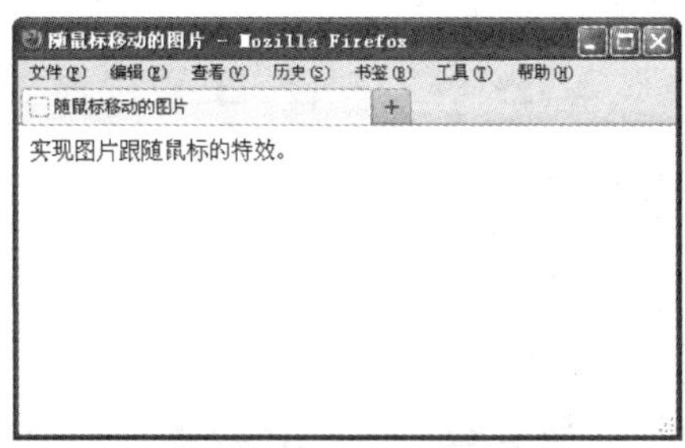

Step02 添加 JavaScript 代码，实现图片随鼠标移动，代码如下：

```
<script type="text/javascript">
function badAD(html){
    var ad=document.body.appendChild(document.createElement('div'));
    ad.style.cssText="border:1px solid #000;background:#FFF;
    position:absolute;padding:4px 4px 4px 4px;font: 12px/1.5 verdana;";
    ad.innerHTML=html||'This is bad idea!';
    var c=ad.appendChild(document.createElement('span'));
    c.innerHTML="×";

c.style.cssText="position:absolute;right:4px;top:2px;cursor:pointer";
    c.onclick=function (){
        document.onmousemove=null;
        this.parentNode.style.left='-99999px'
    };
    document.onmousemove=function (e){
        e=e||window.event;
        var x=e.clientX,y=e.clientY;
        setTimeout(function() {
            if(ad.hover)return;
            ad.style.left=x+5+'px';
            ad.style.top=y+5+'px';
        },120)
    }
    ad.onmouseover=function (){
        this.hover=true
```

```
    };
    ad.onmouseout=function (){
        this.hover=false
    }
}
badAD('<img src="01.jpg">')
</script>
```

上面代码中，使用 appendChild()方法为当前页面创建了一个 DIV 对象，并为 DIV 层设置了相应样式。下面 e.clientX 和 e.clientY 语句确定鼠标位置，并动态调整图片位置，从而实现图片移动效果。

在 Firefox 中浏览效果如下图所示，可以看到鼠标在页面移动时，图片也跟着移动。

第 14 天 这不再是神奇的传说——CSS 与 XML 的混合应用

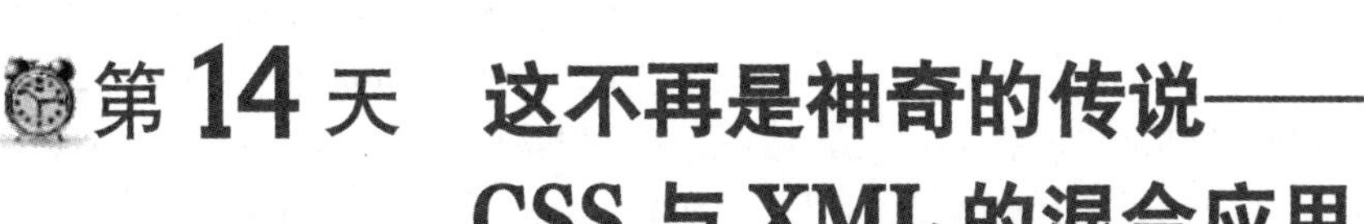

学时探讨：

今日主要探讨 CSS 与 XML 的混合使用方法，主要包括 XML 概述、XML 语法基础、CSS 修改 XML 的方法和技巧。

学时目标：

通过此章节 XML 的学习，读者可学会使用 XML 的方法，理解 XML 的优势，掌握使用 CSS 修饰 XML 文档的方法和技巧。

14.1 XML 概述

XML 是标记语言，可支持开发者为 Web 信息设计自己的标记。XML 要比 HTML 强大得多，它不再是固定的标记，而是允许定义数量不限的标记来描述文档中的资料，而且允许嵌套的信息结构。

14.1.1 XML 简介

随着因特网的发展，为了控制网页显示样式，增加了一些描述如何显现数据的标记，例如<center>、<b>等标记。但随着 HTML 的不断发展，W3C 组织意识到 HTML 存在着一些无法避免的问题。

- 不能解决所有解释数据的问题，例如影音文件或化学公式、音乐符号等其他型态的内容。
- 效能问题，需要下载整份文件，才能开始对文件做搜寻的动作。
- 扩充性、弹性、易读性均不佳。

为了解决以上问题，专家们使用 SGML 精简制作，并依照 HTML 的发展经验，产生出一套使用上规则严谨、但是简单的描述数据语言——XML。

XML（eXtensible Markup Language，可扩展标记语言）是 W3C 推荐参考通用标记语言，同样也是 SGML 的子类，可以定义自己的一组标记。它具有下面几个特点。

- XML 是一种元标记语言，所谓“元标记语言”就是开发者可以根据自己的需要定义自己的标记，例如开发者可以定义标记<book><name>。任何满足 XML 命名规则的名称都可以作为标记，这就为不同的应用程序的应用打开了大门。
- 允许通过使用自定义格式，标识、交换和处理数据库可以理解的数据。
- 基于文本的格式，允许开发人员描述结构化数据，并在各种应用之间发送和交换这些数据。
- 有助于在服务器之间传输结构化数据。
- XML 使用的是非专有的格式，不受版权、专利、商业秘密或其他种类的知识产权的限制。XML 的功能是非常强大的，同时对于人类或计算机程序来说，都容易阅读和编写，因而成为交换语言的首选。网络带给人类的最大好处是信息共享，在不同的计算机发送数据，而 XML 就是用来告诉我们“数据是什么”，利用 XML 可以在网络上交换任何一种信息。

【案例 14-1】如下代码就是一个 XML 的实例（详见随书光盘中的“源代码\ch14\14.1.xml”）。

```
<?xml version="1.0" encoding="GB2312" ?>
<团购 >
   <美食团购>
      <品牌>尚庄资助火锅</品牌>
      <团购日期>2012-10-12</团购日期>
      <价格 币种="人民币">49 元</价格>
   </美食团购>
     <美食团购>
      <品牌>城员咖啡厅套餐</品牌>
      <团购日期>2012-10-20</团购日期>
      <价格 币种="人民币">59</价格>
   </美食团购>
</团购>
```

此处需要将文件保存为 XML 文件。在该文件中，每个标记是用汉语编写的，是自定义标记。整个团购可以看成是一个对象，该对象包含了多个美食团购，美食团购是用来存储美食的相关信息的。在页面中没有对哪个数据的样式进行修饰，而只告诉我们数据结构是什么、数据是什么。

在 Firefox 中浏览效果如下图所示，可以看到整个页面呈树形结构显示，通过单击“-”可以关闭整个树形结构，单击“+”可以展开树形结构。

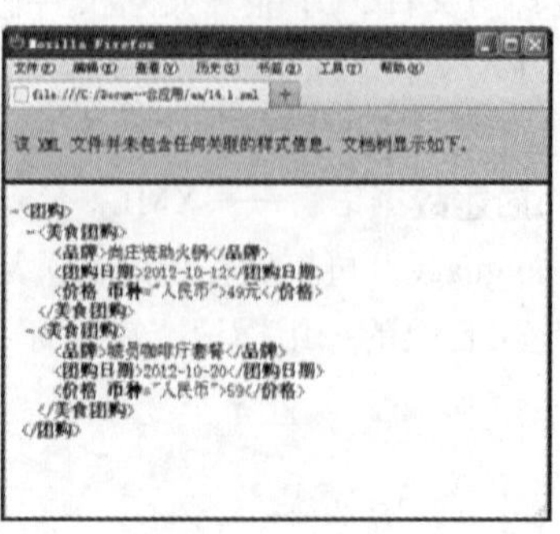

14.1.2 XML 的技术优势

XML 的产生给网络带来一股新的力量，使网络发生了变化，每个人好像都在谈论 XML，XML 有很多好处值得我们去学习它、应用它。本节将从两个方面谈论 XML 的优势。

XML 使许多只利用 HTML 难以解决的任务变得简单，使只利用 HTML 不可能完成的任务得以完成。因为 XML 是可扩展的，开发人员喜爱 XML 有许多原因，到底是哪个更令人感兴趣，取决于每个人的需要。但有一点是肯定的，一旦用上 XML，就可以发现，它正是解决许多令人感到棘手的问题的有力工具。XML 的技术优势如下。

1. 数据重用

XML 是被设计用来存储数据、携带数据和交换数据的，它不是为了显示数据而设计的。一个存储数据的 XML 文档可以被程序解析，把里面的数据提取出来加以利用，也可以被放到数据库中，还可以通过网络传输到另外一台计算机上被解析使用。这些数据可以在多种场合被使用和调用。

2. 数据和表示分离

XML 的优势在于它保持了用户界面和结构数据之间的分离。HTML 指定如何在浏览器中显示数据，而 XML 则定义内容。在 HTML 中，使用标记告诉浏览器以粗体或斜体的方式显示数据；而在 XML 中，只使用标记来描述数据，如城市名、温度和气压。在 XML 中，使用诸如“扩展样式语言（XSL）”和“层叠样式表（CSS）”之类的样式表来表示浏览器中的数据。XML 把数据从表示和处理中分离出来，使用户可以通过应用不同的样式表和应用程序，来按自己的愿望显示和处理数据。在不使用 XML 时，HTML 用于显示数据，数据必须存储在 HTML 文件之内；使用了 XML，数据就可以存放在分离的 XML 文档中。

把数据从表示中分离出来，能够无缝集成众多来源的数据。可以将用户信息、采购订单、研究结果、账单支付、医疗记录、目录数据以及其他来源转换为中间层上的 XML，以便像 HTML 页面显示数据一样很容易地联机交换数据，然后可以在 Web 上将按照 XML 编码的数据传送到桌面。对于大型数据库或文档中存储的遗留信息无须进行更新，并且由于使用了 HTTP 在网络上传送 XML，所以此功能不需要更改。

3. 可扩展性

XML 是设计标记语言的元语言，而不是 HTML 这样的只有一个固定标记集的特定的标记语言。正如 Java 让使用者声明他们自己的类，XML 让使用者创建和使用他们自己的标记，而不是 HTML 的有限词汇表。可扩展性是至关重要的，企业可以用 XML 为电子商务和供应链集成等应用定义自己的标记语言，甚至特定的行业一起来定义该领域的特殊的标记语言，作为该领域信息共享与数据交换的基础。

我们可以在 XML 中定义无限的标记集。虽然可以使用 HTML 标记以粗体或斜体的方式显示文字，但 XML 可提供一个用于标记结构数据的框架。XML 元素可以将其关联数据声明为零售价格、营业税、书名、降雨量或其他任何需要的数据元素。

4. 语法自由性

不知你是否清楚在没有 XML 的时候，要想定义一个置标语言并推广利用它是何等困难。一方面，如果你制定了一个新的语言而期望它能生效，你需要把这个标准提交给相关的组织，例如 W3C，等待它接受并正式公布这个标准，经过几轮的评定、修改、再评定、再修改，等到你的置标语言终于熬到成为一个正式推荐标准，可能几年的时间都已匆匆而过了。另一方面，为了让你的这套标记得到广泛应用，你必须为它配备浏览工具。这样，你就不得不去游说各个浏览器厂商接收并支持你的标记，或者索性自己开发一个新的浏览器去与现有的浏览器竞争。无论哪个办法，都令人望而却步！

现在有了 XML，你终于可以自由地制定自己的置标语言了，而不必再念念不忘微软、Netscape、W3C 的首肯了。XML 允许各种不同的专业（如音乐、化学、数学等）开发与自己的特定领域有关的标记语言，这就使得该领域中的人们可以交换笔记、数据和信息，而不用担心接收端的人是否有特定的软件来创建数据。特定领域的开发人员甚至可以向本领域外的人发送文档，有相当的理由可以认为，至少接受文档的人能够查看文档的内容。

5. 结构化集成数据

绝大多数软件建模过程都不可避免地存在选择数据模式的问题。在 XML 出现之前，描述和操作结构相对复杂的数据还比较麻烦。而且各个厂商各自为政，数据格式很不统一，数据的通用性也不强。使用 XML 之后，一方面简化了复杂数据结构的描述和操作工作量，另一方面也在一定程度上改善了软件的互通性。XML 的这种特性对信息的存储、交换、展示都带来一些益处。XML 的主要优势来自于它提供了一种简洁的描述复杂数据的能力。

XML 对于大型和复杂的文档是理想的，因为数据是结构化的。这不仅使用户可以指定一个定义了文档中的元素的词汇表，而且还可以指定元素之间的关系。例如，如果要将销售客户的地址一起放在 Web 页面上，这就需要有每个客户的电话号码和电子邮件地址。如果向数据库中输入数据，可确保没有漏下的字段。还需要每部书都有一个作者。当没有数据输入时还可提供一个默认值。XML 也提供客户端的包括机制，可以根据多种来源集成数据并将其作为一个文档来显示。数据还可以马上进行重新排列。数据的各个部分可以根据用户的操作显示或隐藏。当处理大型的信息仓库，比如关系型数据库时是极为有用的。技术上的优势决定商业上的广泛应用。

14.1.3 XML 的商业优势

一种技术没有得到实际应用，不管设计得多么完美，都不能被人们所推崇、喜爱。XML 显然不是这样，XML 给用户带来巨大便利，同时也具有了商业优势。

XML 使用的是非专有的格式，不受版权、专利、商业秘密或其他种类的知识产权的限制。XML 的功能是非常强大的，同时对于人类或计算机程序来说，都容易阅读和编写，因而成为交换语言的首选。使用 XML 而不是专有格式，人们就可以利用任何理解 XML 的工具来处理数据。还可以为不同的目的使用不同的工具，一个程序用来查看而另一个程序用来编辑。XML 使用户不必因为数据已经用专有格式编写好了或是接受数据的人只接受专有格式而限制在一

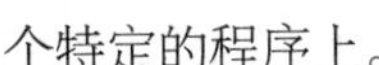

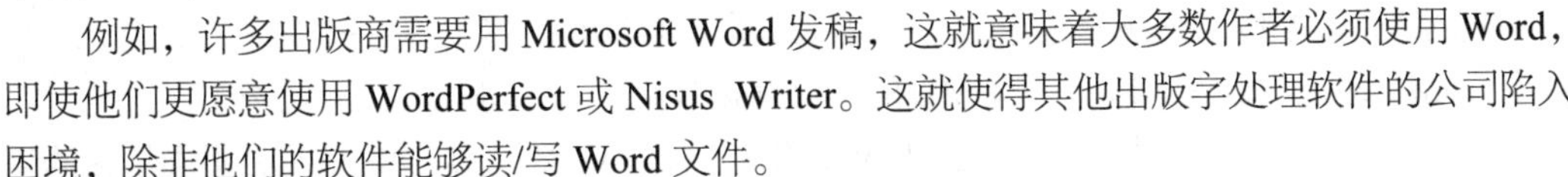

个特定的程序上。

例如，许多出版商需要用 Microsoft Word 发稿，这就意味着大多数作者必须使用 Word，即使他们更愿意使用 WordPerfect 或 Nisus Writer。这就使得其他出版字处理软件的公司陷入困境，除非他们的软件能够读/写 Word 文件。

由于要想达到这个目的，就得让开发人员反向了解未载入文档的 Word 文件格式，这使得在时间和资源上的投资大增。大多数其他字处理软件具有有限的读/写 Word 文件的能力，但是通常都会丢失图形、宏、样式、修订标记和其他重要的特性。问题就在于 Word 文档的格式是不公开的专有格式，而且还在不断地变化。这样 Word 就成为最后的胜利者，即使作者更喜爱其他的更简单的程序。如果在 XML 中开发了一种通用的字处理格式，作者们就会使这个程序成为他们的首选程序。

在现实生活中，计算机系统和数据库系统所存储的数据有 N^N 种形式，对于开发者来说，最耗时间的就是在遍布网络的系统之间交换数据。把数据转换为 XML 格式存储将大大减少交换数据时的复杂性，并且还可以使这些数据能被不同的程序读取。

既然 XML 是与软件、硬件和应用程序无关的，所以可以使数据被更多的用户、更多的设备所利用，而不仅仅是基于 HTML 标准的浏览器。其他客户端和应用程序可以把你的 XML 文档作为数据源来处理，就像他们对待数据库一样，你的数据可以被各种各样的“阅读器”处理，这时对某些人来说是很方便的。

总之，XML 打破了网络上建立起来的不同的堡垒，使有用的数据在它们之间流通、交换，达到了一个商业上信息共享的目的。

14.1.4 XML 与 HTML 的关系

XML 和 HTML 都是用标记来完成程序的编写的，二者是什么关系呢？在编写 HTML 文档时，所有的标记都已经固定下来，开发者不能创建新的标记，而在编写 XML 文档时，可以任意地创建新的标记，包括中文标记，且 XML 是可以扩展的。通过对 XML 和 HTML 的比较，可以发现下面几个特点：

- 两者同根——SGML，均基于文本。
- HTML 文档主要包含显示格式，主要是为了浏览，而不是为计算机所使用，是显示格式描述语言。
- HTML 包含预定义的标记（Tag）集，易学、易于访问，但难以数据重用，可扩展性差。
- XML 以数据可重用为切入点，可定义自己的标记集，且能让其他人或程序知道和理解这些标记集，可扩展性强。
- XML 比 HTML 易于扩展，XML 标记表示了数据的逻辑结构，可为不同应用以不同方式加以分析；同时，进行严格的语法和语义检查。
- XML 文档将数据与显示格式分离，是数据格式描述语言，为信息开放、共享和交互提供基础。

SGML 是一种在 Web 发明之前就已存在的使用标记来描述文档资料的通用语言，它是一种定义标记语言的元语言。HTML和XML都是从SGML发展而来的标记语言，因此，它们有些共同点，如相似的语法和标记。不过HTML是在SGML定义下的一个描述性语言，只是一个SGML的应用；而XML是SGML的一个简化版本，是SGML的一个子集。

XML是用来存放数据的，它不是HTML的替代品，XML和HTML是两种不同用途的语言。XML是被设计用来描述数据的，重点是什么是数据、如何存放数据；HTML是被设计用来显示数据的，重点是显示数据以及如何显示数据更好。HTML是与显示信息相关的，XML则是与描述信息相关的。

在 HTML 文档中必须使用规则中定义好的标记，比如<P>、
、<a>、</a>等。XML允许定义自己的标记以及文档结构。在上面例子中的"<to>"、"<from>"标记都不是在XML规范中事先定义好的，这些标记都是XML文档的作者“创造”出来的。

XML是HTML的补充，但XML并不是HTML的替代品，理解这一点非常重要。在将来的网页开发中，XML将被用来描述、存储数据，而HTML则是用来格式化和显示数据的。对于XML最好的形容可能是：XML是一种跨平台的，与软、硬件无关的，处理信息的工具。

XML被设计成什么都不做。这也许看起来很难理解，但事实上XML确实什么都不做。XML只是被用来组织、存储和发送信息的。

XML无处不在。XML发展非常迅速，这实在令人感到惊奇，有很多的软件开发商都采用了XML标准。我们相信，在未来的Web开发中，XML将和HTML一样受到重视，它们都是Web技术的基础。XML将成为最普遍的数据操纵和数据传输的工具。

14.2 XML语法基础

每个应用程序都有自身的语法和词汇，本节将介绍XML的基本语法规则。

14.2.1 XML文档组成和声明

一个完整的XML文档由声明、元素、注释、字符引用和处理指令组成。在文档中，所有这些XML文档的组成部分都是通过元素标记来指明的。可以将XML文档分为3个部分，如下图所示。

XML声明必须作为XML文档的第一行，前面不能有空白、注释或其他的处理指令。完整的声明格式如下：

```
<?xml version="1.0" encoding="编码" standalone="yes/no" ?>
```

其中 version 属性不能省略，且必须在属性列表中排在第一位，指明所采用的 XML 的版本号，值为 1.0。该属性用来保证对 XML 未来版本的支持。encoding 属性是可选属性，该属性指定了文档采用的编码方式，即规定了采用哪种字符集对 XML 文档进行字符编码，常用的编码方式为 UTF-8 和 GB2312。如果没有使用 encoding 属性，那么该属性的默认值是 UTF-8。如果 encoding 属性值设置为 GB2312，则文档必须使用 ANSI 编码保存，文档的标记以及标记内容只可以使用 ASCII 字符和中文。

使用 GB2312 编码的 XML 声明如下：

```
<?xml version="1.0" encoding="GB2312" ?>
```

XML 文档主体必须有根元素。所有的 XML 必须包含可定义根元素的单一标记对。所有其他的元素都必须处于这个根元素内部。所有的元素均可拥有子元素。子元素必须被正确地嵌套于它们的父元素内部。根标记以及根标记内容共同构成 XML 文档主体。没有文档主体的 XML 文档将不会被浏览器或其他 XML 处理程序所识别。

注释可以提高文档的阅读性，尽管 XML 解析器通常会忽略文档中的注释，但位置适当且有意义的注释可以大大提高文档的可读性。所以 XML 文档中不用于描述数据的内容都可以包含在注释中，注释以“<!--”开始，以“-->”结束，在起始符和结束符之间为注释内容，注释内容可以输入符合注释规则的任何字符串。

【案例 14-2】如下代码就是一个创建 XML 的实例（详见随书光盘中的“源代码\ch14\14.2.xml”）。

```
<?xml version="1.0" encoding="gb2312"?>
<书名列表>
<计算机图书>
  <名称>精通 CSS3+DIV 网页设计</名称>
   <价格 币种="人民币">59</价格>
</计算机图书>
<计算机图书>
  <名称>精通 HTML5 网页设计</名称>
   <价格 币种="人民币">55</价格>
</计算机图书>
</书名列表>
```

上面代码中，第一句代码是一个 XML 声明。“<计算机图书>”标记是“<书名列表>”标记的子元素，而“<价格>”标记是“<计算机图书>”标记的子元素。

在 Firefox 中浏览效果如下图所示，可以看到页面显示了一个树形结构，并且数据层次感非常好。

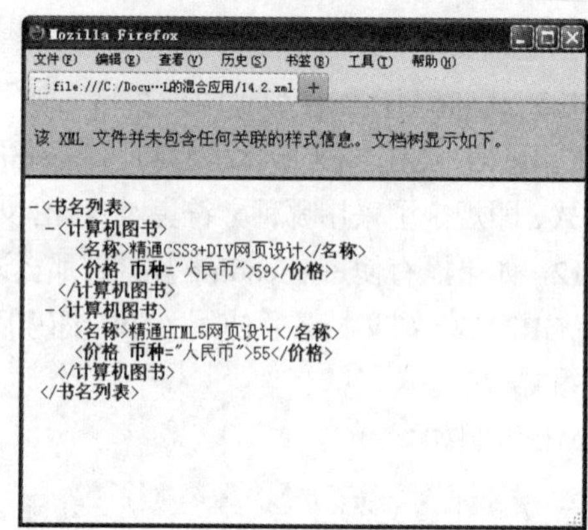

14.2.2　XML 元素介绍

元素是以树形分层结构排列的，它可以嵌套在其他元素中。

1．元素类别

在 XML 文档中，元素也分为非空元素和空元素两种类型。一个 XML 非空元素是由开始标记、结束标记以及标记之间的数据构成的。开始标记和结束标记用来描述标记之间的数据。标记之间的数据被认为是元素的值。非空元素的语法结构如下：

```
<开始标记>文本内容</结束标记>
```

而空元素就是不包含任何内容的元素，即开始标记和结束标记之间没有任何内容的元素。其语法结构如下：

```
<开始标记></结束标记>
```

可以把元素内容为文本的非空元素转换为空元素。例如：

```
<hello>欢迎开始学习</hello>
```

<hello>是一个非空元素，如果把非空元素的文本内容转换为空元素的属性，那么转换后的空元素可以写为

```
<hello content="欢迎开始学习"></hello>
```

2．元素命名规范

XML 元素命名规则与 Java、C 等命名规则类似，它也是一种对大小写敏感的语言。XML 元素命名必须遵守下列规则：

- 元素名中可以包含字母、数字和其他字符，如<place>、<地点>、<no123>等。元素名中虽然可以包含中文，但是在不支持中文的环境中将不能解释包含中文字符的 XML 文档。
- 元素名中不能以数字或标点符号开头。例如<123no>、<.name>、<?error>元素名称都是非法名称。
- 元素名中不能包含空格，如<no 123>。

3. 元素嵌套

元素的内容可以包含子元素。子元素本身也是元素，被嵌套在上层元素之内。如果子元素嵌套了其他元素，那么它同时也是父元素。例如下面所示部分代码：

```
<?xml version="1.0" encoding="gb2312" ?>
<students>
  <student>
    <name>刘意</name>
    <age>16</age>
  </student>
  ...
</students>
```

<student>是<students>的子元素，同时也是<name>和<age>的父元素，而<name>和<age>是<student>的子元素。

4. 元素实例

【案例 14-3】如下代码就是一个使用 XML 元素的实例（详见随书光盘中的“源代码\ch14\14.3.xml”）。

```
<?xml version="1.0" encoding="gb2312" ?>
<员工工资表>
  <!--"员工工资"标记中包含姓名、员工号、职位和工资 -->
  <员工工资 date="2012/10/1">
    <姓名>田峰</姓名>
    <员工号>100010</员工号>
    <职位>经理</职位>
    <工资>6500 元</工资>
  </员工工资>
  <员工工资 date="2012/10/1">
    <姓名>刘天翼</姓名>
    <职位>会计</职位>
    <工资>3600 元</工资>
  </员工工资>
</员工工资表>
```

文件代码中，第一行是 XML 声明，它声明该文档是 XML 文档、文档所遵守的版本号以及文档使用的字符编码集。在这个例子中，遵守的是 XML 1.0 版本规范，字符编码是 GB 2312 编码方式。<员工工资>是<员工工资表>的子标记，但<员工工资>标记同时是<姓名>和<员工号>等标记的父元素。

在 Firefox 中浏览效果如下图所示，可以看到页面显示了一个树形结构，每个标记中间包含相应的数据。

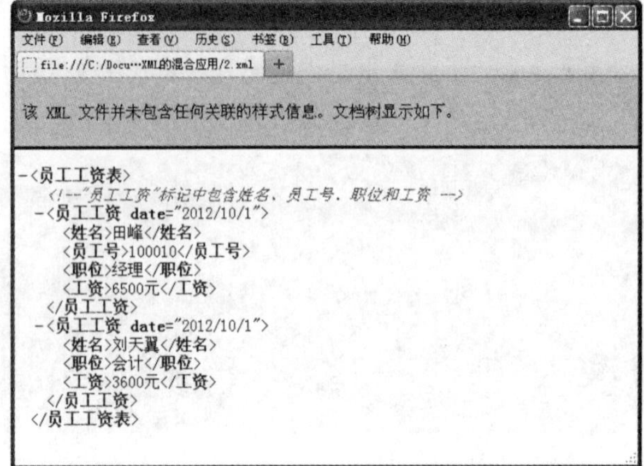

14.2.3 XML 属性

与 HTML 一样，XML 元素在开始标记处可以有元素属性。属性通常包含一些关于元素的额外信息，实际上 XML 语法更倾向使用性。因为任何数据只要能通过元素来构造，那么它也就可以用以属性为中心的方法来构造，反之亦然。

属性必须由名字和值组成，且必须是在标记的开始标记中声明，并用 “=” 赋于属性的值。其完整语法如下：

```
非空元素  <标记名 属性名="属性值" 属性名="属性值"……>...</标记名>
空元素  <标记名 属性名="属性值" 属性名="属性值"……></标记名>
或<标记名 属性名="属性值" 属性名="属性值"……/>
```

【案例 14-4】如下代码就是一个使用 XML 属性的实例。

```
<?xml version="1.0" ?>
<学生>
<张明 学号="10010"  年级="2" 成绩="567 分" 排名="第三名"> </张明>
</学生>
```

其中学号、年级、成绩和排名都是张明的属性。

使用属性来描述元素的特征，需遵守以下规则：

- 属性名的命名规则和元素的命名规则相同，可以由字母、数字、中文及下画线组成，但必须以字母、中文或下画线开头。例如，sex、_sex 或性别都是正确的。
- 属性名区分大小写。例如，Sex 和 sex 虽然描述的都是性别，但在编译时是两个不同的属性。
- 属性值必须使用单引号或双引号。例如，'male'、"male"描述的是相同的属性值。
- 如果属性值中要使用左尖括号 “<”、右尖括号 “>”、连接符号 “&”、单引号 “'” 或双引号 “"” 时，必须使用字符引用或实体引用。

14.3 CSS 修饰 XML 文件

XML 文档本身只包含数据，而没有关于显示数据样式的信息。如果需要将 XML 文档数据美观地显示出来，而不是以树形结构显示，这时可以通过 CSS 来控制 XML 文档中各个元素的呈现方式。

14.3.1 XML 使用 CSS

XML 文档数据需要使用 CSS 属性定义显示样式，其方法是把 CSS 代码做成独立文件，然后引入到 XML 中。在 XML 文档中引入样式表 CSS，可以将数据的内容和表示分离出来，并且能够实现 CSS 的重复使用。

在 XML 文件中如果想引用 CSS 文件，需要使用以下语句：

```
<?xml-stylesheet href="URI" type="text/css"?>
```

xml-stylesheet 表示在这里使用了样式表。样式表的 URI 表示要引入文件所在的路径，如果只是一个文件的名字，则该 CSS 文件必须和 XML 文档同在一个目录的下面；如果 URI 是一个链接，则该链接必须是有效的、可访问的。type 表示该文件所属的类型是文本形式的，其内容是 CSS 代码。

【案例 14-5】如下代码就是一个 XML 使用 CSS 的实例（详见随书光盘中的“源代码\ch14\14.4.xml”）。

```
<?xml version="1.0" encoding="GB2312" ?>
<?xml-stylesheet type="text/css" href="14.4.css"?>
<student>
<name>王晨</name>
<sex>男</sex>
<name>刘小明</name>
<sex>女</sex>
</student>
```

如下代码就是一个修饰 XML 的 CSS（详见随书光盘中的“源代码\ch14\14.5.css”）。

```
student{
background-color: #E2C2DE;
font-family:"幼圆";
text-align:center;
display:block;
}
name{
font-size:30px;
color:blue;
}
sex{
font-size:20px;
```

```
    font-style:italic;
    color:red;
    }
```

在CSS文件中，针对student、name和sex 3个标记设置了不同的显示样式，例如字体大小、字体颜色、对齐方式等。

在Firefox中浏览效果如下图所示，可以看到XML文档不再以树形结构显示，并且没有标记出现，而只是显示其标记中的数据。

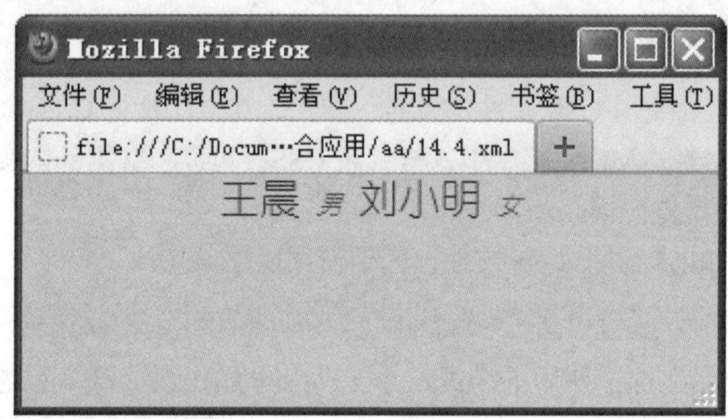

14.3.2 设置字体属性

CSS3样式表提供了多种字体属性，使设计者对字体有更详细的设置，从而能够更加丰富页面效果。例如font-style、font-variant、font-weight、font-size和font-family等属性。这些属性前面已经介绍过了，就不再重复了。同样，这些字体属性可以应用于XML文件元素。

【案例14-6】如下代码就是一个设置字体属性的实例（详见随书光盘中的“源代码\ch14\14.6.xml”）。

```
<?xml version="1.0" encoding="gb2312"?>
<?xml-stylesheet href="14.5.css" type="text/css"?>
<company>
  <name>新奇e族工作室</name>
  <address>北京市海淀区24号</address>
  <phone>15812345678</phone>
</company>
```

如下代码就是一个修饰XML的CSS（详见随书光盘中的“源代码\ch14\14.6.css”）。

```
company{
  color: blue;
  font:normal small-caps bolder 15pt "幼圆" ;
  background-color: #A3D1D1
}
name{
   font-size:30px;
   display:block;
}
```

```
address{
   font-size: 20px;
   display:block;
color: red;
}
phone{
   font-size: 20px;
   font-style:italic;
   display:block;
}
```

上面的 CSS 代码针对 XML 中的标记进行了字体、背景色和前景色设置。

在 Firefox 中浏览效果如下图所示，可以看到网页显示了一个公司介绍信息，其中字体大小不一样，联系方式以斜体显示。

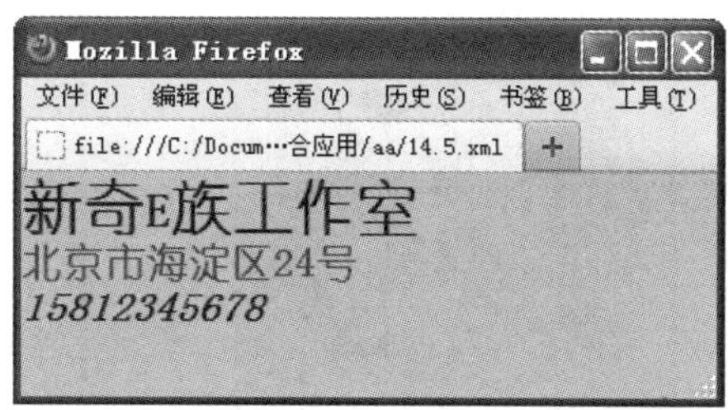

14.3.3 设置色彩属性

颜色和背景是网页设计时两个重要的因素，一个颜色搭配协调、背景优美的文档总是能吸引不少的访问者。CSS 的强大表现功能在控制颜色和背景方面同样发挥得淋漓尽致。XML 元素的背景可设置成一种颜色或一幅影像。

在 CSS3 中，如果需要设置文本颜色，即网页前景色，通常使用 color 属性；定义元素背景，其相关属性分别如下：background-color、background-image、background-repeat、background-attachment、background-position。这些前面都已经介绍过，这里就不再重复了。

【案例 14-7】如下代码就是一个设置色彩属性的实例（详见随书光盘中的“源代码\ch14\14.7.xml”）。

```
<?xml version="1.0" encoding="GB2312" ?>
<?xml-stylesheet href="14.6.css" type="text/css" ?>
<img>
玫瑰花
</img>
```

如下代码就是一个修饰 XML 的 CSS（详见随书光盘中的“源代码\ch14\14.7.css”）。

```
img{
  display:block;
  color:red;
  text-align:center;
  font-size:40px;
```

```
    left:50px;
    top:170px;
    background-image:URL("01.jpg");
    background-repeat:no-repeat;
    background-position:left;
  }
```

上面的 CSS 代码设置背景以块显示，字体颜色为蓝色，字体大小为 40 像素，并居中显示。background-image 引入背景图片，并设置了图片不重复。

在 Firefox 中浏览效果如下图所示，可以看到页面背景为一张图片，且不重复，在图片上显示了“玫瑰花”3 个蓝色字体。

14.3.4 设置边框属性

在 CSS3 中可以使用 border-style、border-width 和 border-color 这 3 个属性设定边框。页面元素的边框就是将元素内容及间隙包含在其中的边线，类似于表格的外边线。页面元素边框通过 3 个方面来描述：宽度、样式和颜色，这 3 个方面决定了边框所显示出来的外观。

【案例 14-8】如下代码就是一个设置边框属性的实例（详见随书光盘中的“源代码\ch14\14.8.xml”）。

```
<?xml version="1.0" encoding="GB2312" ?>
<?xml-stylesheet href="14.7.css" type="text/css" ?>
<Border>
      <smallBorder>
        人生在勤，不索何获。
    </smallBorder>
</Border>
```

如下代码就是一个修饰 XML 的 CSS（详见随书光盘中的“源代码\ch14\14.8.css”）。

```
Border{
    border-style:solid;
    border-width:15px;
    border-color:red;
    width:200px;
    height:150px;
```

```
    text-align:center;
}
smallBorder{
 font-size:20px;
 color:blue;
}
```

在 Border 标记中设置边框显示样式，例如直线形显示，颜色为红色，宽度为 15 像素，并且设置显示块的宽度为 200 像素，高度为 150 像素，边框内元素居中显示。在 smallBorder 标记中设置了字体大小和字体颜色。

在 Firefox 中浏览效果如下图所示，可以看到页面中显示了一个边框，边框中显示的是红色字体，其内容是"人生在勤，不索何获。"。

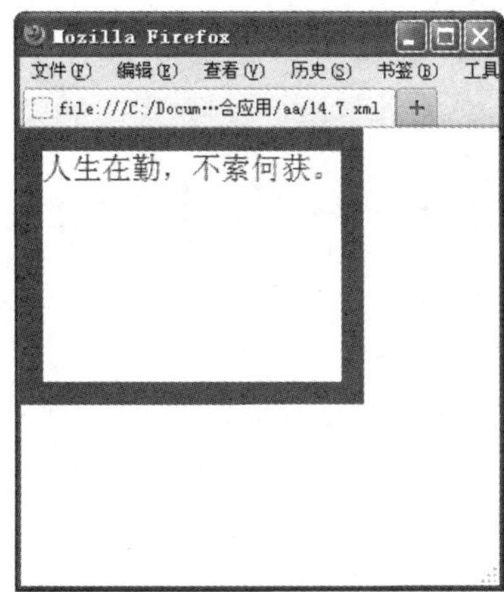

14.3.5 设置文本属性

在 CSS3 中提供了多种文本属性来实现对文本的控制，例如 text-indent、text-align、white-space、line-height、vertical-align、text-transform 和 text-decoration。这些前面已经介绍过，这里就不再重复了。利用上面这些属性，可以控制 XML 元素的显示样式。

【案例 14-9】如下代码就是一个设置文本属性的实例（详见随书光盘中的"源代码\ch14\14.9.xml"）。

```
<?xml version="1.0" encoding="gb2312"?>
<?xml-stylesheet type="text/css" href="14.8.css"?>
<big>
  <one>宋词精选赏析</one>
<two>
<title>中秋月——苏轼</title>
<content>
暮云收尽溢清寒，银汉无声转玉盘。此生此夜不长好，明月明年何处看。
</content>
</two>
</big>
```

如下代码就是一个修饰 XML 的 CSS（详见随书光盘中的“源代码\ch14\14.9.css”）。

```
big{
  width:500px;
  border:red 2px solid;
  height:200px;
  font-size:12px;
  font-family:"幼圆";
  }
one{
  font-size:18px;
  width:500px;
  height:25px;
  line-height:25px;
  text-align:center;
  color: #6C3365;
  margin-top:5px;
  font-weight:800;
  text-decoration:underline;
  }
title{
  margin:10px 0 10px 10px;
  display:block;
  color: #467500;
  font-size:18px;
  font-weight:800;
text-align:center;
  }
content{
  display:block;
color:blue;
  line-height:20px;
  width:490px;
  margin-left:10px;
  font-weight:800;
  text-indent:2em;
  }
```

上面的 CSS 代码分别定义不同标记的显示样式，例如宽度、高度、边框样式、字体大小、行高和是否带有下画线等。

在 Firefox 中浏览效果如下图所示，可以看到页面中显示了一个公告栏，栏中显示了不同颜色的文字，并且段落缩进两个单元格显示。

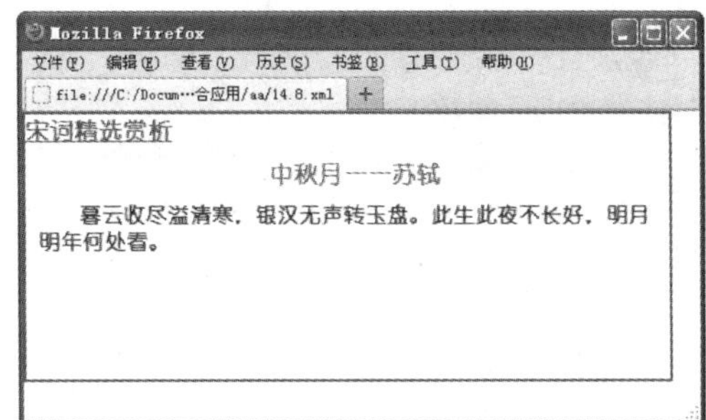

14.4 技能训练 1——制作古诗字画

CSS3 结合 XML 文档，可以创建出多种多样的样式。在一些古典风格的网站中，往往有很多漂亮的古诗页面，用来展现诗歌。本实例将模拟这种效果。

如果要对古诗内容进行展示，需要通过绝对定位的方法为 XML 文档的段落文字排版。同样也可以导入一个漂亮的背景，配合文字展示。实例完成后，效果如下图所示。

具体操作步骤如下。

Step01 创建 XML 文档。

```
<?xml version="1.0" encoding="gb2312"?>
<?xml-stylesheet type="text/css" href="14.10.css"?>
<qiu>  <title>回乡偶书</title>
  <author>唐代  贺知章 </author>
  <content>
            少小离家老大回，乡音无改鬓毛衰。<br/>
             儿童相见不相识，笑问客从何处来。<br/>
             </content>
   </qiu>
```

文档内容非常简单，创建了一个根标记 qiu 及其子标记 title、author 和 content。xml-stylesheet 表示引入一个 CSS 文件。

在 Firefox 中浏览效果如下图所示，可以看到页面中显示了一个树形结构。

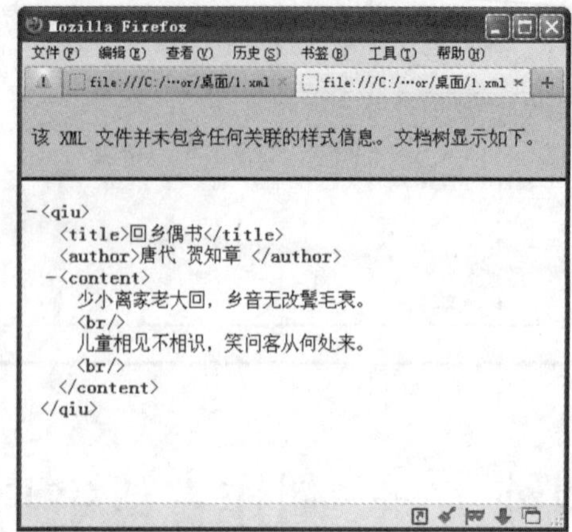

Step02 创建 CSS 文件，修饰 qiu 元素。

```
qiu{
  margin:0px;
  background:url(lan.jpg) no-repeat;   /* 添加背景图片 */
  width:460px;
  height:320px;
  position:absolute;  /* 绝对定位 */
}
```

上面代码定义了 qiu 标记显示样式，例如外边距、背景图片、宽度、高度和绝对定位。在 Firefox 中浏览效果如下图所示，可以看到页面中显示一段文字，无任何格式。

Step03 添加 CSS 代码，修饰 title 和 author 元素。

```
title{
  font-size:30px;
  color:green;
  position:absolute;
  left:100px;
  top:20px;
}
author{
  font-size:18px;
  color:#4f2b00;
```

```
  position:absolute;
  left:120px;
  top:50px;
}
```

上面的 CSS 代码定义了 title 标记的显示样式，例如字体大小、颜色、绝对定位和坐标位置；定义了 author 标记的显示样式，例如字体大小、字体颜色、绝对定位和坐标位置。

在 Firefox 中浏览效果如下图所示，可以看到页面中标题和作者信息在指定位置显示。

Step04 添加 CSS 代码，修饰 content 元素。

```
content{
  position:absolute;  /* 绝对定位 */
  font-size:18px;
  line-height:30px;  /* 行间距 */
  left:10px;
  top:70px;
            font-family:"幼圆";
}
br{  display:block;    /* 让诗句分行显示 */
}
```

在 CSS 文件中定义了 content 元素的显示样式，例如字体大小、行高、坐标位置等。这里的
标记也是起到了换行作用，当将标记的 display 属性定义为 block 块时，可以起到换行的效果。

在 Firefox 中浏览效果如下图所示，可以看到页面中古诗在指定位置显示，并且标题颜色为绿色。

14.5 技能训练 2——制作销售清单

在网页中使用表格显示数据是最常见的一种方式，本实例将使用 XML 和 CSS 模拟表格效果，即创建一个销售清单。创建一个具有表格效果的页面，就是利用元素的边框效果完成的。针对 XML 标记都设定一个边框效果，相近的边框重叠就可以了。

具体操作步骤如下。

Step01 创建 XML 文档，代码如下：

```
<?xml version="1.0" encoding="GB2312"?>
<?xml-stylesheet type="text/css" href="14.11.css"?>
<INVENTORY>
    <image></image>
    <GOODS>
       <NAME>名称</NAME>
       < PRICE >价格</ PRICE >
       <AREA>区域</AREA>
       <MANAGER >区域经理</ MANAGER >
       </ GOODS >
< GOODS >
       <NAME>冰箱</NAME>
       <PRICE>2600 元</PRICE>
       <AREA>华中</AREA>
       <MANAGER>王一</MANAGER>
    </ GOODS >
    < GOODS >
       <NAME>洗衣机</NAME>
       <PRICE>3400 元</PRICE>
       <AREA>华北</AREA>
       <MANAGER>刘梦</MANAGER>
    </ GOODS >
    < GOODS >
       <NAME>空调</NAME>
       <PRICE>6600 元</PRICE>
       <AREA>华南</AREA>
       <MANAGER>张鹏</MANAGER>
    </ GOODS >
</INVENTORY>
```

在 XML 文件中，第二行使用 xml-stylesheet 标记将 CSS 文件引入到 XML 文件中，下面创建了一个 GOODS 标记及其子标记 NAME、PRICE、MANAGER 等，每个标记都包含不同的数据。

在 Firefox 中浏览效果如下图所示，可以看到页面以属性结构显示 XML 文件。

该 XML 文件并未包含任何关联的样式信息。文档树显示如下。

```
- <INVENTORY>
    <image/>
  - <GOODS>
      <NAME>名称</NAME>
      <PRICE>价格</PRICE>
      <AREA>区域</AREA>
      <MANAGER>区域经理</MANAGER>
    </GOODS>
  - <GOODS>
      <NAME>冰箱</NAME>
      <PRICE>2600元</PRICE>
      <AREA>华中</AREA>
      <MANAGER>王一</MANAGER>
    </GOODS>
  - <GOODS>
      <NAME>洗衣机</NAME>
      <PRICE>3400元</PRICE>
      <AREA>华北</AREA>
      <MANAGER>刘梦</MANAGER>
    </GOODS>
  - <GOODS>
      <NAME>空调</NAME>
      <PRICE>6600元</PRICE>
      <AREA>华南</AREA>
      <MANAGER>张鹏</MANAGER>
    </GOODS>
  </INVENTORY>
```

Step02 创建 CSS 文件，修饰指定元素，代码如下：

```
GOODS{
        display:block;
        font-size:20px;
        text-align:left;
        border-style:ridge;
        color:black;
        width:420px;
        height:50px;
}
NAME{
        font-style:italic;
        color:red;
}
PRICE{
        font-weight:bold;
        color:blue;
}
AREA{
        font-weight:bold;
        color: #6C3365;
}
MANAGER{
       font-weight:bold;
       color: #C6A300;
       text-align: left;
       font-weight: bold;
       text-decoration:underline;
}
```

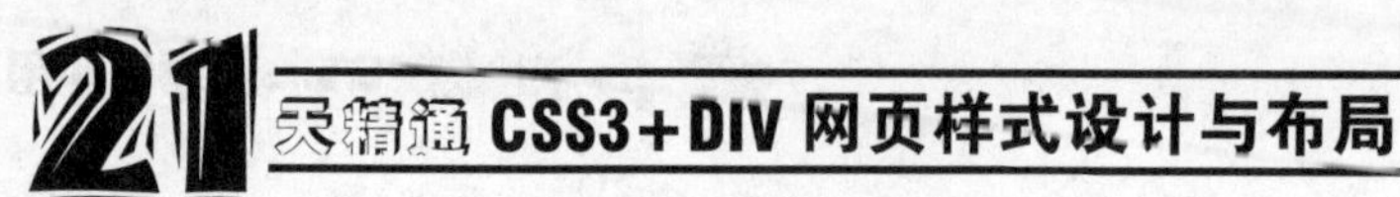

从代码中可以看出针对 XML 文件中的标记定义了不同的样式。其思路是：先定义 GOODS 标记样式，然后再定义其子标记样式。

在 Firefox 中浏览效果如下图所示，可以看到页面中以表格形式显示不同的数据，其数据以不同的颜色区分开。

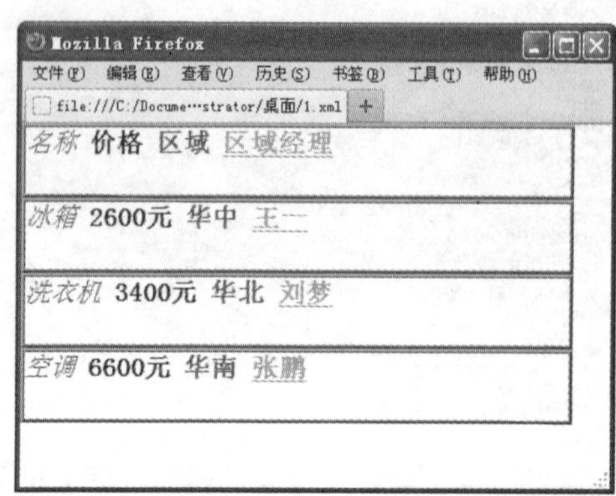

14.6 技能训练 3——制作新闻页面

图文搭配布局是显示的永恒话题，文字进行介绍，图形进行说明，二者相得益彰、互为补充。本实例使用 XML 文档结合 CSS 文件完成图文混搭的布局。

Step01 构建 XML 文档，代码如下：

```
<?xml version="1.0" encoding="gb2312"?>
<?xml-stylesheet type="text/css" href="14.12.css"?>
<xinwen>
  <content>
    <right>
      <img></img>
      百度新闻排行榜
      <br />
      国内：元旦起火车票全面降价
      <br />
      国际：美国政治僵局重挫消费者信心
      <br/>
    </right>
    ·军事 | 德防长称叙反对派武装将很快打败政府军
    <br />
    ·财经 | 建筑钢市再度面临成本高位与成交低位的矛盾
    <br />
    ·互联网 | 微信部分商标权落入他人手 腾讯申请被“驳回复审”
    <br />
    ·体育 | 阿尔滨具挑战恒大实力 新赛季将现南北争霸
    <br />
```

```
    •汽车 |中国自主车企今年出口或首次突破百万辆
    <br />
</content>
</xinwen>
```

在 XML 文件中，首先定义了根标记 xinwen，然后定义了 content 标记，content 标记中包含了 right、img 和 br 标记。

在 Firefox 中浏览效果如下图所示，可以看到页面中显示了一个树形结构，其元素中包含了不同的文本数据。

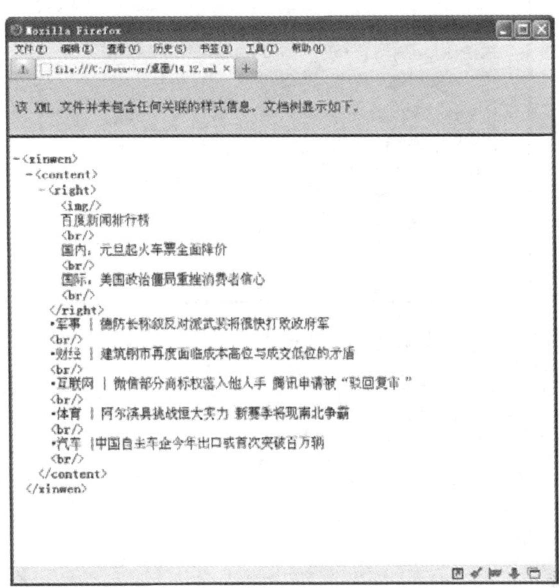

Step02 添加 CSS 样式，修饰 xinwen、br 和 content 元素，代码如下：

```
xinwen{
  width:400px;
  font-size:12px;
  font-family:"宋体";
  margin:0 auto 0 auto;
  }
br{
  display:block;
  }
content{
            width:350px;
  border:green 2px solid;
  float:left;
  line-height:25px;
  margin-left:10px;
  background-color: #CA8EC2;
  }
```

在 CSS 文件中创建了不同的标记选择器，针对 XML 文件标记进行修饰，基本都是设置字体、边框、定位和背景属性。需要说明的是，由于使用了 XML 文档，所有
标记不能像在 HTML 里那样实现换行的效果。这里需要为 br 定义 CSS 样式，才能实现正文里的换行效果。

在 Firefox 中浏览效果如下图所示，可以看到页面中显示了绿色边框，边框内显示了相关列表信息。

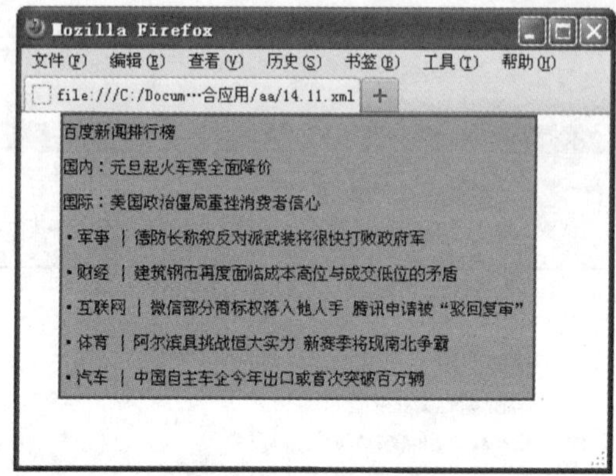

Step03 添加 CSS 样式，修饰 img 和 right 元素，代码如下：

```
img{
  width:115px;
  height:70px;
  background-image:url(003.jpg);
  float:left;
  margin:5px 0 0 5px;
  }
right{
  border-bottom:#999999 dotted 2px;
  }
```

上面的 CSS 代码定义了 img 元素显示样式，例如宽度、高度、背景图片、左浮动和外边距距离等。

在 Firefox 中浏览效果如下图所示，可以看到页面边框内显示了一张图片。

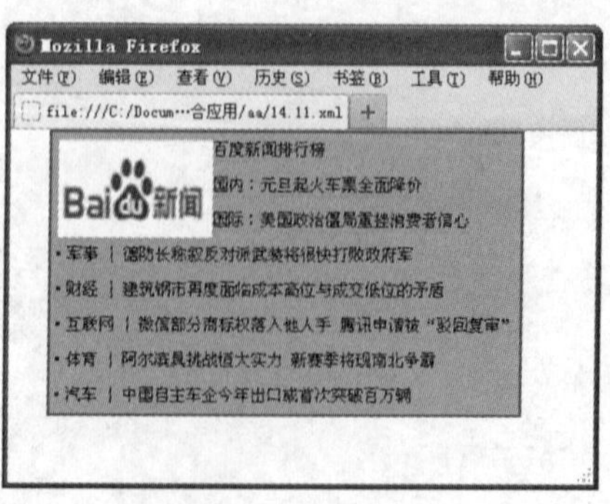

第 15 天　踏上革命性的征程——CSS 与 Ajax 的混合应用

学时探讨：

今日主要探讨 Ajax 的基本知识。Ajax 结合了 JavaScript、层叠样式表（Cascading Style Sheets，CSS）、HTML、XMLHttpRequest 对象和文档对象模型（Document Object Model，DOM）等多种技术。运行在浏览器上的 Ajax 应用程序以一种异步的方式与 Web 服务器通信，并且只更新页面的一部分。通过利用 Ajax 技术，可以提供丰富的、基于浏览器的用户体验。本章将详细介绍 Ajax 技术的使用方法。

学时目标：

通过此章节 Ajax 的学习，读者可理解 Ajax 的工作原理，了解 Ajax 的使用方法和技巧等知识。

15.1　Ajax 概述

Ajax 能使浏览器为用户提供更为自然的浏览体验，就像使用桌面应用程序一样。本节开始介绍 Ajax 的基本概念。

15.1.1　初识 Ajax

Ajax 的全称为 Asynchronous JavaScript and XML（异步 JavaScript 和 XML），是一种 Web 应用程序客户机技术。Ajax 不是一种新的编程语言，而是一种用于创建更好、更快以及交互性更强的 Web 应用程序的技术。

在使用 Ajax 之前，用户的操作往往和服务器的操作是同步的。例如，当用户单击网页上的某个按钮时，往往服务器需要刷新整个页面。而使用 Ajax 之后，通过 JavaScript 的 XMLHttpRequest 对象来直接与服务器进行通信，这样仅仅更新局部页面，而不是刷新整个页面。

目前，Google 在这方面已经有了质的飞跃。在基于数据的应用中，用户需求的数据，如联系人列表，可以从独立于实际网页的服务端取得，并且可以被动态地写入网页中，用户好像在浏览自己本地上的一个应用程序。例如 Google 地图（http://maps.google.com/），如下图所示。用户可以在地图上通过拖动、缩放等操作查看不同的地理位置，此时不是刷新整个页面，而是刷新地图的一部分，整个页面浏览起来非常流畅。

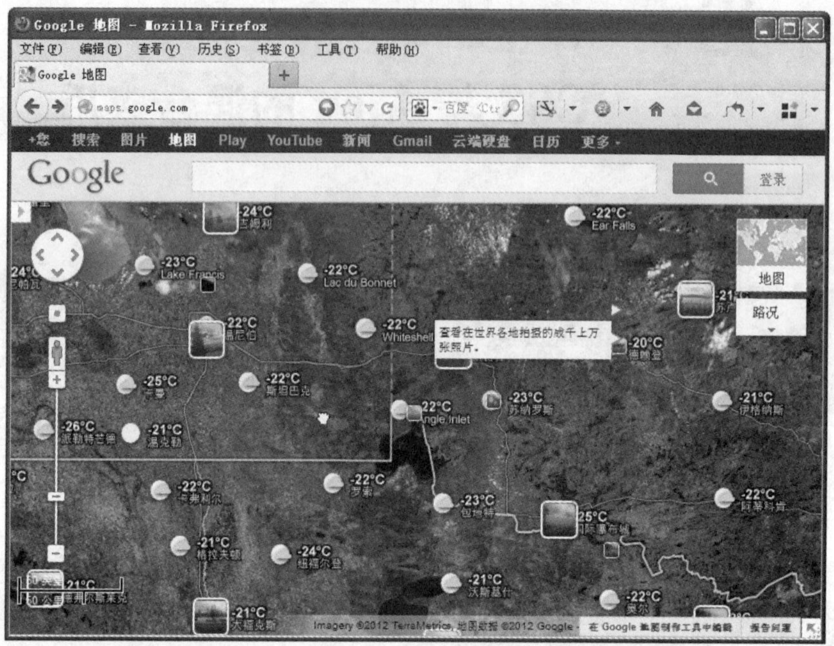

Ajax 在浏览器与 Web 服务器之间使用异步数据传输（HTTP 请求），这样就可使网页从服务器请求少量的信息，而不是整个页面。Ajax 可使因特网应用程序更小、更快、更友好。

15.1.2 Ajax 开发模式

目前，Ajax 技术没有统一的开发模式。针对不同的项目，可以选择不同的开发模式。下面介绍几种常见的开发模式。

1. XMLHTTP+WebForms

使用 Ajax 技术进行 Web 应用开发最常用的方法是 XMLHTTP+WebForms。在这种模式下，通过 JavaScript 去操作 XMLHttpRequest 对象，发送异步请求到服务器端。另一方面，在服务器端可以直接接受 XMLHttpRequest 的请求，并根据请求进行相应的处理，处理完成后返回相应的执行结果给 XMLHttpRequest 对象。最后直接使用 JavaScript 语言代码将返回的结果显示出来。

2. XMLHTTP+HttpHandler

这种模式与 XMLHTTP+WebForms 模式相比，客户端的实现并没有变化，还是直接使用 JavaScript 语言代码操作 XMLHTTP 对象，但在服务器端已经改用 HttpHandler 接收和处理异步请求。

3. CallBack

CallBack 是 ASP.NET 2.0 新增的开发方式，它要求页面实现 ICallbackEventHandler 接口。

ASP.NET 的回调就是使用 ICallbackEventHandler 接口。

它包括两个方法：

（1）RaiseCallbackEvent()方法执行对异步请求的服务器端处理。

（2）GetCallBackResult()方法返回异步请求的处理结果。

通过实现 RaiseCallbackEvent()和 GetCallbackResult()方法来实现回调，最后通过调用 ClientScript.GetCallbackEventReference()方法实现 Ajax 效果。

4. Ajax 框架

一般情况下，框架分为客户端框架和服务器框架。客户端框架是指基于浏览器的应用框架，如 Prototype、DOJO、qooxdoo、Bindows 等。服务器框架是指基于服务器端的应用框架，如 ASP.NET Ajax、Ajax. NET、WebORB for.NET、ComfortASP.NET 和 AjaxAspects 等。

用户如果使用 Ajax 框架进行 Web 开发，可以提高效率，并且代码稳定性好。

15.1.3 Ajax 的组合元素

Ajax 是 JavaScript、CSS、DOM 和 XMLHttpReques 技术的集合，这些元素的简介如下。

1. JavaScript

JavaScript 是目前 Web 应用程序开发者使用最为广泛的客户端脚本编程语言，常用来给 HTML 网页添加动态功能，比如响应用户的各种操作。

2. CSS

CSS 是用来进行网页风格设计的。例如，如果想让链接字未单击时是蓝色的，当鼠标移上去后字变成红色的且有下画线，这就是一种风格。在 Ajax 应用程序中，用户界面的样式可以通过 CSS 独立修改。

3. DOM

DOM 是 Document Object Model 的简称，意思是文档对象模型。DOM 可以以一种独立于平台和语言的方式访问、修改一个文档的内容与结构。DOM 技术使得用户页面可以动态地变化，如可以动态地显示或隐藏一个元素、改变它们的属性、增加一个元素等，DOM 技术使得页面的交互性大大增强。

4. XMLHttpReques

XMLHttpRequest 可以在不重新加载页面的情况下更新网页，在页面加载后在客户端向服务器请求数据，在页面加载后在服务器端接受数据，在后台向客户端发送数据。

由上述可知，在 Ajax 开发的过程中，4 个技术的配合工作如下：

（1）使用 JavaScript 来绑定和调用数据。

（2）使用 CSS 和 HTML 来显示页面效果。

（3）使用 DOM 模型来交互和动态显示。

（4）使用 XMLHttpRequest 来和服务器进行异步通信。

15.2 Ajax 的工作流程

所谓 Ajax 的工作方式，就是它所采用的各个技术按一定顺序排列的工作流程。其流程如下：

（1）在浏览器中，一个 event 被触发后，比如 onclick 鼠标单击，Ajax 程序创建一个 XMLHttpRequest 对象，以负责同服务器完成异步数据传输。之后，此 XMLHttpRequest 对象将浏览器端的 httprequest（http 请求）发送给服务器。

（2）服务器接到发送来的 httprequest，并对它进行处理。处理结果就是创建一个符合请求的 response（反馈），并且通过 XMLHttpRequest 对象把这个反馈数据传递给发送请求的浏览器。

（3）在浏览器中，Ajax 使用 JavaScript 处理从服务器传递回来的 response（反馈）数据，并且更新所对应的网页内容。

【案例 15-1】下面是一个使用 Ajax 的案例，具体操作步骤如下。

Step01 在网站主站点下创建网页 index.html，代码如下：

```
<html>
<head>
<script type="text/javascript">
 function loadXMLnewcontent()
{
 var xmlhttpRequestObj;

 if (window.XMLHttpRequest)
  {//适用于 IE7+、Firefox、Chrome、Opera、Safari
  xmlhttpRequestObj=new XMLHttpRequest();
  }
 else
  {//适用于 IE6、IE5
  xmlhttpRequestObj=new ActiveXObject("Microsoft.XMLHTTP");
  }

 xmlhttpRequestObj.onreadystatechange=function()
  {
  if (xmlhttpRequestObj.readyState==4 && xmlhttpRequestObj.status==200)
    {
document.getElementById("content").innerHTML=xmlhttpRequestObj.response
Text;
    }
  }

 xmlhttpRequestObj.open("GET","newcontent.txt",true);
 xmlhttpRequestObj.send();
```

```
}
</script>
</head>
<body>
<div id="title"><h2>AJAX 将会在下面实现异步传输内容</h2></div>
<div id="content"><p>AJAX 在这里输出内容~~</p></div>
<button type="button" onclick="loadXMLnewcontent()">点击加载新内容
</button>
</body>
</html>
```

Step02 在主站点下创建文件 newcontent.php，代码如下：

```
<?php
  $message= "Ajax and php. ";
  echo "This is a test for $message";
?>
```

Step03 在客户端浏览主页，运行结果如下图所示。

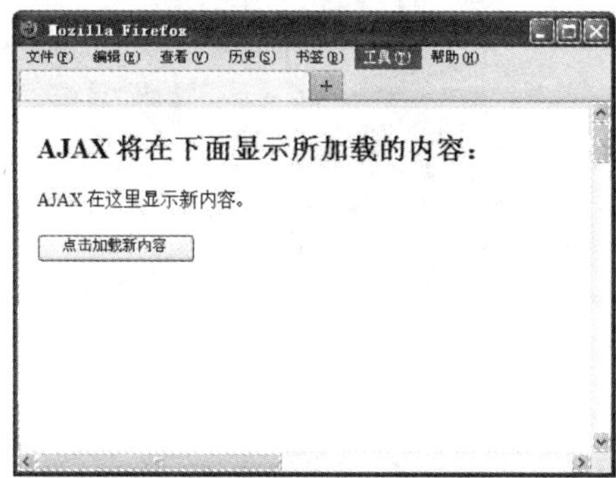

Step04 单击【点击加载新内容】按钮后，即可更新部分内容，效果如下图所示。

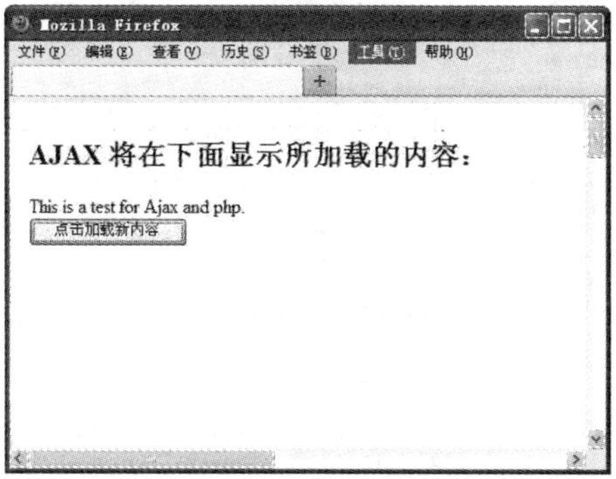

15.3　CSS 在 Ajax 中的应用

上面的章节中介绍了 Ajax 技术的工作过程，下面介绍 CSS 在 Ajax 开发过程中的应用。

由于 Ajax 的目的是改善用户的体验，而 CSS 可以修饰网页的外观效果，所以 CSS 在 Ajax 开发中的作用非常重要。从上一节的内容可以看出，无论使用何种技术，在页面美化设计时依然离不开 CSS，当然 Ajax 也不例外。

例如百度地图的网页（http://map.baidu.com/），如下图所示。虽然 Ajax 技术能够实现页面的局部刷新效果，但是对于页面的整个显示效果，仍然需要 CSS 的参与。

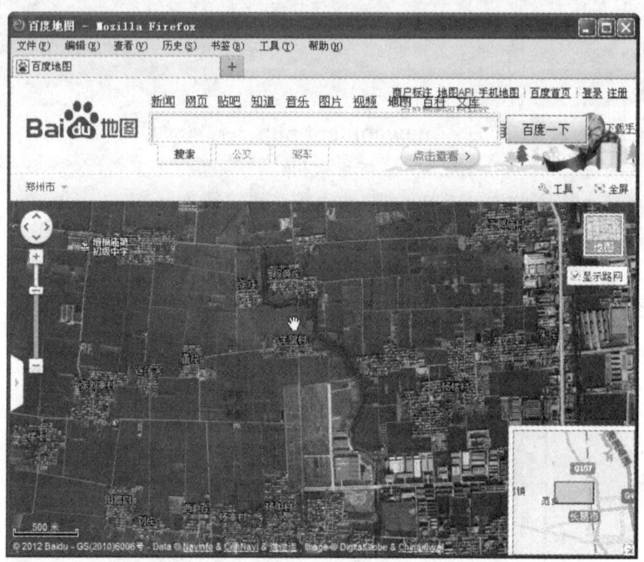

此时，如果查看页面的源代码，可以发现 CSS 属性占据了源代码的不少位置，如下图所示。可见无论技术如何发展，CSS 作为美术师的位置是不会改变的。

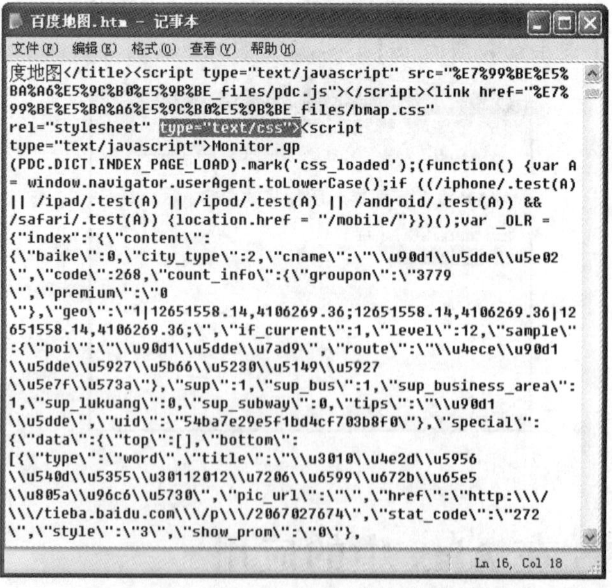

第4部分

CSS+DIV 综合实战

在前面的章节中，用户对 CSS+DIV 布局的方法有了整体上的认识，下面通过 6 个综合案例进一步巩固所学的知识，包括商业门户类网站的设计、教育科研类网站的设计、电子商务类网站的设计、娱乐休闲类网站的设计、图像影音类网站的设计和迅速武装一个经典网站。

6 天学习目标

- □ 商业门户类网站设计
- □ 教育科研类网站设计
- □ 电子商务类网站设计
- □ 娱乐休闲类网站设计
- □ 图像影音类网站设计
- □ 巧拿妙用——迅速武装起一个经典网站

1 第16天

商业门户类网站设计

16.1 整体设计

16.2 主要模块设计

16.3 网站调整

2 第17天

教育科研类网站设计

17.1 整体设计

17.2 主要模块设计

17.3 网站调整

3 第18天

电子商务类网站设计

18.1 整体布局

18.2 主要模块设计

18.3 网站调整

4 第19天

娱乐休闲类网站设计

19.1 整体设计

19.2 主要模块设计

19.3 网站调整

5 第20天

图像影音类网站设计

20.1 整体设计

20.2 主要模块设计

20.3 网站调整

巧拿妙用——迅速武装起一个经典网站

21.1　网站规划与分析

21.2　修改样式表确定网站风格

21.3　借用其他网站优秀模块

第 16 天　商业门户类网站设计

学时探讨：

今日主要探讨商业门户类网页的制作方法与调整技巧。商业门户类网页类型较多，结合行业不同，所设计的网页风格差异很大。本章将以一个时尚家居企业为例，完成商业门户网站的制作。

学时目标：

通过此章商业门户网站的展示与制作，做到 CSS+DIV 综合运用，掌握整体网站的设计流程与注意事项，为完成其他行业的同类网站打下基础。

16.1　整体设计

本案例是一个商业门户网站首页，网站风格简约，符合大多数同类网站的布局风格。下图所示为本实例的效果图。

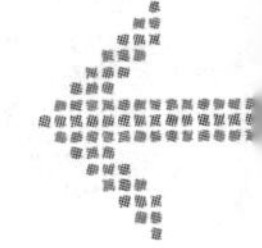

16.1.1 颜色应用分析

该案例作为商业门户网站，在进行设计时需要考虑其整体风格，需要注意网站主色调与整体色彩的搭配问题。

- 网站主色调：企业的形象塑造是非常重要的，所以在设计网页时要使网页的主色调符合企业的行业特征。本实例中企业为时尚家居，所以整体要体现温馨、舒适的主色调，再者当前提倡绿色环保，所以网页主色调采用了绿色为主的色彩风格，效果如下图所示。

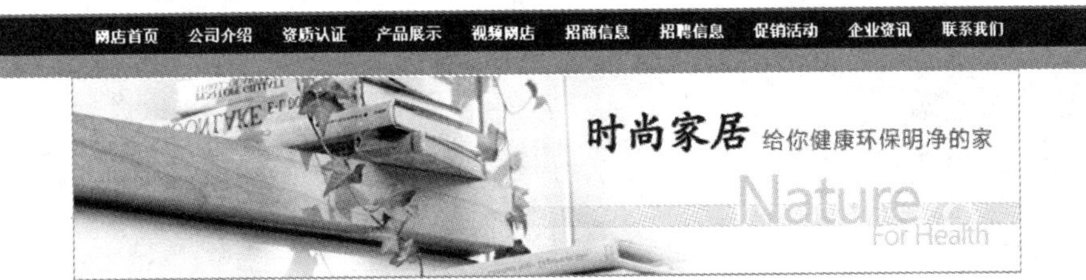

- 整体色彩搭配：主色调定好后，整体色彩搭配就要围绕主色调调整。其中以深绿、浅绿渐变的色彩为主，中间主题使用浅绿到米白的渐变，头部和尾部多用深绿，以体现上下层次结构。

16.1.2 架构布局分析

从网页整体架构来看，采用的是传统的上中下结构，即网页头部、网页主体和网页底部。网页主体部分又分为纵排的三栏，即左侧、中间和右侧，中间为主要内容。具体排版架构如下图所示。

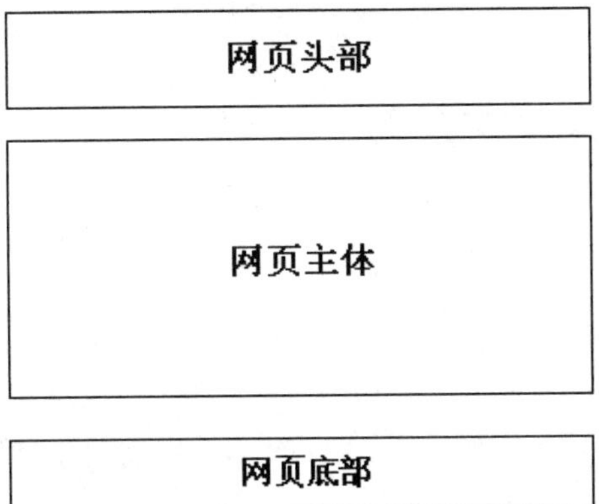

网页中间主体又做了细致划分，分为了左右两栏。在实现整个网页布局结构时，使用了<div>标记，具体布局划分代码如下：

```
    /*网页头部*/
    <div class="content border_bottom">
    </div>
    /*网页导航栏*/
    <div class="content dgreen-bg">
        <div class="content">
      </div>
    </div>
    /*网页banner*/
    <div  class="content"  id="top-adv"><img  src="img/top-adv.gif"  alt=""
/></div>
    /*中间主体*/
    <div class="content">
        /*主体左侧*/
        <div id="left-nav-bar" class="bg_white">
        </div>
       /*主体右侧*/
        <div id="right-cnt">
        </div>
    /*网页底部*/
    <div id="about" >
        <div class="content">
        </div>
    </div>
```

网页整体结构布局由以上<div>标记控制，并对应设置了CSS样式。

16.2 主要模块设计

整个网页的实现是由一个个的模块构成的，在上一节中已经介绍了这些模块，下面就来详细介绍这些模块的实现方法。

16.2.1 网页整体样式插入

首先，网页设计中需要使用CSS样式表控制整体样式，所以网站可以使用以下代码结构实现页面代码框架和CSS样式的插入。

```
<!doctype html >
<html>
<head>
<meta http-equiv="content-type" content="text/html; charset=gb2312" />
<title>时尚家居网店首页</title>
<link href="css/common.css" rel="stylesheet" type="text/css" />
<link href="css/layout.css" rel="stylesheet" type="text/css" />
<link href="css/red.css" rel="stylesheet" type="text/css" />
```

```
<script language="javascript" type="text/javascript" ></script></head>
<body>
…
</body>
</html>
```

由以上代码可以看出，案例中使用了 3 个 CSS 样式表，分别是 common.css、layout.css 和 red.css。其中 common.css 是控制网页整体效果的通用样式，另外两个用于控制特定模块内容的样式。下面先来看一下 common.css 样式表中的样式内容。

1. 网页全局样式

全局网页的设计样式如下：

```
*{
  margin:0;
  padding:0;
}

body{
  text-align:center;
  font:normal 12px "宋体", Verdana, Arial, Helvetica, sans-serif;
}
div,span,p,ul,li,dt,dd,h1,h2,h3,h4,h5,h5,h7{
  text-align:left;
}
img{border:none;}
.clear{
  font-size:1px;
  width:1px;
  height:1px;
  visibility:hidden;
  clear:both;
}
ul,li{
  list-style-type:none;
}
```

2. 网页链接样式

这里使用网页样式来设置链接，样式如下：

```
a,a:link,a:visited{
  color:#000;
  text-decoration:none;
}
a:hover{
  color:#BC2931;
  text-decoration:underline;
}
.cdred,a.cdred:link,a.cdred:visited{color:#C80000;}
```

```
.cwhite,a.cwhite:link,a.cwhite:visited{color:#FFF;background-color:transparent;}
.cgray,a.cgray:link,a.cgray:visited{color:#6B6B6B;}
.cblue,a.cblue:link,a.cblue:visited{color:#1F3A87;}
.cred,a.cred:link,a.cred:visited{color:#FF0000;}
.margin-r24px{
  margin-right:24px;
}
```

3. 网页字体样式

网页字体样式如下：

```
/* 字体大小 */
.f12px{ font-size:12px;}
.f14px{ font-size:14px;}

/* 字体颜色 */
.fgreen{color:green;}
.fred{color:#FF0000;}
.fdred{color:#bc2931;}
.fdblue{color:#344E71;}
.fdblue-1{color:#1c2f57;}
.fgray{color:#999;}
.fblack{color:#000;}
```

4. 其他样式属性

其他样式如下：

```
.txt-left{text-align:left;}
.txt-center{text-align:center;}
.left{ text-align:center;}
.right{ float: right;}
.hidden {display: none;}
.unline,.unline a{text-decoration: none;}
.noborder{border:none;  }
.nobg{background:none;}
```

16.2.2 网页局部样式

layout.css 和 red.css 样式表用于控制网页中特定内容的样式，每一个网页元素都可能有独立的样式内容，这些样式内容都需要设定自己独有的名称。在样式表中设置完成后，要在网页代码中使用 class 或者 id 属性调用。

1. layout.css 样式表如下

layout.css 样式表如下：

```
#container {
MARGIN: 0px auto; WIDTH: 878px
```

```
}
.content {
MARGIN: 0px  auto; WIDTH: 878px;
}
.border_bottom {
POSITION: relative
}
.border_bottom3 {
MARGIN-BOTTOM: 5px
}
#logo {
FLOAT: left; MARGIN: 23px 0px 10px 18px; WIDTH: 200px; HEIGHT: 75px
}
#adv_txt {
FLOAT: left; MARGIN: 75px 0px 0px 5px; WIDTH: 639px; HEIGHT: 49px
}
#sub_nav {
RIGHT: 12px; FLOAT: right; WIDTH: 202px; POSITION: absolute; TOP: 0px;
HEIGHT: 26px
}
#sub_nav LI {
PADDING-RIGHT: 5px; MARGIN-TOP: 1px; DISPLAY: inline; PADDING-LEFT: 5px;
FLOAT: left; PADDING-BOTTOM: 5px; WIDTH: 57px; PADDING-TOP: 5px; HEIGHT: 12px;
TEXT-ALIGN: center
}
#sub_nav LI.nobg {
BACKGROUND: none transparent scroll repeat 0% 0%; WIDTH: 58px
}
#main_nav {
DISPLAY: inline; FLOAT: left; MARGIN-LEFT: 10px; WIDTH: 878px; HEIGHT: auto
}
#main_nav LI {
PADDING-RIGHT: 10px; DISPLAY: block; PADDING-LEFT: 12px; FLOAT: left;
PADDING-BOTTOM: 10px; FONT: bold 14px "",sans-serif; WIDTH: 65px; PADDING-TOP:
10px; HEIGHT: 14px
}
#main_nav LI.nobg {
BACKGROUND: none transparent scroll repeat 0% 0%
}
#main_nav LI SPAN {
FONT-SIZE: 11px; FONT-FAMILY: Arial,sans-serif
}
#topad {
WIDTH: 876px; HEIGHT: 65px;
background:#fff;
text-align:center;
padding-top:3px;
}
#top-adv {
```

```
    WIDTH: 876px; HEIGHT: 181px
    }
    #top-adv IMG {
    WIDTH: 876px; HEIGHT: 181px
    }
    #top-contact-info {
    FONT-SIZE: 12px; MARGIN: 0px auto 1px; WIDTH: 190px; LINE-HEIGHT: 150%;
PADDING-TOP: 55px; HEIGHT: 76px
    }
    #left-nav-bar {
    PADDING-RIGHT: 5px; PADDING-LEFT: 5px; FLOAT: left; PADDING-BOTTOM: 5px;
WIDTH: 210px; PADDING-TOP: 5px
    }
    #left-nav-bar H2 {
    PADDING-RIGHT: 0px; PADDING-LEFT: 20px; PADDING-BOTTOM: 10px; FONT: bold
15px "",sans-serif; PADDING-TOP: 10px; LETTER-SPACING: 1px; HEIGHT: 15px
    }
    #left-nav-bar UL {
    MARGIN: 0px; WIDTH: 210px
    }
    #left-nav-bar UL LI {
    PADDING-RIGHT: 0px; PADDING-LEFT: 10px; PADDING-BOTTOM: 3px; WIDTH: 200px;
PADDING-TOP: 5px; HEIGHT: 12px
    }
    #left-nav-bar H3 {
    PADDING-RIGHT: 0px; PADDING-LEFT: 0px; PADDING-BOTTOM: 5px; MARGIN: 25px
0px; FONT: 19px "",sans-serif; PADDING-TOP: 5px; LETTER-SPACING: 2px; HEIGHT:
28px; TEXT-ALIGN: center
    }
    #hits {
    PADDING-RIGHT: 0px; DISPLAY: block; PADDING-LEFT: 0px; PADDING-BOTTOM:
10px; MARGIN: 0px auto; FONT: bold 12px "",sans-serif; WIDTH: 100%; PADDING-TOP:
10px; HEIGHT: 12px; TEXT-ALIGN: center
    }
    #right-cnt {
    FLOAT: right; WIDTH: 652px
    }
    #right-cnt P {
    FONT-SIZE: 14px; MARGIN: 0px auto 24px; WIDTH: 96%; LINE-HEIGHT: 150%
    }
    P#location {
    PADDING-RIGHT: 0px; PADDING-LEFT: 5px; FONT-WEIGHT: bold; PADDING-BOTTOM:
6px; MARGIN: 0px auto; WIDTH: 647px; TEXT-INDENT: 0px; PADDING-TOP: 6px
    }
    .pages {
    PADDING-RIGHT: 10px; PADDING-LEFT: 10px; PADDING-BOTTOM: 6px; MARGIN: 0px
auto; WIDTH: 632px; PADDING-TOP: 6px; HEIGHT: 14px
    }
    .pages H2 {
```

```
    PADDING-LEFT: 10px; FLOAT: left; FONT: bold 14px "",sans-serif; WIDTH: 100px; LETTER-SPACING: 1px; HEIGHT: 14px
    }
    .pages SPAN {
    FONT-WEIGHT: bold; FLOAT: left; WIDTH: 480px; HEIGHT: 12px; TEXT-ALIGN: left
    }
    .pages SPAN#p_nav {
    FLOAT: right; FONT: 12px "",sans-serif; WIDTH: 340px; HEIGHT: 12px; TEXT-ALIGN: right
    }
    .pages DIV#more {
    FONT-WEIGHT: bold; FONT-SIZE: 10px; FLOAT: right; WIDTH: 36px; FONT-FAMILY: Arial,sans-serif
    }
    #tags {
    PADDING-RIGHT: 0px; DISPLAY: block; PADDING-LEFT: 15px; PADDING-BOTTOM: 5px; MARGIN: 0px auto; WIDTH: 637px; TEXT-INDENT: 0px; PADDING-TOP: 5px; HEIGHT: 12px
    }
    #products-list {
    FLOAT: left; WIDTH: 652px
    }
    #products-list LI {
    FLOAT: left; MARGIN: 5px 0px; WIDTH: 326px; HEIGHT: 120px
    }
    #products-list LI IMG {
    FLOAT: left; WIDTH: 160px; HEIGHT: 120px
    }
    #products-list LI H3 {
    PADDING-RIGHT: 0px; PADDING-LEFT: 6px; FLOAT: right; PADDING-BOTTOM: 5px; FONT: bold 12px "",sans-serif; WIDTH: 150px; PADDING-TOP: 5px; LETTER-SPACING: 1px
    }
    #products-list LI UL {
    FLOAT: right; WIDTH: 161px
    }
    #products-list LI UL LI {
    PADDING-RIGHT: 0px; DISPLAY: inline; PADDING-LEFT: 5px; FLOAT: left; PADDING-BOTTOM: 5px; WIDTH: 151px; MARGIN-RIGHT: 5px; PADDING-TOP: 5px; HEIGHT: 12px
    }
    #products-list LI UL LI SPAN {
    FONT: bold 12px "",sans-serif; MARGIN-LEFT: 20px; COLOR: #c80000
    }
    DIV.col_center {
    PADDING-RIGHT: 5px; MARGIN-TOP: 5px; DISPLAY: inline; PADDING-LEFT: 5px; FLOAT: left; MARGIN-BOTTOM: 10px; PADDING-BOTTOM: 5px; OVERFLOW: hidden; WIDTH: 310px; PADDING-TOP: 5px; HEIGHT: 183px
```

```
    }
    DIV.right {
     FLOAT: right
    }
    DIV.noborder {
    BORDER-TOP-STYLE: none; BORDER-RIGHT-STYLE: none; BORDER-LEFT-STYLE: none;
BORDER-BOTTOM-STYLE: none
    }
    .sub-title {
     PADDING-RIGHT: 0px; PADDING-LEFT: 0px; PADDING-BOTTOM: 6px; MARGIN: 0px
auto; WIDTH: 292px; PADDING-TOP: 6px; HEIGHT: 14px
    }
    .sub-title H2 {
     PADDING-LEFT:  15px;  FLOAT:  left;  FONT:  bold  14px  "",sans-serif;
LETTER-SPACING: 1px
    }
    .sub-title SPAN {
     DISPLAY:  inline;  FLOAT:  right;  FONT:  bold  12px  Arial,sans-serif;
PADDING-TOP: 1px
    }
    DIV.col_center P {
     PADDING-RIGHT: 5px; PADDING-LEFT: 5px; PADDING-BOTTOM: 5px; MARGIN: 0px
auto; OVERFLOW: hidden; WIDTH: 272px; TEXT-INDENT: 24px; LINE-HEIGHT: 150%;
PADDING-TOP: 5px; HEIGHT: 128px
    }
    DIV.col_center UL {
     FLOAT: left; WIDTH: 302px
    }
    DIV.col_center UL LI {
     PADDING-RIGHT: 0px; DISPLAY: inline; PADDING-LEFT: 10px; FLOAT: left;
PADDING-BOTTOM:  4px;  MARGIN-LEFT:  5px;  OVERFLOW:  hidden;  WIDTH:  282px;
PADDING-TOP: 5px; HEIGHT: 12px
    }
    DIV.col_center UL LI A {
     COLOR: #686868
    }
    #m_adv {
     MARGIN: 0px auto 15px; WIDTH: 652px; HEIGHT: 151px; TEXT-ALIGN: center
    }
    #m_adv IMG {
     WIDTH: 652px; HEIGHT: 151px
    }
    #right-list {
     MIN-HEIGHT: 600px; FLOAT: left; MARGIN-BOTTOM: 5px; WIDTH: 652px
    }
    #right-list LI {
     PADDING-RIGHT: 0px; DISPLAY: inline; PADDING-LEFT: 12px; FLOAT: left;
PADDING-BOTTOM: 10px; MARGIN-LEFT: 15px; WIDTH: 610px; PADDING-TOP: 9px
    }
```

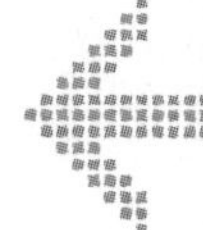

```
#copyright {
 PADDING-RIGHT: 0px; PADDING-LEFT: 0px; PADDING-BOTTOM: 15px; MARGIN: 0px
auto; WIDTH: 878px; LINE-HEIGHT: 150%; PADDING-TOP: 15px; TEXT-ALIGN: center
}
```

2. red.css 样式表

red.css 样式表如下：

```
body{
   color:#000;
   background:#FDFDEE url(../img/bg1.gif) 0 0 repeat-x;
}
#container{
  background:transparent url(../img/dot-bg.jpg) 0 0 repeat-x;
  color:#000;
}
.border_bottom3{
  border-bottom:3px solid #CDCDCD;
}
#sub_nav{
  background-color:#1D4009;
}
#sub_nav li{
  background:transparent url(../img/white-lt.gif) 100% 5px no-repeat;
  color:#FFF;
}
#sub_nav li a:link{
  color:#FFF;
}
#sub_nav li a:visited{
  color:#FFF;
}
#sub_nav li a:hover{
  color:#FFF;
}
.dgreen-bg{
  background-color:#1C3F09;
  width:100%;
  height:34px;
  border-bottom:20px solid #B6B683;
  border-top:3px solid #85B512;
}
#main_nav li{
  color:#FFF;
  background:transparent url(../img/lt2.gif) 0 10px no-repeat;
}
#main_nav li a:link{
  color:#FFF;
}
```

```
#main_nav li a:visited{
  color:#FFF;
}
#main_nav li a:hover{
  color:#FFF;
}
#top-adv{
  border:1px solid #B6B683;
  border-bottom:4px solid #B6B683;
}
#top-contact-info{
  color:#565615;
  background:transparent url(../img/contact-bg.gif) 0 2px no-repeat;
}
#left-nav-bar{
  background:#E7E7D6 url(../img/left.gif) 0 0 repeat-x;
}
#left-nav-bar h2{
  color:#3E650C;
  background:transparent url(../img/green-tab.gif) 8px 12px no-repeat;
  letter-spacing:1px;
  border-bottom:1px solid #ABABAB;
}
#left-nav-bar ul li{
  background:transparent url(../img/black-dot.jpg) 3px 9px no-repeat;
}
#left-nav-bar h3{
  border-top:1px solid #D8CECD;
  border-bottom:1px solid #D8CECD;
  color:#6E1920;
}
#right-cnt p{
  color:#4D4D4D;
}
.pages{
  background-color:#B6B683;
  border-bottom:3px solid #4D4D37;
}
.pages h2{
  color:#3F4808;
  background:url(../img/coffee-tab.gif) 1px 1px no-repeat;
}
#tags{
  background-color:#F6F6F6;
}
#products-list li ul li{
  border-top:1px dashed #000;
  color:#6F6F6F;
}
```

```
#products-list li ul li span{
  color:#C80000;
}
div.col_center{
  border:1px solid #B6B683;
  background:transparent url(../img/c-bg.gif) 100% 100% no-repeat;
}
.sub-title h2{
  background:transparent url(../img/green-tab.gif) 6px 1px no-repeat;
  color:#3E650C;
}
div.col_center p#intro{
  color:#426A0C;
}
div.col_center ul li{
  background:transparent url(../img/black-dot.jpg) 3px 8px no-repeat;
}
div.col_center ul li a:link{
  color:#426A0C;
}
div.col_center ul li a:visited{
  color:#426A0C;
}
div.col_center ul li a:hover{
  color:#426A0C;
}
#right-list li{
  background:transparent url(../img/black-dot.jpg) 5px 16px no-repeat;
  border-bottom:1px solid #CECECE;
}
#about{
  background-color:#1C3F09;
  width:100%;
  padding:10px 0 10px 0;
  height:14px;
  border-top:3px solid #85B512;
  text-align:left;
  color:#FFF;
}
#about a:link{
  color:#FFF;
}
#about a:visited{
  color:#FFF;
}
#about a:hover{
  color:#FFF;
}
```

16.2.3 顶部模块样式代码分析

网页顶部需要有网页 Logo、导航栏和一些快捷链接，如“设为首页”、“加入收藏”和“联系我们”。下图为网页顶部模块的样式。

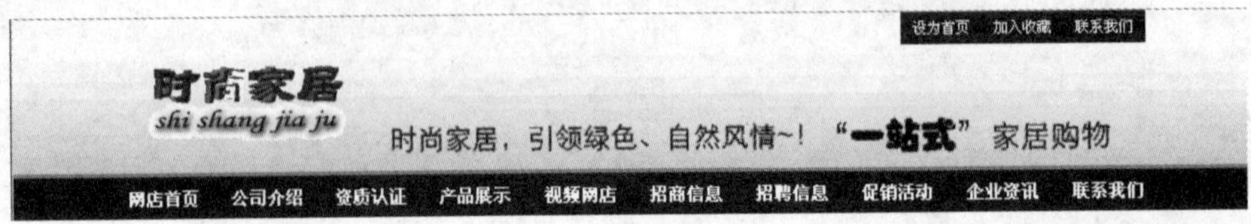

在制作时为了突出网页特色，可以将 Logo 制作成 GIF 动画，使网页更加具有活力。

网页顶部模块的实现代码如下：

```
/*网页 Logo 与快捷链接*/
<div class="content border_bottom">
  <ul id="sub_nav">
      <li><a href="#">设为首页</a></li>
      <li><a href="#">加入收藏</a></li>
      <li class="nobg"><a href="#">联系我们</a></li>
  </ul>
      <img src="img/logo.gif" alt="时尚家居" name="logo" width="200" height="75" id="logo" />
      <img src="img/adv-txt.gif" alt="" name="adv_txt" width="644" height="50" id="adv_txt" />
      <br class="clear" />
</div>

/*导航栏*/
<div class="content dgreen-bg">
    <div class="content">
  <ul id="main_nav">
      <li class="nobg"><a href="#">网店首页</a></li>
      <li><a href="#">公司介绍</a></li>
      <li><a href="#">资质认证</a></li>
      <li><a href="#">产品展示</a></li>
      <li><a href="#">视频网店</a></li>
      <li><a href="#">招商信息</a></li>
      <li><a href="#">招聘信息</a></li>
      <li><a href="#">促销活动</a></li>
      <li><a href="#">企业资讯</a></li>
      <li><a href="#">联系我们</a></li>
  </ul><br class="clear" />
  </div>
</div>
```

16.2.4 中间主体代码分析

中间主体可以分为上下结构的两部分，一部分是主体 banner，另一部分就是主体内容。下面来分别实现。

1. 实现主体 banner

主体 banner 只是插入的一张图片，其效果图如下。

banner 模块的实现代码如下：

```
<div class="content" id="top-adv"><img src="img/top-adv.gif" alt=""
/></div>
```

2. 主体内容实现

网页主体内容较多，整体可以分为左右两栏，左侧栏目实现较简单，右侧栏目又由多个小模块构成，其展示效果如下图所示。

实现中间主体的代码如下：

```
/*左侧栏目内容*/
<div class="content">
```

```
        <div id="left-nav-bar" class="bg_white">
          <p id="top-contact-info">
          联系人：张经理<br />
          联系电话：0371-60000000<br />
          手机：16666666666<br />
            E-mail:shishangjiaju@163.com<br>
          地址：黄淮路 120 号经贸大厦
          </p>
            <br>
          <h2>招商信息</h2>
          <ul>
              <li>新款上市，诚邀加盟商家入驻</li>
              <li>新款上市，诚邀加盟商家入驻<a href="#"></a></li>
              <li>新款上市，诚邀加盟商家入驻<a href="#"></a></li>
              <li>新款上市，诚邀加盟商家入驻<a href="#"></a></li>
          </ul>
          <h2>企业资讯</h2>
          <ul>
              <li><a href="#">新款上市，诚邀加盟商家入驻</a></li>
              <li><a href="#">新款上市，诚邀加盟商家入驻</a></li>
              <li><a href="#">新款上市，诚邀加盟商家入驻</a></li>
              <li><a href="#">新款上市，诚邀加盟商家入驻</a></li>
          </ul>
          <h3><a href="#"><img src="img/sq-txt.gif" width="143" height="28"
/></a></h3>
          <h3><a href="#"><img src="img/log-txt.gif" width="120" height="27"
/></a></h3>
          <h3><a    href="#"><img    src="img/loglt-txt.gif"    width="143"
height="27" /></a></h3>
          <span id="hits">现在已经有[35468254]次点击</span>
      </div>
    /*右侧栏目内容*/
      <div id="right-cnt">
          <div class="col_center">
           <div  class="sub-title"><h2> 促 销 活 动 </h2><span><a  href="#"
class="cblue">more</a> </span><br class="clear" />
           </div>
            <ul>
                <li><a href="#">岁末大放送，新款家居全新推出，欢迎新老客户惠顾
</a></li>
                <li><a href="#">岁末大放送，新款家居全新推出，欢迎新老客户惠顾
</a></li>
                <li><a href="#">岁末大放送，新款家居全新推出，欢迎新老客户惠顾
</a></li>
                <li><a href="#">岁末大放送，新款家居全新推出，欢迎新老客户惠顾
</a></li>
                <li><a href="#">岁末大放送，新款家居全新推出，欢迎新老客户惠顾
</a></li>
                <li><a href="#">岁末大放送，新款家居全新推出，欢迎新老客户惠顾
```

```
</a></li>
                <li><a href="#">岁末大放送，新款家居全新推出，欢迎新老客户惠顾
</a></li>
            </ul>
          </div>
         <div class="col_center right">
           <div  class="sub-title"><h2> 公 司 简 介 </h2><span><a  href="#"
class="cblue">more</a> </span><br class="clear" /></div>
            <p id="intro">
            时尚家居主要以家居产品为主。从事家具、装潢、装饰等产品。公司以多元化的方式，
致力提供完美、时尚、自然、绿色的家居生活。以人为本、以品质为先是时尚家居人的服务理念原
则...[<a href="#" class="cgray">详细</a>]            </p>
          </div><br class="clear" />
          <div id="m_adv"><img src="img/m-adv.gif" width="630" height="146"
/></div>

            <div class="pages"><h2>产品展示</h2>
            <span>产品分类：家具 | 家纺 | 家饰 | 摆件 | 墙体 | 地板 | 门窗 | 桌柜 | 电
器</span>
            <div id="more"><a href="#" class="cblue">more</a></div>
            <br class="clear" /></div>
            <ul id="products-list">
                <li>
                 <img src="img/product1.jpg" alt=" " width="326" height="119" />
                 <h3>产品展示</h3>
                 <ul>
                     <li>规格：迷你墙体装饰书架</li>
                     <li>产地：江苏南昌</li>
                     <li> 价 格 ： 200  <span>[<a  href="#"  class="cdred"> 详 细
</a>]</span></li>
                 </ul>
                 </li>
                <li>
                 <img src="img/product2.jpg" alt=" " width="326" height="119" />
                 <h3>产品展示</h3>
                 <ul>
                     <li>规格：茶艺装饰台</li>
                     <li>产地：江苏南昌</li>
                     <li> 价 格 ： 800  <span>[<a  href="#"  class="cdred"> 详 细
</a>]</span></li>
                 </ul>
                 </li>
                <li>
                 <img src="img/product3.jpg" alt=" " width="326" height="119" />
                 <h3>产品展示</h3>
                 <ul>
                     <li>规格：壁挂电视装饰墙</li>
                     <li>产地：江苏南昌</li>
                     <li> 价 格 ： 5200  <span>[<a  href="#"  class="cdred"> 详 细
```

```
</a>]</span></li>
              </ul>
              </li>
             <li>
              <img src="img/product4.jpg" alt=" " width="326" height="119" />
              <h3>产品展示</h3>
              <ul>
                  <li>规格：时尚家居客厅套装</li>
                  <li>产地：江苏南昌</li>
                  <li>价格：100000 <span>[<a href="#" class="cdred">详细
</a>]</span></li>
              </ul>
              </li>
          </ul><br class="clear" />
    </div>
    <br class="clear" />
  </div>
```

16.2.5 底部模块分析

网站底部设计较简单，包括一些快捷链接和版权声明信息，具体效果如下图所示。

网店首页 | 公司介绍 | 资质认证 | 产品展示 | 视频网店 | 招商信息 | 招聘信息 | 促销活动 | 企业资讯 | 联系我们

地址：黄淮路120号经贸大厦 联系电话：1666666666
版权声明：时尚家居所有

网站底部的实现代码如下：

```
  /*快捷链接*/
  <div id="about" >
      <div class="content">
        <a href="#">网店首页</a> | <a href="#">公司介绍</a> | <a href="#">资
质认证</a> | <a href="#">产品展示</a> | <a href="#">视频网店</a> | <a href="#">
招商信息</a> | <a href="#">招聘信息</a> | <a href="#">促销活动</a> | <a href="#">
企业资讯</a> | <a href="#">联系我们</a>
      </div>
  </div>
  /*版权声明*/
  <p id="copyright">地址：黄淮路 120 号经贸大厦     联系电话：1666666666 <br>版权
声明：时尚家居所有</p>
```

16.3 网站调整

网站设计完成后，如果需要完善或者修改，可以对其中的框架代码以及样式代码进行调整。下面简单介绍几项内容的调整方法。

16.3.1 部分内容调整

以修改网页背景为例介绍网页调整方法。

在 red.css 文件中修改 body 标记样式。

```
body{
  color:#000;
  background:#FDFDEE url(../img/bg1.gif) 0 0 repeat-x;
}
```

将其中的 background 属性删除，网页的背景就会变成 color:#000，即为白色。

网页中的内容修改比较简单，只要换上对应的图片和文字即可。比较麻烦的是对象样式的更换，需要先找到要调整的对象，然后再找到控制该对象的样式，找到对应的样式表进行修改即可。有的时候修改完样式表，可能使部分网页布局错乱，这时需要单独对特定区域进行代码调整。

16.3.2 模块调整

网页中的模块可以根据需求进行调整，在调整时需要注意，如果需要调整的模块尺寸发生了变化，要先设计好调整后的确切尺寸，尺寸修改正确后才能确保调整后的模块是可以正常显示的，否则很容易发生错乱。另外，调整时需要注意模块的内边距、外边距和 float 属性值，否则框架模块很容易出现错乱。

下面尝试互换以下两个模块的位置。

促销活动 more

岁末大放送，新款家居全新推出，欢迎新老客户惠顾
岁末大放送，新款家居全新推出，欢迎新老客户惠顾
岁末大放送，新款家居全新推出，欢迎新老客户惠顾
岁末大放送，新款家居全新推出，欢迎新老客户惠顾
岁末大放送，新款家居全新推出，欢迎新老客户惠顾
岁末大放送，新款家居全新推出，欢迎新老客户惠顾
岁末大放送，新款家居全新推出，欢迎新老客户惠顾

公司简介 more

时尚家居主要以家居产品为主。从事家具、装潢、装饰等产品。公司以多元化的方式，致力提供完美、时尚、自然、绿色的家居生活。以人为本、以品质为先是时尚家居人的服务理念原则...[详细]

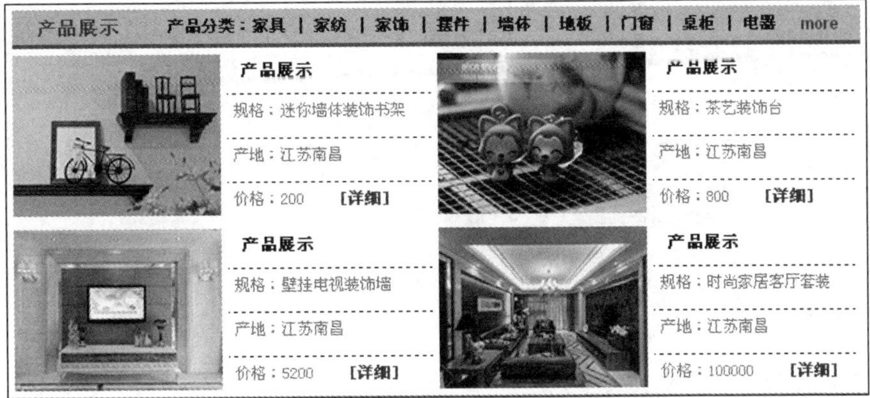

以上两个模块只是上下位置发生了变化，其尺寸宽度相当，所以只需要互换其对应代码位置即可。修改后网页主体右侧代码如下：

```
    <div id="right-cnt">
        <div class="pages"><h2>产品展示</h2>
          <span>产品分类：家具 | 家纺 | 家饰 | 摆件 | 墙体 | 地板 | 门窗 | 桌柜 | 电器</span>
          <div id="more"><a href="#" class="cblue">more</a></div>
          <br class="clear" /></div>
          <ul id="products-list">
              <li>
              <img src="img/product1.jpg" alt=" " width="326" height="119" />
              <h3>产品展示</h3>
              <ul>
                  <li>规格：迷你墙体装饰书架</li>
                  <li>产地：江苏南昌</li>
                  <li> 价 格 ： 200  <span>[<a  href="#"  class="cdred"> 详 细</a>]</span></li>
              </ul>
              </li>
              <li>
              <img src="img/product2.jpg" alt=" " width="326" height="119" />
              <h3>产品展示</h3>
              <ul>
                  <li>规格：茶艺装饰台</li>
                  <li>产地：江苏南昌</li>
                  <li> 价 格 ： 800  <span>[<a  href="#"  class="cdred"> 详 细</a>]</span></li>
              </ul>
              </li>
              <li>
              <img src="img/product3.jpg" alt=" " width="326" height="119" />
              <h3>产品展示</h3>
              <ul>
                  <li>规格：壁挂电视装饰墙</li>
                  <li>产地：江苏南昌</li>
                  <li> 价 格 ： 5200  <span>[<a  href="#"  class="cdred"> 详 细</a>]</span></li>
              </ul>
              </li>
              <li>
              <img src="img/product4.jpg" alt=" " width="326" height="119" />
              <h3>产品展示</h3>
              <ul>
                  <li>规格：时尚家居客厅套装</li>
                  <li>产地：江苏南昌</li>
                  <li> 价格： 100000  <span>[<a  href="#"  class="cdred"> 详细</a>]</span></li>
              </ul>
```

```
                </li>
          </ul><br class="clear" />
            <div id="m_adv"><img src="img/m-adv.gif" width="630"
    height="146" /></div>
           <div class="col_center">
         <div class="sub-title"><h2>促销活动</h2><span><a href="#"
    class="cblue">more</a></span><br class="clear" />
         </div>
          <ul>
              <li><a href="#">岁末大放送，新款家居全新推出，欢迎新老客户惠顾
   </a></li>
               <li><a href="#">岁末大放送，新款家居全新推出，欢迎新老客户惠顾
   </a></li>
              <li><a href="#">岁末大放送，新款家居全新推出，欢迎新老客户惠顾
   </a></li>
               <li><a href="#">岁末大放送，新款家居全新推出，欢迎新老客户惠顾
   </a></li>
              <li><a href="#">岁末大放送，新款家居全新推出，欢迎新老客户惠顾
   </a></li>
               <li><a href="#">岁末大放送，新款家居全新推出，欢迎新老客户惠顾
   </a></li>
               <li><a href="#">岁末大放送，新款家居全新推出，欢迎新老客户惠顾
   </a></li>
          </ul>
        </div>
        <div class="col_center right">
          <div  class="sub-title"><h2> 公 司 简 介 </h2><span><a  href="#"
class="cblue">more</a> </span><br class="clear" /></div>
          <p id="intro">
          时尚家居主要以家居产品为主。从事家具、装潢、装饰等产品。公司以多元化的方式，
致力提供完美、时尚、自然、绿色的家居生活。以人为本、以品质为先是时尚家居人的服务理念原
则...[<a href="#" class="cgray">详细</a>]          </p>
        </div><br class="clear" />
     </div>
     <br class="clear" />
   </div>
```

16.3.3 调整后预览测试

通过以上调整，网页最终效果如下图所示。

设为首页 加入收藏 联系我们
时尚家居
shi shang jia ju
时尚家居，引领绿色、自然风情~！“一站式”家居购物
网店首页 公司介绍 资质认证 产品展示 视频网店 招商信息 招聘信息 促销活动 企业资讯 联系我们
时尚家居 给你健康环保明净的家
Nature
For Health
时尚家居
客户服务信息
联系人：张经理
联系电话：0371-60000000
手机：16666666666
地址：黄淮路120号经贸大厦
招商信息
新款上市，诚邀加盟商家入驻
新款上市，诚邀加盟商家入驻
新款上市，诚邀加盟商家入驻
新款上市，诚邀加盟商家入驻
企业资讯
新款上市，诚邀加盟商家入驻
新款上市，诚邀加盟商家入驻
新款上市，诚邀加盟商家入驻
新款上市，诚邀加盟商家入驻
我要申请网店
登陆办公室
点击进入论坛
现在已经有[35468254]次点击
产品展示
产品分类：家具 | 家纺 | 家饰 | 摆件 | 墙体 | 地板 | 门窗 | 桌柜 | 电器 more
产品展示
规格：迷你墙体装饰书架
产地：江苏南昌
价格：200 [详细]
产品展示
规格：茶艺装饰台
产地：江苏南昌
价格：800 [详细]
产品展示
规格：壁挂电视装饰墙
产地：江苏南昌
价格：5200 [详细]
产品展示
规格：时尚家居客厅套装
产地：江苏南昌
价格：100000 [详细]
FASHION
格调 与 品位
促销活动 more
岁末大放送，新款家居全新推出，欢迎新老客户惠顾
岁末大放送，新款家居全新推出，欢迎新老客户惠顾
岁末大放送，新款家居全新推出，欢迎新老客户惠顾
岁末大放送，新款家居全新推出，欢迎新老客户惠顾
岁末大放送，新款家居全新推出，欢迎新老客户惠顾
岁末大放送，新款家居全新推出，欢迎新老客户惠顾
岁末大放送，新款家居全新推出，欢迎新老客户惠顾
公司简介 more
时尚家居主要以家居产品为主。从事家具、装潢、装饰等产品。公司以多元化的方式，致力提供完美、时尚、自然、绿色的家居生活。以人为本、以品质为先是时尚家居人的服务理念原则...[详细]
网店首页 | 公司介绍 | 资质认证 | 产品展示 | 视频网店 | 招商信息 | 招聘信息 | 促销活动 | 企业资讯 | 联系我们
地址：黄淮路120号经贸大厦 联系电话：16666666666
版权声明：时尚家居所有

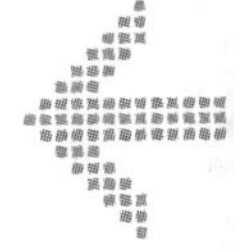

第 17 天 教育科研类网站设计

学时探讨：

今日主要探讨教育科研类网页的制作方法与调整技巧。教育科研类网页类型较多，结合行业不同，所设计的网页风格差异很大。本章将以 IT 行业为例，完成教育科研网站的制作。

学时目标：

通过此章教育科研类网站的展示与制作，做到 DIV+CSS 综合运用，掌握整体网站的设计流程与注意事项，为完成其他行业的同类网站打下基础。

17.1 整体设计

教育科研类网站的设计重点就是要突出行业特色、服务特点，稳重厚实的色彩风格比较通用，如下图所示。

17.1.1 颜色应用分析

该案例作为教育科研网站，在进行设计时需要考虑其整体风格，需要注意网站主色调与整体色彩的搭配问题。

- 网站主色调：行业的形象特色是非常重要的，所以在设计网页时要使网页的主色调符合行业特征。本实例为 IT 行业教育科研网，整体要体现厚重、科技的主色调，所以以金属质感的灰色为主色调，效果如下图所示。

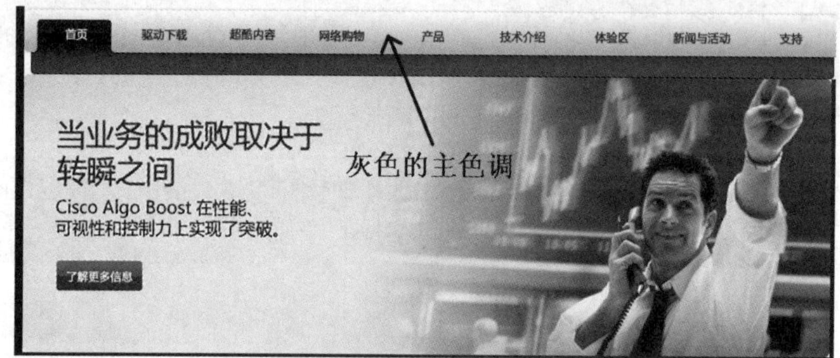

- 整体色彩搭配：主色调定好后，整体色彩搭配就要围绕主色调调整。其中以灰白、灰黑的色彩为主。网页头部为灰白，导航栏选择后为灰黑，网页底部快捷链接为灰黑。两种颜色交替出现，可清晰地体现上下层次结构。效果如下图所示。

17.1.2 架构布局分析

教育科研网站有时候会有个弊端，色彩太稳就容易显得单调，一味地强调突出行业特色，忽略了网页表达的实际环境，结果网站信息不能很好地传递出去。在这点上教育科研网站也

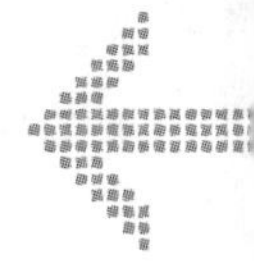

要表达得富有时尚元素。时尚的定义不仅仅是色彩，在网站形式上的别具风格也可以说迎合主题。

本实例采用了“1-（1+3）-1”布局结构，具体排版架构如下图所示。

在实现整个网页布局结构时，使用了<div>标记，具体布局划分代码如下：

```
<body>
<div id="top"></div>
<div id="banner"></div>
<div id="mainbody"></div>
<div id="bottom"></div>
</body>
```

17.2 主要模块设计

整个网页的实现是由一个个的模块构成的，在上一节中已经介绍了这些模块，下面就来详细介绍这些模块的实现方法。

17.2.1 网页整体样式插入

首先，网页设计中需要使用 CSS 样式表控制整体样式，所以网站可以使用以下代码结构实现页面代码框架和 CSS 样式的插入。

```
<!DOCTYPE html>
<html>
<head>
<meta http-equiv="Content-Type" content="text/html; charset=gb2312" />
```

```
<title>百诺教育中国官方网站</title>
<link href="css/basic.css" rel="stylesheet" type="text/css" />
<link href="css/font.css" rel="stylesheet" type="text/css" />
<link href="css/layout.css" rel="stylesheet" type="text/css" />
<script type="text/javascript" src="js/menu.js"></script>
<script type=text/javascript src="js/hover.js"></script>
<script src="Scripts/AC_RunActiveContent.js"
 type="text/javascript"></script>
</head>
<body>
…
</body>
</html>
```

由以上代码可以看出，案例中使用了 3 个 CSS 样式表，分别是 basic.css、font.css 和 layout.css。其中 basic.css 是控制网页整体效果的通用样式，font.css 用于控制字体和超链接样式，layout.css 用于控制特定模块内容的样式。下面先来分别看一下三个样式表中的样式内容。

1. basic.css

样式代码如下：

```
/*=全局样式=*/
body{ margin:0; padding:0; border:0; font:Arial, Helvetica, sans-serif;
font-size:12px; color:#343434; background:#fff;}
/*=初始化标签=*/
form,ul,li,dl,dt,dd,div,img,input,p,a,h1{ margin:0; padding:0;
 border:0;}
ul,li,dt,dd{ list-style-type:none;}
.clear{ margin:0px; padding:0px; line-height:0px; font-size:0px;
 clear:both; visibility: hidden;}
```

2. font.css

样式代码如下：

```
a:link,a:visited,a:active{ text-decoration:none; color:#343434;}
a:hover{ text-decoration:underline; color:#5F5F5F;}
a.green:link,a.green:visited,a.green:active{ text-decoration:none;
 color:#76B900;}
a.green:hover{ text-decoration:underline; color:#76B900;}
.green{color:#76B900;}
a.white:link,a.white:visited,a.white:active{ text-decoration:none;
 color:#ffffff;}
a.white:hover{ text-decoration:underline; color:#ffffff;}
.white{color:#ffffff;}
.font10{font-family:Arial, Helvetica, sans-serif; font-size:10px;}
```

3. layout.css

样式代码如下：

```
    #top,#banner,#mainbody,#bottom,#sonmainbody{ margin:0 auto;}
    #top{ width:960px; height:136px;}
     #header{ height:58px; background-image:url(../images/header-bg.jpg)}
      #logo{ float:left; padding-top:10px; margin-left:20px; display:inline;}
      #search{  float:right;  width:500px;  height:26px;  padding-top:19px;
padding-right:28px;}
       .s1{ float:left; height:26px; line-height:26px; padding-right:10px;}
       .s2{ float:left; width:204px; height:26px; padding-right:10px;}
        .seaarch-text{ width:194px; height:16px;padding-left:10px;
    line-height:16px;vertical-align:middle;padding-top:5px;padding-bottom:
    5px;background-image:url(../images/search-bg.jpg);
color:#343434;background-repeat: no-repeat;}
       .s3{ float:left; width:20px; height:23px; padding-top:3px;}
        .search-btn{ height:20px;}
     #menu{ width:948px; height:73px; background-image:url(../images/menu-bg.
jpg); background-repeat:no-repeat; padding-left:12px; padding-top:5px;}
    #banner{ width:960px; height:320px; padding-bottom:15px;}
    #mainbody{ width:960px; margin-bottom:25px;}
     #actions,#idea{ height:173px;width:355px; float:left; margin-right:15px;
display:inline;}
       .actions-title{ color:#FFFFFF; height:34px; width:355px; background-
image:url(../images/action-titleBG.gif);}
       .actions
li{float:left;display:block;cursor:pointer;text-align:center;font-weight:b
old;width: 66px;height: 34px ;line-height: 34px; padding-right:1px;}
       .hover{ padding:0px; width:66px; color:#76B900; font-weight:bold;
     height:34px; line-height:34px; background-image: url(../images/action-
titleBGhover.gif);}
       .action-content{ height:135px; width:353px; border-left:1px solid
     #cecece; border-right:1px solid #cecece;}
       .text1{height:121px; width:345px; padding-left:8px; padding-top:14px;}
       .text1 dt,.text1 dd{ float:left;}
       .text1 dd{ margin-left:15px; display:inline;}
       .text1 dd p{ line-height:22px; padding-top:5px; padding-bottom:5px;}
        h1{ font-size:12px;}
        .list{ height:121px; padding-left:8px; padding-top:14px; padding-right:
8px; width:337px;}
        .list li{ background: url(../images/line.gif) repeat-x bottom; /*列表
底部的虚线*/ width: 100%; }
        .list  li  a{display:  block;  padding:  6px  0px  4px  15px;  background:
url(../images/oicn-news.gif) no-repeat 0 8px;    /*列表左边的箭头图片*/
     overflow:hidden; }
        .list li span{ float: right;/*使 span 元素浮动到右面*/ text-align: right;/*
日期右对齐*/ padding-top:6px;}
    /*注意:span 一定要放在前面，反之会产生换行*/
        .idea-title{font-weight:bold;color:##76B900;height:24px; width:345px;
background-image:url(../images/idea-titleBG.gif);padding-left:10px;padding
-top:10px;}
     #quicklink{ height:173px; width:220px; float:right; background:url
```

```
(../images/linkBG.gif);}
     .btn1{ height:24px; line-height:24px; margin-left:10px; margin-top:
62px;}
    #bottom{ width:960px;}
     #rss{ height:30px; width:960px; line-height:30px; background-image:url
(../images/link3.gif);}
      #rss-left{ float:left; height:30px; width:2px;}
      #rss-right{ float:right; height:30px; width:2px;}
      #rss-center{ height:30px; line-height:30px; padding-left:18px;
    width:920px; float:left;}
     #contacts{ height:36px; line-height:36px;}
```

17.2.2 顶部模块样式代码分析

网页顶部需要有网页 Logo、导航栏和一些快捷链接，下图所示为网页顶部模块的样式。

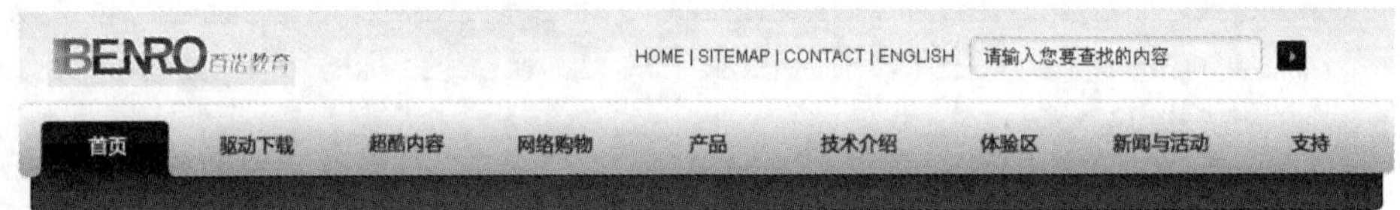

网页顶部模块的实现代码如下：

```
   <div id="top">
     <div id="header">
       <div id="logo"><a href="index.html"><img src="images/logo.gif" alt="
百诺教育官网" border="0" /></a></div>
      <div id="search">
       <div class="s1 font10"><a href="#">HOME</a> | <a href="#">SITEMAP</a>
| <a href="#">CONTACT</a> | <a href="#">ENGLISH</a></div>
       <div class="s2"><input name="search-text" type="text"  class="seaarch
-text" onFocus="if (value =='请输入您要查找的内容'){value =''}" onBlur="if (value
==''){value='请输入您要查找的内容'}" value='请输入您要查找的内容' maxlength="20">
       </div>
       <div class="s3">
        <label>
        <input type="image" name="imageField" id="imageField" src="images/
search-btn.gif" class="search-btn" />
        </label>
      </div>
      </div>
     </div>
      <div id="menu">
       <a href="index.html" onmouseout="MM_swapImgRestore()"
    onmouseover="MM_swapImage('Image30','','images/menu1-0.gif',5)"></a><a
href="index.html" onfocus="this.blur()" onmouseout="MM_swapImgRestore()"
    onmouseover="MM_swapImage('Image26','','images/menu1-0.gif',1)"><img
src="images/menu1-1.gif" name="Image26" width="99" height="49" border="0"
```

```
id="Image" /></a>
      <a href="download.html" onfocus="this.blur()" onmouseout=
"MM_swapImgRestore()"
onmouseover="MM_swapImage('Image6','','images/menu2-1.gif',1)"><img
src="images/menu2-0.gif" name="Image6" width="99" height="49" border="0"
id="Image6" /></a>
      <a href="cool.html" onfocus="this.blur()" onmouseout="MM_
swapImgRestore()"
onmouseover="MM_swapImage('Image7','','images/menu3-1.gif',1)"><img
src="images/menu3-0.gif" name="Image7" width="99" height="49" border="0"
id="Image7" /></a>
      <a href="net.html" onfocus="this.blur()" onmouseout="MM_swapImg
Restore()"
onmouseover="MM_swapImage('Image8','','images/menu4-1.gif',1)"><img
src="images/menu4-0.gif" name="Image8" width="99" height="49" border="0"
id="Image8" /></a>
       <a href="products.html" onfocus="this.blur()" onmouseout="MM_
swapImgRestore()"
onmouseover="MM_swapImage('Image9','','images/menu5-1.gif',1)"><img
src="images/menu5-0.gif" name="Image9" width="99" height="49" border="0"
id="Image9" /></a>
       <a href="skill.html" onfocus="this.blur()" onmouseout="MM_
swapImgRestore()"
onmouseover="MM_swapImage('Image10','','images/menu6-1.gif',1)"><img
src="images/menu6-0.gif" name="Image10" width="99" height="49" border="0"
id="Image10" /></a>
        <a href="touch.html" onfocus="this.blur()" onmouseout="MM_
swapImgRestore()"
onmouseover="MM_swapImage('Image11','','images/menu7-1.gif',1)"><img
src="images/menu7-0.gif" name="Image11" width="99" height="49" border="0"
id="Image11" /></a>
        <a href="news.html" onfocus="this.blur()" onmouseout="MM_
swapImgRestore()"
onmouseover="MM_swapImage('Image12','','images/menu8-1.gif',1)"><img
src="images/menu8-0.gif" name="Image12" width="99" height="49" border="0"
id="Image12" /></a>
        <a href="support.html" onfocus="this.blur()"
    onmouseout="MM_swapImgRestore()"
onmouseover="MM_swapImage('Image13','','images/menu9-1.gif',1)"><img
src="images/menu9-0.gif" name="Image13" width="99" height="49" border="0"
id="Image13" /></a>
      </div>
    </div>
```

从以上代码中可以看出，出现了大量的<a>标记，这些<a>标记的目的是为了实现导航栏的动态功能。本例导航通过<a>标签的两个事件实现：onmouseout 和 onmouseover，分别为 onmouseout 和 onmouseover 指定不同的图片，使鼠标经过导航栏时有动态效果显示。

17.2.3 中间主体代码分析

中间主体可以分为上下结构的两部分，一部分是主体 banner，另一部分就是主体内容。主体内容又可分为左、中、右 3 个模块，效果如下图所示。

实现中间主体的代码如下：

```
<!--================banner 开始=================-->
 <div id="banner"><img src="images/tu1.jpg" /></div>
<!--================主体内容开始=================-->
 <div id="mainbody">
  <div id="actions">
   <div class="actions-title">
    <ul class="actions">
    <li id="one1" onmouseover="setTab('one',1,3)"class="hover green" >活
动</li>
    <li id="one2" onmouseover="setTab('one',2,3)" class="white" >行业信息</li>
   <li id="one3" onmouseover="setTab('one',3,3)" class="white" >超酷内容</li>
    </ul>
   </div>
   <div class="action-content">
    <div id="con_one_1" >
     <dl class="text1">
      <dt><img src="images/cuda.jpg" /></dt>
      <dd><h1>联天下 启未来</h1><p>互联网，网天下。当我<br />
       们联所未联，将会发生什<br />
        么？</p>
       <a href="#" class="green"><span class="font10">learn more>></span>
</a></dd>
     </dl>
    </div>
    <div id="con_one_2" style="display:none">
     <div id="index-news">
     <ul class="list">
      <li><span>2010/08/24</span><a href="#">授予佐治亚理工学院 CUDA 卓越中心
```

```
称号</a></li>
          <li><span>2010/08/23 </span><a href="#">行业翘楚与发明家齐聚一堂
</a></li>
          <li><span>2010/08/12 </span><a href="#">发布 2011 财年第二季度财务报告
</a></li>
          <li><span>2010/08/10 </span><a href="#">携手国内顶尖游戏厂商</a></li>
         </ul>
         </div>
        </div>
        <div id="con_one_3" style="display:none">
        <dl class="text1">
          <dt><img src="images/cool.gif" /></dt>
          <dd><h1>Adrianne</h1><p>阿德里安娜演示采用了<br />
            复杂的着色与变形技术<br />
            这技术...</p>
            <a href="#" class="green"><span class="font10">learn more>></span>
</a></dd>
         </dl>
        </div>
       </div>
       <div class="mainbottom"><img src="images/action-bottom.gif" /></div>
      </div>
      <div id="idea">
       <div class="idea-title green">技术指南</div>
       <div class="action-content">
        <dl class="text1">
          <dt><img src="images/jishuzhinan.jpg" /></dt>
          <dd>
            <h1>OpenFlow</h1><p>由于 OpenFlow 对网络<br />的创新发展起到了巨大<br />
的推动作用，造的高端
          </p>
            <a href="#" class="green"><span class="font10">learn more>></span>
</a></dd>
         </dl>
       </div>
       <div class="mainbottom"><img src="images/action-bottom.gif" /></div>
      </div>
      <div id="quicklink">
       <div class="btn1"><a href="#">立刻采用三剑平台的 PC</a></div>
       <div class="btn1"><a href="#">computex 最佳产品奖</a></div>
      </div>
      <div class="clear"></div>
     </div>
```

17.2.4 底部模块分析

网站底部设计较简单，包括一些快捷链接和版权声明信息，具体效果如下图所示。

公司信息 | 投资者关系 | 人才招聘 | 开发者 | 购买渠道 | benro通讯

版权© 2010 benro | 法律事宜 | 隐私声明 | 订阅 RSS | 京ICP备0000000号

网站底部的实现代码如下：

```
<div id="bottom">
  <div id="rss">
   <div id="rss-left"><img src="images/link1.gif" /></div>
   <div class="white" id="rss-center">
<a href="#" class="white">公司信息</a> | <a href="#" class="white"> 投资者关系</a>  |<a href="#" class="white"> 人才招聘 </a>| <a href="#"
 class="white">开发者 </a>| <a href="#" class="white">购买渠道 </a>| <a
 href="#" class="white">benro 通讯</a></span>
</div>
   <div id="rss-right"><img src="images/link2.gif" /></div>
  </div>
  <div id="contacts">版权&copy; 2010 benro| <a href="#">法律事宜</a> | <a
 href="#">隐私声明</a> | <a href="#">订阅 RSS</a> | 京 ICP 备<a
 href="#">0000000</a>号</div>
</div>
```

17.3 网站调整

网站设计完成后，如果需要完善或者修改，可以对其中的框架代码以及样式代码进行调整，下面简单介绍几项内容的调整方法。

17.3.1 部分内容调整

网页中的内容修改比较简单，只要换上对应的图片和文字即可。比较麻烦的是对象样式的更换，需要先找到要调整的对象，然后再找到控制该对象的样式，找到对应的样式表进行修改即可。有的时候修改完样式表，可能使部分网页布局错乱，这时需要单独对特定区域进行代码调整。

下面以修改网页背景色为例，讲述网页调整方法。首先需要修改网页整体背景色。打开 basic.css 样式表，将以下代码中的 background 属性设置为#333，背景色就变成了灰色。

```
/*====================全局样式====================*/
body{ margin:0; padding:0; border:0; font:Arial, Helvetica, sans-serif;
font-size:12px; color:#ffffff; background:#333;}
```

修改之后，网页中的部分文本由于本身是灰色的，所以其颜色和修改后的背景色相同，文字无法清晰显示，如下图所示。

版权© 2010 benro | | | 京ICP备 号

需要将带有超链接的文本样式进行调整。打开 font.css 样式表，将以下代码中的 color 属性设置为#ffffff，使文本变成容易识别的白色。

```
a:link,a:visited,a:active{ text-decoration:none; color:#ffffff;}
```

设置后，在网页头部也有一部分文本带有超链接，但是由于网页头部图片背景色为灰白色，所以上步中颜色修改后其内容将无法清晰显示，效果如下图所示。

请输入您要查找的内容

为此需要将这一部分文本的超链接进行样式的单独设置，可以为其增加新的样式表，或者直接在其标记中加入 style="color:#333"属性，代码如下：

```
<div class="s1 font10"  style="color:#333"><a href="#"  style="color:
#333">HOME</a> | <a href="#"  style="color:#333">SITEMAP</a> | <a href="#"
style="color:#333">CONTACT</a> | <a href="#"  style="color:#333">ENGLISH
</a></div>
```

修改后内容可以正常显示，效果如下图所示。

HOME | SITEMAP | CONTACT | ENGLISH 请输入您要查找的内容

17.3.2 模块调整

本实例中的网页主体内容较少，可以为其增加新的模块，充实网页内容。可以直接在当前网页主体下方插入模块内容。为了提高编辑效率，可以复制、粘贴现有模块。增加的新模块代码如下：

```
<!--=================中间主体 2===================-->
 <div id="mainbody">
  <div id="idea">
   <div class="idea-title green">技术指南</div>
   <div class="action-content">
    <dl class="text1">
      <dt><img src="images/jishuzhinan.jpg" /></dt>
      <dd>
        <h1>OpenFlow</h1><p>由于 OpenFlow 对网络<br />的创新发展起到了巨大<br />
的推动作用，造的高端
      </p>
        <a href="#" class="green"><span class="font10">learn more>></span>
</a></dd>
     </dl>
   </div>
   <div class="mainbottom"><img src="images/action-bottom.gif" /></div>
```

```
    </div>
     <div id="idea">
       <div class="idea-title green">技术指南</div>
       <div class="action-content">
        <dl class="text1">
          <dt><img src="images/jishuzhinan.jpg" /></dt>
          <dd>
            <h1>OpenFlow</h1><p>由于 OpenFlow 对网络<br />的创新发展起到了巨大<br />
的推动作用，造的高端
          </p>
            <a href="#" class="green"><span class="font10">learn more>></span>
</a></dd>
         </dl>
       </div>
       <div class="mainbottom"><img src="images/action-bottom.gif" /></div>
    </div>
      <div id="quicklink">
       <div class="btn1"><a href="#">立刻采用三剑平台的 PC</a></div>
       <div class="btn1"><a href="#">computex 最佳产品奖</a></div>
      </div>
      <div class="clear"></div>
     </div>
```

本实例新增模块采用现有模块，内容没有更新，读者可自行完成内容更新操作。如果粘贴后的模块尺寸、样式等不合适，可直接修改样式表进行调整。

17.3.3 调整后预览测试

通过以上调整，网页最终效果如下图所示。

第18天 电子商务类网站设计

学时探讨：

今日主要探讨电子商务类网站的设计、排版架构以及制作方法。电子商务网站类型较多，本实例以当下比较流行的团购类网站为例进行介绍。团购这一名词是最近几年才出现的，而且迅速火爆。有关团购的商业类网站也如雨后春笋般，遍地开花。比较有名的团购网站有聚划算、窝窝团、拉手网、美团网等。

学时目标：

通过今日的学习，读者能够掌握制作电子商务网站的注意事项以及技巧，参照今日内容可独立完成类似电子商务网站的制作。

18.1 整体布局

团购网根据薄利多销、量大价优的原理，将大量的散户聚集起来，共同购买一件或多件商品。对于商家来说可以很快地处理大批量的商品，可以低价销售，以量牟利。而对于购买者来说，可以以远远低于市场单品的价格购得满意的商品，有的甚至低于批发价格，极大地促进了市场的交易能力。

本实例就来制作一个典型的团购类网页，网页效果如下图所示。

18.1.1 整体设计分析

团购网站已经成为一个典型，在设计这类网站时应当体现出以下几点。

- 涉及面广：团购网站本身的面向对象没有特殊的限制，任何具有一定消费群体的商品都可以出现在团购网站上。所以一个团购网站本身就应该涉及生活的方方面面，要方便浏览者访问所需要的类别，如下图所示。

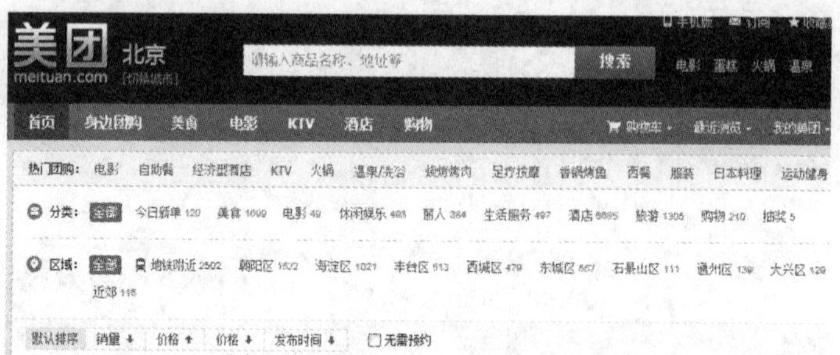

- 考虑区域性：很多和生活较贴近的团购内容（如饮食）有明显的地区性限制，一般只能让当地人去团购，所以团购中应该有区域选择的模块，如下图所示。

- 最新商品展示：团购网站贴近生活，每天都有可能有新的商家发布团购信息，而这些信息往往都是浏览者比较关注的内容。所以要在页面的主体位置使用大块区域显示最新的团购信息，并且要有详细的图文信息，如下图所示。

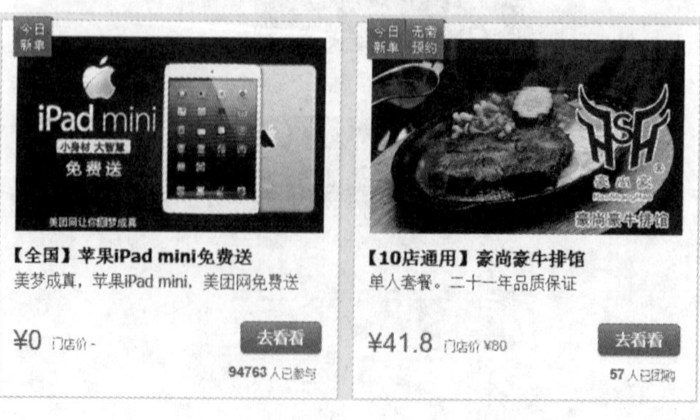

● 数量登记：团购网站之所以能够成为团，并非随便几个人购买就可以，人数太少对商家来说低价有损失，因此团购商品一般都有人数限制，达到指定人数后才可成团。所以商品要有参团人数登记功能，并且将参团信息展示给新的浏览者，如下图所示。

● 友情帮助：团购网站不是简单的浏览型网站，而是具有网络电子商务功能的网站，所有的浏览者都需要按照电子商务平台的流程和规范进行操作，因此对于一些常规的操作事项要提供帮助链接，如下图所示。

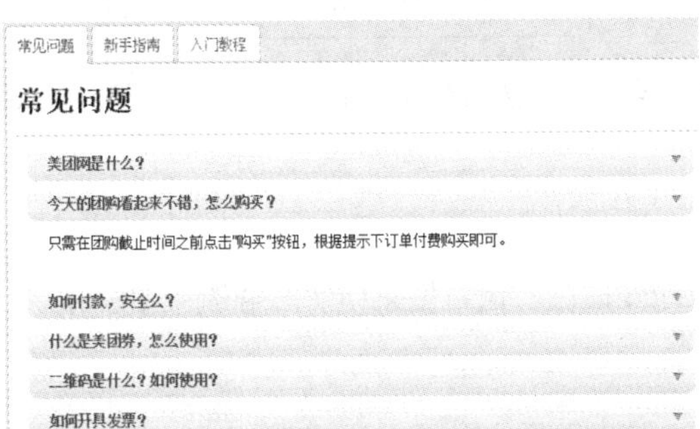

● 格调温馨：团购网站面向的对象是普通大众，要提供的应该是可靠、值得信赖的优质团购信息和服务，所以团购网站的风格要温馨、体贴，如下图所示。

每一家团购网站都有自己的特色。以上分析内容只是一般团购网站应当具备的基本功能，具体的个性化设计需要各团购公司自己的创意。而本实例就依照上述的基本功能来制作一个简单的团购商业类网页。

18.1.2 架构布局分析

本实例网站采用的是典型的上中下结构，中间又可以分为左右结构。整体的排版架构如下图所示。

网页属于电子商务类网站，所要实现的功能较多，模块组成相对也比较多。依照网页的上中下结构，模块组成如下。

1. 网页头部

网页头部包括网页 Logo 模块、信息搜索模块、导航菜单栏模块。最终效果如下图所示。

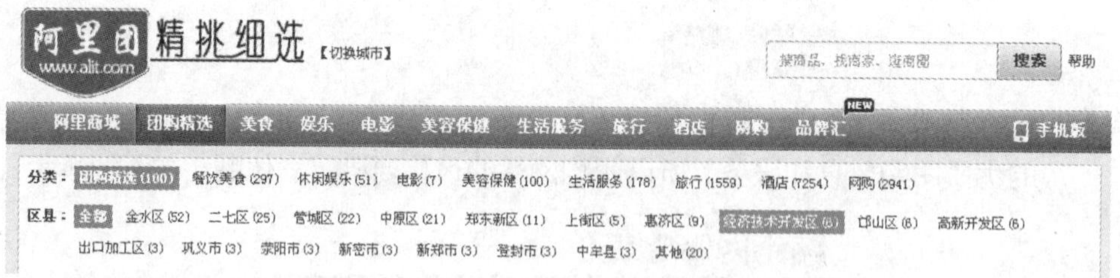

2. 网页主体

网页主体内容较多，主要包括：团购分类及区域选择模块、最新团购商品展示模块、热门分类模块、热销商品排行榜模块、热门城市索引模块，效果如下图所示。

3. 网页底部

底部主要是客户服务和快捷链接模块，用于解决各种客户服务问题，效果如下图所示。

用户帮助	获取更新	商务合作	公司信息	24小时服务热线
玩转阿里	阿里团新浪微博	商家入驻	关于我们	500-000-0000
常见问题	阿里团开心网主页	提供团购信息	媒体报道	500-000-0000
秒杀规则	阿里团豆瓣小组	友情链接	加入我们	
积分规则	RSS订阅	开放API	隐私声明	我要提问
消费者保障	手机版下载		用户协议	
网站地图				

主要使用 DIV 来实现各个模块的分割。DIV 结构代码如下：

```
<DIV id=headMin> </DIV>
//网页头部
<DIV id=headNav> </DIV>
//导航菜单栏
<DIV class="dhnav_box dhnav_box_index clearfix "> </DIV>
//网页主体——团购分类及区域选择
<DIV class=con_boxIndex> </DIV>
//网页主体——最新团购商品展示及右侧边栏
<DIV class=hot_city> </DIV>
//热门城市链接
<DIV id=footer> </DIV>
//网页底部
```

18.2 主要模块设计

网站制作要逐步完成，本实例中网页制作主要包括7个部分，详细制作方法介绍如下。

18.2.1 样式代码分析

首先，网页设计中需要使用CSS样式表控制整体样式，所以网站可以使用以下代码结构实现页面代码框架和CSS样式的插入。

```
<!DOCTYPE HTML>
<HTML><HEAD><TITLE>阿里团</TITLE>
<META name=Keywords content="阿里团">
<LINK rel=stylesheet type=text/css href="css/css.css">
<SCRIPT type=text/javascript src="js/user.js"></SCRIPT>
</HEAD>
<BODY>
…
</BODY>
</HTML>
```

由以上代码可以看出，案例中使用了一个CSS样式表css.css，其中包含了网页通用样式及特定内容的样式。样式表内容如下：

```
HTML {
FONT-FAMILY: Tahoma, Verdana, Arial, sans-serif, "宋体"; BACKGROUND: #f3eded; COLOR: #000
}
BODY {
BACKGROUND: #f3eded
}
BODY {
PADDING-BOTTOM: 0px; MARGIN: 0px; PADDING-LEFT: 0px; PADDING-RIGHT: 0px;
```

```
PADDING-TOP: 0px
    }
    DIV {
     PADDING-BOTTOM: 0px; MARGIN: 0px; PADDING-LEFT: 0px; PADDING-RIGHT: 0px;
PADDING-TOP: 0px
    }
    DL {
     PADDING-BOTTOM: 0px; MARGIN: 0px; PADDING-LEFT: 0px; PADDING-RIGHT: 0px;
PADDING-TOP: 0px
    }
    …
    <!--=================中间内容省略==================-->
    ……
    #sp_nav_list .fenlei .sec_ul {
     BORDER-BOTTOM: #eeeeee 1px solid; BORDER-LEFT: #eeeeee 1px solid;
PADDING-BOTTOM: 0px; MARGIN: 0px 0px 10px 44px; PADDING-LEFT: 0px; WIDTH: 880px;
PADDING-RIGHT: 0px; BACKGROUND: #f8f8f8; BORDER-TOP: #eeeeee 1px solid;
BORDER-RIGHT: #eeeeee 1px solid; PADDING-TOP: 5px
    }
    #sp_nav_list .fenlei .sec_ul LI {
     PADDING-BOTTOM: 5px
    }
    #msglogin {
     DISPLAY: none
    }
```

说明：本实例中的样式表比较多，这里只展示一部分，随书光盘中有文字的代码文件。

18.2.2 网页头部代码分析

网页头部包括网页 Logo 模块、信息搜索模块、导航菜单栏模块。

本实例中网页头部的效果如下图所示。

实现网页头部的详细代码如下：

```
   <UL>
     <LI class=seach>
     <DIV class=soso>
     <FORM id=soso_form method=post action=/g/search><INPUT id=queryString
     value=搜商品、找商家、逛商圈 type=text name=queryString> <A id=soso_submit
class=btu href="javascript:;">搜索</A> </FORM>
   <A href="#">帮助</A> </DIV></LI>
     <LI><A href="#"><img src="images/logo.gif"></A></LI>
     <LI class=title>
```

```
      <H1>精挑细选</H1></LI>
      <LI class=city>
      <H2 id=cityname>郑州</H2><SPAN>【<A href="#" data-prarm="city_list">切换
城市</A>】</SPAN>     <DIV id=show_city class=bubble><B class=ico>ico</B>
   <B id=ipClose class=cloce>ico</B> 您是不是在<EM id=ipcityname></EM>？点击可
选择其他城市 </DIV></LI></UL></DIV>
   <!--头部导航-->
   <DIV id=headNav>
   <UL id=nav>
     <LI class=phone date-nav="pinpaihui"><A href="#"
    data-prarm="click_mobile_Nav"><B>ico</B><SPAN> 手 机 版 </SPAN> 手 机 版
</A></LI>
     <LI date-nav="shangcheng"><A href="#" data-prarm="click_
    channel10"><B>ico</B>阿里商城</A> </LI>
     <LI date-nav="index"><A href="#" data-prarm="click_
    channel1"><B>ico</B>团购精选</A> </LI>
     <LI date-nav="meishi"><A href="#" data-prarm="click_
    channel2"><B>ico</B>美食</A> </LI>
     <LI date-nav="yule"><A href="#" data-prarm="click_ channel3"><B>ico</B>
娱乐</A> </LI>
     <LI date-nav="dianying"><A href="#" data-prarm="click_
    channel4"><B>ico</B>电影</A> </LI>
     <LI date-nav="meirongbaojian"><A href="#" data-prarm="click_
    channel5"><B>ico</B>美容保健</A> </LI>
     <LI date-nav="shenghuofuwu"><A href="#" data-prarm="click_
    channel6"><B>ico</B>生活服务</A> </LI>
     <LI date-nav="lvyou"><A href="#" data-prarm="click_
    channel7"><B>ico</B>旅行</A> </LI>
     <LI date-nav="jiudian"><A href="#" data-prarm="click_
    channel8"><B>ico</B>酒店</A> </LI>
     <LI date-nav="shangpin"><A href="#" data-prarm="click_
    channel9"><B>ico</B>网购</A> </LI>
     <LI date-nav="shop"><A href="#" data-prarm="click_ channel9"><B>ico</B>
品牌汇</A><EM class=new>new</EM>
   </LI></UL>
   </DIV>
```

18.2.3 分类及区域选择模块分析

团购分类及区域选择模块在团购网站中是最普遍的，本实例中该模块的效果如下图所示。

分类：团购精选 (100)　餐饮美食 (297)　休闲娱乐 (51)　电影 (7)　美容保健 (100)　生活服务 (178)　旅行 (1559)　酒店 (7254)　网购 (2941)

区县：全部　金水区 (52)　二七区 (25)　管城区 (22)　中原区 (21)　郑东新区 (11)　上街区 (5)　惠济区 (9)　经济技术开发区 (6)　邙山区 (6)　高新开发区 (6)
出口加工区 (3)　巩义市 (3)　荥阳市 (3)　新密市 (3)　新郑市 (3)　登封市 (3)　中牟县 (3)　其他 (20)

该模块主要是文字和超链接，实现起来比较简单，具体代码如下：

```
<DIV class="dhnav_box dhnav_box_index clearfix "><!--分类更多开始-->
  <DIV class="list_more_2 clearfix">
```

```
<UL class="pd_nav clearfix">
  <LI class=lft>分类：</LI>
  <LI class=on date="all_btm"><A class="nav_lista1 clearfix" href="#"
 data-prarm="click_channel1_0">团购精选(100)</A> </LI>
  <LI date="all_btm"><A href="#" data-prarm="click_channel1_1">餐饮美食
(<EM>297</EM>)</A> </LI>
  <LI date="all_btm"><A href="#" data-prarm="click_channel1_2">休闲娱乐
(<EM>51</EM>)</A> </LI>
  <LI date="all_btm"><A href="#" data-prarm="click_channel1_3">电影
(<EM>7</EM>)</A> </LI>
  <LI date="all_btm"><A href="#" data-prarm="click_channel1_4">美容保健
(<EM>100</EM>)</A> </LI>
  <LI date="all_btm"><A href="#" data-prarm="click_channel1_5">生活服务
(<EM>178</EM>)</A> </LI>
  <LI date="all_btm"><A href="#" data-prarm="click_channel1_6">旅行
(<EM>1559</EM>)</A> </LI>
  <LI date="all_btm"><A href="#" data-prarm="click_channel1_7">酒店
(<EM>7254</EM>)</A> </LI>
  <LI date="all_btm"><A href="#" data-prarm="click_channel1_8">网购
(<EM>2941</EM>)</A> </LI></UL></DIV>
<!--区县更多开始-->
<DIV class="list_more_2 no_bottom clearfix">
<UL class="pd_nav clearfix">
  <LI class=lft>区县：</LI>
  <LI class=on><A class="nav_lista1 clearfix"#"
 data-prarm="click_channel1_">全部</A> </LI>
  <LI><A href="#" data-prarm="click_channel1_jinshui">金水区
(<EM>52</EM>)</A> </LI>
  <LI><A href="#" data-prarm="click_channel1_erqi">二七区
(<EM>25</EM>)</A> </LI>
  <LI><A href="#" data-prarm="click_channel1_guancheng">管城区
(<EM>22</EM>)</A> </LI>
 <LI><A href="#" data-prarm="click_channel1_zhongyuan">中原区
(<EM>21</EM>)</A> </LI>
  <LI><A href="#" data-prarm="click_channel1_zhengdongxinqu">郑东新区
(<EM>11</EM>)</A> </LI>
  <LI><A href="#" data-prarm="click_channel1_shangjie">上街区
(<EM>5</EM>)</A> </LI>
  <LI><A href="#" data-prarm="click_channel1_huiji">惠济区
(<EM>9</EM>)</A> </LI>
  <LI><A href="#" data-prarm="click_channel1_jishujingjikaifa">经济技术开
发区(<EM>6</EM>)</A> </LI>
  <LI><A href="#" data-prarm="click_channel1_mangshan">邙山区
(<EM>6</EM>)</A> </LI>
  <LI><A href="#" data-prarm="click_channel1_gaoxinkaifa">高新开发区
(<EM>6</EM>)</A> </LI>
  <LI><A href="#" data-prarm="click_channel1_chukoujiagong">出口加工区
(<EM>3</EM>)</A> </LI>
  <LI><A href="#" data-prarm="click_channel1_gongyi">巩义市
```

```
    (<EM>3</EM>)</A> </LI>
     <LI><A href="#" data-prarm="click_channel1_xingyang">荥阳市
    (<EM>3</EM>)</A> </LI>
     <LI><A href="#" data-prarm="click_channel1_xinmi">新密市
    (<EM>3</EM>)</A> </LI>
     <LI><A href="#" data-prarm="click_channel1_xinzheng">新郑市
    (<EM>3</EM>)</A> </LI>
     <LI><A href="#" data-prarm="click_channel1_dengfeng">登封市
    (<EM>3</EM>)</A> </LI>
     <LI><A href="#" data-prarm="click_channel1_zhongmu">中牟县
    (<EM>3</EM>)</A> </LI>
     <LI><A href="#" data-prarm="click_channel1_other">其他(<EM>20</EM>)</A>
</LI></UL></DIV></DIV>
```

18.2.4 新品展示模块分析

网页主体左侧为整个网页的主要内容，是最新团购产品的展示模块，该模块中使用大量醒目的图文展示产品信息，并且有价格和团购数量统计功能。具体效果如下图所示。

上图中只列出了 6 项产品的信息，在运营中的团购网站首页，新品展示可能多达几十上百个，但是每个产品的实现代码都相似，能将本实例中的代码完全掌握就可以完成显示需求。

实现本节模块的具体代码如下：

```
<UL class=goods_listInd>
```

```
    <LI class=goods_listIndLi>
    <H2><A  class="spti_a  yahei"  title= 米 线 王 者  href="#"  link=_blank
data-prarm="click_channel1_all_title-0-d7fb83afb45efafb">【多店通用米线王者！仅 39.9 元！
享原价 82 元金牌米线双人套...</A>
    </H2><A class=picture href="#" link=_blank data-prarm="click_channel1_all_
img-0-d7fb83afb45efafb">
   <IMG class=sp_img src="images/goods_1345621705_2674_1.jpg" width=358 height=238>
</A>
    <DIV style="PADDING-BOTTOM: 0px; PADDING-LEFT: 15px; WIDTH: 268px; PADDING-
RIGHT: 75px; PADDING-TOP: 0px" class="buy_boxInd clearfix">
   <A class="bh buy_a" href="#" link=_blank data-prarm="click_channel1_all_
button-0-d7fb83afb45efafb">去看看</A> <SPAN class=num>¥39.9</SPAN> <EM>4.9 折</EM>
</DIV>
    <UL>
      <LI class="left yahei">¥82</LI>
      <LI class=center data-id="d7fb83afb45efafb">0 人已购买</LI>
      <LI class=right><SPAN>多区县</SPAN></LI></UL>
    <DIV class=sp_yy>ico</DIV></LI>
    <LI class=goods_listIndLi>
    <H2><A  class="spti_a  yahei"  title= 烤 肉 世 家  href="#"  link=_blank
data-prarm="click_channel1_all_title-1-0d20024fa823b3a8">仅 43 元，享原价 59 元『烤肉世家』
多家店烤肉自助午晚餐通用券 1 人次！</A>
    </H2><A class=picture href="#" link=_blank data-prarm="click_channel1_
all_img-1-0d20024fa823b3a8"><IMG class=sp_img src="images/goods_1349943361_7356_
1.jpg" width=358 height=238> </A>
    <DIV style="PADDING-BOTTOM: 0px; PADDING-LEFT: 15px; WIDTH: 268px; PADDING-RIGHT:
75px; PADDING-TOP: 0px" class="buy_boxInd clearfix">
   <A class="bh buy_a"  href="#" link=_blank data-prarm="click_channel1_all_
button-1-0d20024fa823b3a8">去看看</A> <SPAN class=num>¥43</SPAN> <EM>7.3 折</EM> </DIV>
    <UL>
      <LI class="left yahei">¥59</LI>
      <LI class=center data-id="0d20024fa823b3a8">29 人已购买</LI>
      <LI class=right><SPAN>百货世界</SPAN></LI></UL>
    <DIV class=sp_yy>ico</DIV></LI>
    <LI class=goods_listIndLi>
    <H2><A  class="spti_a  yahei"  title= 酷 爽 火 锅 ！  href="#"  link=_blank
data-prarm="click_channel1_all_title-2-d4f6a300af785a9c">【3 店通用】仅 46 元！享原价 72 元
的酷爽火锅双人套餐！</A>
    </H2><A class="li_indlogo bh" href="#" link=_blank>专卖店</A>
        <A class=picture href="#" link=_blank data-prarm="click_channel1_
all_img-2-d4f6a300af785a9c"><IMG class=sp_img src="images/goods_1349851399_5923_
1.jpg"  width=358 height=238> </A>
    <DIV style="PADDING-BOTTOM: 0px; PADDING-LEFT: 15px; WIDTH: 268px; PADDING-RIGHT:
75px; PADDING-TOP: 0px"  class="buy_boxInd clearfix">
   <A class="bh buy_a" href="#" link=_blank data-prarm="click_channel1_all_button-
2-d4f6a300af785a9c">去看看</A> <SPAN class=num>¥46</SPAN> <EM>6.4 折</EM> </DIV>
    <UL>
      <LI class="left yahei">¥72</LI>
      <LI class=center data-id="d4f6a300af785a9c">1 人已购买</LI>
```

```
    <LI class=right><SPAN>多区县</SPAN></LI></UL>
   <DIV class=sp_yy>ico</DIV></LI>
   <LI class=goods_listIndLi>
   <H2><A class="spti_a yahei" title= 小 岛 咖 啡 href="#" link=_blank
data-prarm="click_channel1_all_title-3-561002cba5b24ac6">仅 85 元，享原价 376 小岛咖啡双人
套餐！</A>
   </H2><A class=picture href="#" link=_blank data-prarm="click_channel1_all_img-
3-561002cba5b24ac6">
   <IMG class=sp_img src="images/goods_1349926783_2203_1.jpg" width=358
height=238> </A>
   <DIV style="PADDING-BOTTOM: 0px; PADDING-LEFT: 15px; WIDTH: 268px; PADDING-RIGHT:
75px; PADDING-TOP: 0px" class="buy_boxInd clearfix">
   <A class="bh buy_a" href="#" link=_blank data-prarm="click_channel1_all_
button-3-561002cba5b24ac6">去看看</A> <SPAN class=num>¥85</SPAN> <EM>2.3 折</EM> </DIV>
   <UL>
    <LI class="left yahei">¥376</LI>
    <LI class=center data-id="561002cba5b24ac6">0 人已购买</LI>
    <LI class=right><SPAN>其他</SPAN></LI></UL>
   <DIV class=sp_yy>ico</DIV></LI>
   <LI class=goods_listIndLi>
   <H2><A class="spti_a yahei" title= 自 助 烤 肉 ！ href="#" link=_blank
data-prarm="click_channel1_all_title-4-6f344b02f069ebb8">【曼哈顿】仅 29.9 元，享最高原价
59 元『宫廷烤肉』自助午餐 1 人次！</A>
   </H2><A class=picture href="#" link=_blank data-prarm="click_channel1_all_
img-4-6f344b02f069ebb8"><IMG class="sp_img lazyload" src="images/grey.gif" width=358
height=238 original="images/goods_1349852220_2880_1.jpg">
   </A>
   <DIV style="PADDING-BOTTOM: 0px; PADDING-LEFT: 15px; WIDTH: 268px; PADDING-RIGHT:
75px; PADDING-TOP: 0px" class="buy_boxInd clearfix"><A class="bh buy_a" href="#"
link=_blank data-prarm="click_channel1_all_button-4-6f344b02
f069ebb8">去看看</A>
   <SPAN class=num>¥29.9</SPAN> <EM>5.1 折</EM> </DIV>
   <UL>
    <LI class="left yahei">¥59</LI>
    <LI class=center data-id="6f344b02f069ebb8">35 人已购买</LI>
    <LI class=right><SPAN>财富广场</SPAN></LI></UL>
   <DIV class=sp_yy>ico</DIV></LI>
   <LI class=goods_listIndLi>
   <H2><A class="spti_a yahei" title= 魔 幻 影 城 ！ href="#" link=_blank
data-prarm="click_channel1_all_title-5-46b628c4e80e6ea4">【财富广场】仅 20.5 元，享原价 50
元魔幻影城电影票 1 张！</A>
   </H2><A class="li_indlogo bh tc_index" href="#" link=_blank>套餐</A>
   <A class=picture href="#" link=_blank data-prarm="click_channel1_all_
img-5-46b628c4e80e6ea4">
   <IMG class="sp_img lazyload" src="images/grey.gif" width=358 height=238
original="images/goods_1349853854_5414_1.jpg">
   </A>
   <DIV style="PADDING-BOTTOM: 0px; PADDING-LEFT: 15px; WIDTH: 268px; PADDING-RIGHT:
75px; PADDING-TOP: 0px" class="buy_boxInd clearfix">
```

```
        <A class="bh buy_a"  href="#" link=_blank  data-prarm="click_channel1_
all_button-5-46b628c4e80e6ea4">去看看</A><SPAN class=num>¥20.5</SPAN> <EM>4.1 折</EM>
     </DIV>
      <UL>
        <LI class="left yahei">¥50</LI>
        <LI class=center data-id="46b628c4e80e6ea4">124 人已购买</LI>
        <LI class=right><SPAN>其他</SPAN></LI></UL>
      <DIV class=sp_yy>ico</DIV></LI>
    </UL>
```

以上代码共展示了 6 种商品的信息。

18.2.5 侧边栏模块分析

网页主体右侧为侧边栏，主要包括热门分类模块、热销商品排行榜模块和热门频道模块。具体效果如下图所示。

以上模块的实现代码如下。

（1）侧边栏框架代码如下：

```
<DIV class=con_boxrig>
```

（2）热门分类代码如下：

```
<DIV id=all_seerig>
<H2 class=yahei>热门分类</H2>
<UL class=clearfix>
  <LI><A href="#"
  data-prarm="click_channel1R_dianying">电影</A> </LI>
  <LI><A href="#"
  data-prarm="click_channel1R_17-0-0-0-0-1">自助餐</A> </LI>
  <LI><A href="#"
  data-prarm="click_channel1R_40-0-0-0-0-1">足疗按摩</A> </LI>
  <LI><A href="#"
  data-prarm="click_channel1R_57-0-0-0-0-1">食品保健</A> </LI>
  <LI><A href="#"
  data-prarm="click_channel1R_33-0-0-0-0-1">美发</A> </LI>
  <LI><A href="#"
  data-prarm="click_channel1R_44-0-0-0-0-1">汽车服务</A> </LI>
  <LI><A href="#"
  data-prarm="click_channel1R_25-0-0-0-0-1">运动健身</A> </LI>
  <LI><A href="#"
  data-prarm="click_channel1R_27-0-0-0-0-1">游乐游艺</A> </LI>
  <LI><A href="#"
  data-prarm="click_channel1R_35-0-0-0-0-1">美容塑形</A> </LI></UL></DIV>
```

以上代码主要使用了<ul>标签构成文字序列，然后使用<a>标签为每一个分类做超链接。

（3）热销商品排行榜代码如下：

```
<DIV id=rightRank>
<H2 class=yahei>热销商品排行榜</H2>
<UL>
  <LI class=on>
  <DIV class=tjshow><B class=one>ico</B> <A href="#" link=_blank
data-prarm="click_channelR1-hot-img-0-a3b5c0fb643f099d"><IMG
class=pd_img alt=qq! src="images/18goods_1334053028_9657_3.jpg">
</A>
  <DIV class=ritbox><EM class="one yahei">¥</EM><EM
  class="two yahei">99</EM><BR><EM class=three>1893</EM>人购买 </DIV>
  <P><A href="#" link=_blank data-prarm="click_channelR1-hot-
title-it_index-a3b5c0fb643f099d">LaKrina春秋被</A></P></DIV></LI>
  <LI class=on>
  <DIV class=tjshow><B class=two>ico</B> <A href="#" link=_blank
data-prarm="click_channelR1-hot-img-1-48456be593e0dcba"><IMG
class=pd_img alt=qq src="images/11goods_1334201980_7392_3.jpg">
</A>
  <DIV class=ritbox><EM class="one yahei">¥</EM><EM class="two
yahei">49</EM><BR><EM class=three>21193</EM>人购买 </DIV>
```

```
    <P><A href="#" link=_blank data-prarm="click_channelR1-hot-title-it_index-48456be593e0dcba">时尚男士拉链钱包</A></P></DIV></LI>
    <LI class=on data="Recommend"><SPAN class=three>瘦身纤体梅</SPAN>
    <DIV class=tjshow><B class=three>ico</B> <A href="#" link=_blank data-prarm="click_channelR1-hot-img-2-c0f41f265f1ebf80"><IMG class=pd_img alt=qq src="images/13goods_1334123797_4501_3.jpg">
   </A>
    <DIV class=ritbox><EM class="one yahei">¥</EM><EM class="two yahei">1</EM><EM
    class="one yahei">.99</EM><BR><EM class=three>270323</EM> 人 购 买 </DIV>
    <P><A href="#" link=_blank data-prarm="click_channelR1-hot-title-it_index-c0f41f265f1ebf80">瘦身纤体梅</A></P></DIV></LI>
    <LI data="Recommend"><SPAN class=four>抛弃型过滤烟嘴</SPAN>
    <DIV class=tjshow><B class=four>ico</B> <A href="#" link=_blank data-prarm="click_channelR1-hot-img-3-eb81051c35f789bf"><IMG class=pd_img alt=qq! src="images/12goods_1333255335_3909_3.jpg">
   </A>
    <DIV class=ritbox><EM class="one yahei">¥</EM><EM class="two yahei">1</EM><EM class="one yahei">.9</EM><BR><EM class=three>39922</EM>人购买 </DIV>
    <P><A href="#" link=_blank data-prarm="click_channelR1-hot-title-it_index-eb81051c35f789bf">抛弃型过滤烟嘴</A></P></DIV></LI>
    <LI data="Recommend"><SPAN class=five>男士单肩斜挎包</SPAN>
    <DIV class=tjshow><B class=five>ico</B>
     <A href="#" link=_blank data-prarm="click_channelR1-hot-img-4-48424ef428f34dd5"><IMG class=pd_img alt=qq src="images/13goods_1333259469_7784_3.jpg">
     </A>
    <DIV class=ritbox><EM class="one yahei">¥</EM><EM class="two yahei">78</EM><BR><EM class=three>1256</EM>人购买 </DIV>
    <P><A href="images" link=_blank data-prarm="click_channelR1-hot-title-it_index-48424ef428f34dd5">男士单肩斜挎包</A></P></DIV></LI>
    <LI data="Recommend"><SPAN class=six>家纺保健枕</SPAN>
    <DIV class=tjshow><B class=six>ico</B>
      <A href="#" link=_blank data-prarm="click_channelR1-hot-img-5-da9df721d6ff6d82">
      <IMG class=pd_img alt=qq! src="images/13goods_1333258035_7250_3.jpg">
      </A>
    <DIV class=ritbox><EM class="one yahei">¥</EM><EM class="two yahei">36</EM><BR><EM class=three>1864</EM>人购买 </DIV>
    <P><A href="#" link=_blank data-prarm="click_channelR1-hot-title-it_index-da9df721d6ff6d82">家纺保健枕</A></P></DIV></LI>
    <LI data="Recommend"><SPAN class=seven>超柔亲肤空调夏被</SPAN>
    <DIV class=tjshow><B class=seven>ico</B>
      <A href="#" link=_blank data-prarm="click_channelR1-hot-img-6-b50c9aebc4ae727a">
      <IMG class=pd_img alt=qq! src="images/11goods_1333163649_
```

```
1180_3.jpg">
        </A>
     <DIV  class=ritbox><EM  class="one  yahei">¥</EM><EM  class="two
yahei">59</EM><BR><EM class=three>640</EM>人购买 </DIV>
     <P><A href="#" link=_blank data-prarm="click_channelR1-hot-title-
it_index-b50c9aebc4ae727a">超柔亲肤空调夏被</A></P></DIV></LI>
     <LI data="Recommend"><SPAN class=eight>环保印花活性四件套</SPAN>
     <DIV class=tjshow><B class=eight>ico</B>
        <A href="#" link=_blank data-prarm="click_channelR1-hot-img-
7-91be5abbb374b770">
        <IMG class=pd_img  alt=qq!  src="images/18goods_1333017091_3843_
3.jpg">
        </A>
     <DIV  class=ritbox><EM  class="one  yahei">¥</EM><EM  class="two
yahei">95</EM><BR><EM class=three>6577</EM>人购买 </DIV>
     <P><A href="#" link=_blank data-prarm="click_channelR1-hot-title-
it_index-91be5abbb374b770">环保印花活性四件套</A></P></DIV></LI>
     <LI data="Recommend"><SPAN class=nine>加厚真空压缩袋套装</SPAN>
     <DIV class=tjshow><B class=nine>ico</B>
        <A href="#" link=_blank data-prarm="click_channelR1-hot-img-
8-2aa082206312b1a7">
        <IMG class=pd_img alt=qq  src="images/goods_1335508647_4181_
3.jpg">
        </A>
     <DIV  class=ritbox><EM  class="one  yahei">¥</EM><EM  class="two
yahei">69</EM><BR><EM class=three>5042</EM>人购买 </DIV>
     <P><A href="#" link=_blank data-prarm="click_channelR1-hot-title-
it_index-2aa082206312b1a7">加厚真空压缩袋套装</A></P></DIV></LI>
     <LI data="Recommend"><SPAN class=ten>美佳 2 件套</SPAN>
     <DIV class=tjshow><B class=ten>ico</B>
       <A href="#" link=_blank data-prarm="click_channelR1-hot-img-9-
e685d369ba834f4a">
       <IMG class=pd_img alt=qq src="images/16goods_1333009457_2889_
3.jpg">
       </A>
     <DIV  class=ritbox><EM  class="one  yahei">¥</EM><EM  class="two
yahei">48</EM><BR><EM class=three>10590</EM>人购买 </DIV>
     <P><A href="#" link=_blank data-prarm="click_channelR1-hot-title-
it_index-e685d369ba834f4a">美佳 2 件套</A></P></DIV></LI></UL></DIV>
```

（4）热门频道代码如下：

```
   <DIV id=channelRirht class=yahei>
   <H2 class=hd>热门频道</H2>
   <UL>
     <LI><A                    class=meishi                        href="#"
data-prarm="click_channelR1"><SPAN><STRONG>美食</STRONG> 中餐/火锅/自助餐<BR>
特色餐饮/蛋糕... </SPAN><EM>美食</EM> </A></LI>
     <LI><A class=yule href="#" data-prarm="click_channelR2"><SPAN><STRONG>
娱乐</STRONG>KTV/游乐游艺/温泉<BR>运动健身/演出... </SPAN><EM>娱乐</EM> </A></LI>
```

```
    <LI><A class=dianying href="#"
    data-prarm="click_channelR3"><SPAN><STRONG>电影</STRONG> 低价看大片， 精彩<BR>别错过 </SPAN><EM>电影</EM> </A></LI>
    <LI><A class=meirong href="#"
    data-prarm="click_channelR4"><SPAN><STRONG>美容保健</STRONG> 美发/足疗按摩/美甲<BR>美容塑性/养生... </SPAN><EM>美容保健</EM> </A></LI>
    <LI><A class=life href="#" data-prarm="click_channelR5"><SPAN><STRONG>生活服务</STRONG> 摄影写生/母婴亲子<BR>汽车服务/教育... </SPAN><EM>生活服务</EM></A></LI>
    <LI><A class=shop href="#" data-prarm="click_channelR8"><SPAN><STRONG>网购</STRONG> 服装/日用家居/食品<BR>保健/个护化妆... </SPAN><EM>网购</EM></A></LI></UL></DIV>
```

18.2.6 热门城市索引模块分析

每个城市都有自己的团购内容，为了方便浏览者跨区域访问团购信息，在主体下方设置了一个热门城市索引模块，该模块基本以文字和超链接实现，具体效果如下图所示。

热门城市： 北京团购 深圳团购 无锡团购 天津团购 沈阳团购 济南团购 郑州团购 石家庄团购 成都团购 上海团购 南京团购 长沙团购
西安团购 广州团购 杭州团购 青岛团购 大连团购 宁波团购 苏州团购 重庆团购 武汉团购 厦门团购 哈尔滨团购 合肥团购

该模块结构简单，具体实现代码如下：

```
  <DIV class=hot_city>
  <DL class=city_dl>
    <DD class="city_dd clearfix"><STRONG class=hot_citystr>热门城市：</STRONG>
    <A class=hot_citya href="#">北京团购</A>
    <A class=hot_citya href="#">深圳团购</A>
    <A class=hot_citya href="#">无锡团购</A>
    <A class=hot_citya href="#">天津团购</A>
    <A class=hot_citya href="#">沈阳团购</A>
    <A class=hot_citya href="#">济南团购</A>
    <A class=hot_citya href="#">郑州团购</A>
    <A class=hot_citya href="#">石家庄团购</A>
    <A class=hot_citya href="#">成都团购</A>
    <A class=hot_citya href="#">上海团购</A>
    <A class=hot_citya href="#">南京团购</A>
    <A class=hot_citya href="#">长沙团购</A>
    <A class=hot_citya href="#">西安团购</A>
    <A class=hot_citya href="#">广州团购</A>
    <A class=hot_citya href="#">杭州团购</A>
    <A class=hot_citya href="#">青岛团购</A>
    <A class=hot_citya href="#">大连团购</A>
    <A class=hot_citya href="#">宁波团购</A>
    <A class=hot_citya href="#">苏州团购</A>
    <A class=hot_citya href="#">重庆团购</A>
    <A class=hot_citya href="#">武汉团购</A>
```

```
    <A class=hot_citya href="#">厦门团购</A>
    <A class=hot_citya href="#">哈尔滨团购</A>
    <A class=hot_citya href="#">合肥团购</A>
    </DD></DL></DIV>
```

18.2.7 底部模块分析

底部主要是客户服务和快捷链接模块，用于解决各种客户服务问题，具体效果如下图所示。

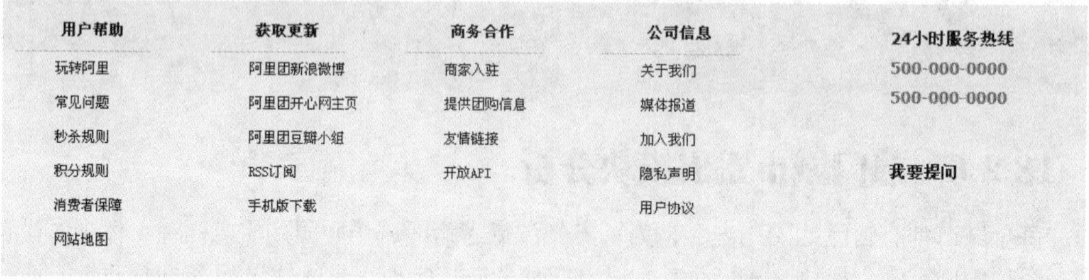

用户帮助	获取更新	商务合作	公司信息	24小时服务热线
玩转阿里	阿里团新浪微博	商家入驻	关于我们	500-000-0000
常见问题	阿里团开心网主页	提供团购信息	媒体报道	500-000-0000
秒杀规则	阿里团豆瓣小组	友情链接	加入我们	
积分规则	RSS订阅	开放API	隐私声明	我要提问
消费者保障	手机版下载		用户协议	
网站地图				

该模块内容主要是文字和超链接，实现较简单，具体代码如下：

```
<DIV id=footer><B class=top>ico</B>
<DIV class="bottom_box clearfix">
<UL class=boul_list>
  <LI class=li_x>
  <H2 class=yahei>用户帮助</H2></LI>
  <LI><A class=bolist_a href="#">玩转阿里</A></LI>
  <LI><A class=bolist_a href="#">常见问题</A></LI>
  <LI><A class=bolist_a href="#">秒杀规则</A></LI>
  <LI><A class=bolist_a href="#">积分规则</A></LI>
  <LI><A class=bolist_a href="#">消费者保障</A></LI>
  <LI><A class=bolist_a href="#">网站地图</A></LI></UL>
<UL class=boul_list>
  <LI class=li_x>
  <H2 class="h2_1 yahei">获取更新</H2></LI>
  <LI><A class=bolist_a href="#" link=_blank data-prarm="weibo">阿里团新浪微博</A></LI>
  <LI><A class=bolist_a href="#" link=_blank data-prarm="kaixin">阿里团开心网主页</A></LI>
  <LI><A class=bolist_a href="#" link=_blank data-prarm="douban">阿里团豆瓣小组</A></LI>
  <LI><A class=bolist_a href="#" data-prarm="rss">RSS 订阅 </A></LI>
  <LI><A class=bolist_a href="#" data-prarm="click_mobile_bottom">手机版下载</A></LI></UL>
<UL class=boul_list>
  <LI class=li_x>
  <H2 class="h2_2 yahei">商务合作</H2></LI>
  <LI><A class=bolist_a href="#">商家入驻</A></LI>
  <LI><A class=bolist_a href="#">提供团购信息</A></LI>
  <LI><A class=bolist_a href="#">友情链接</A></LI>
```

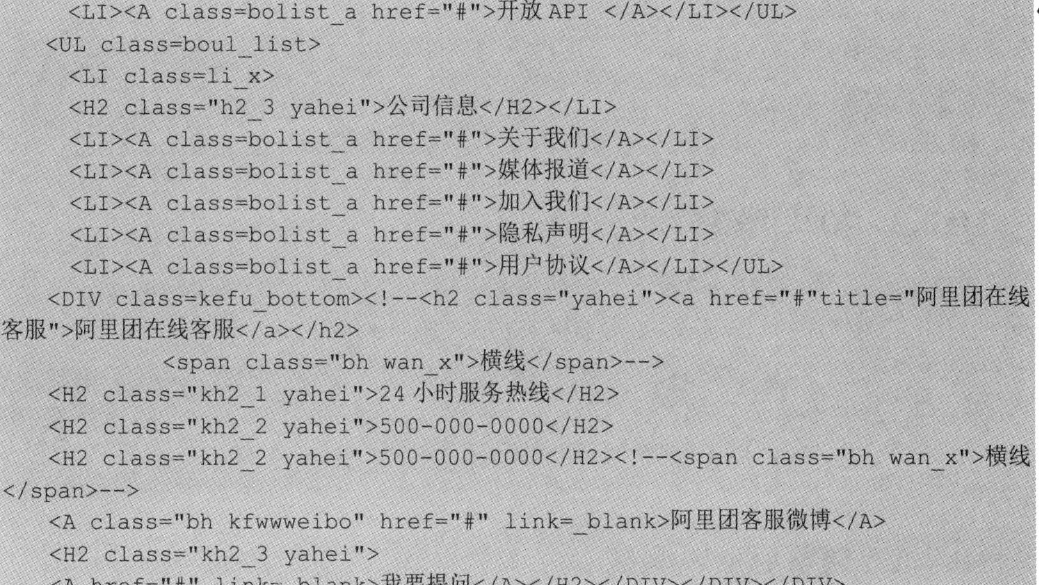

```
<LI><A class=bolist_a href="#">开放 API </A></LI></UL>
<UL class=boul_list>
 <LI class=li_x>
 <H2 class="h2_3 yahei">公司信息</H2></LI>
 <LI><A class=bolist_a href="#">关于我们</A></LI>
 <LI><A class=bolist_a href="#">媒体报道</A></LI>
 <LI><A class=bolist_a href="#">加入我们</A></LI>
 <LI><A class=bolist_a href="#">隐私声明</A></LI>
 <LI><A class=bolist_a href="#">用户协议</A></LI></UL>
<DIV class=kefu_bottom><!--<h2 class="yahei"><a href="#"title="阿里团在线
客服">阿里团在线客服</a></h2>
        <span class="bh wan_x">横线</span>-->
<H2 class="kh2_1 yahei">24 小时服务热线</H2>
<H2 class="kh2_2 yahei">500-000-0000</H2>
<H2 class="kh2_2 yahei">500-000-0000</H2><!--<span class="bh wan_x">横线
</span>-->
<A class="bh kfwwweibo" href="#" link=_blank>阿里团客服微博</A>
<H2 class="kh2_3 yahei">
<A href="#" link=_blank>我要提问</A></H2></DIV></DIV></DIV>
```

18.3　网站调整

网站设计完成后，如果需要完善或者修改，可以对其中的框架代码以及样式代码进行调整，下面简单介绍几项内容的调整方法。

18.3.1　部分内容调整

修改网页整体背景色，打开 css 样式表，修改 body 标记样式。修改后代码如下：

```
BODY {
BACKGROUND:#CCFFFF;
}
```

使用 Photoshop CS6 绘制 3 个图像：logo.gif、dhbg1.gif 和 dhbg2.gif，其中 dhbg2.gif 比 dhbg1.gif 的渐变色深一些，如下图所示。

修改样式表中的 headNav 样式属性，修改后代码如下：

```
#headNav {
BACKGROUND:url(../images/dhbg2.gif) no-repeat
}
```

```
#headNav UL LI A {
 BACKGROUND:url(../images/dhbg1.gif) no-repeat
}
#headNav UL LI A B {
 BACKGROUND:url(../images/dhbg1.gif) no-repeat
```

18.3.2 模块调整

在本实例中，网站模块基本固定，模块位置基本不需要调整。如果要修改的话，可以在网页主体内容前增加一个banner，在导航栏下方插入banner代码。

```
<div style="height:10px"></div>  //插入一个高度为10px的空模块，进行上下内容分隔
<div style="text-align:center">
<a href="#"><img src="images/banner.jpg"></a>
</div>
```

18.3.3 调整后预览测试

调整后，网页预览效果如下图所示。

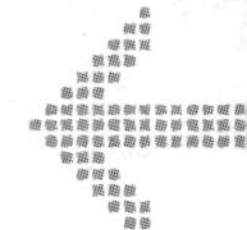

第 19 天 娱乐休闲类网站设计

学时探讨：

今日主要探讨娱乐休闲类网页的制作方法与调整技巧。娱乐休闲类网页类型较多，结合主题内容不同，所设计的网页风格差异很大，如聊天交友、星座运程、游戏视频等。本章将以视频播放网页为例进行介绍。

学时目标：

通过此章娱乐休闲类网站的展示与制作，做到 DIV+CSS 综合运用，掌握整体网站的设计流程与注意事项，为完成其他内容的同类网站打下基础。

19.1 整体设计

本实例以简单的视频播放页面为例演示视频网站的制作方法。网页内容应当包括头部、导航菜单栏、检索条、视频播放及评价、热门视频推荐等内容。使用浏览器浏览其完成后的效果如下图所示。

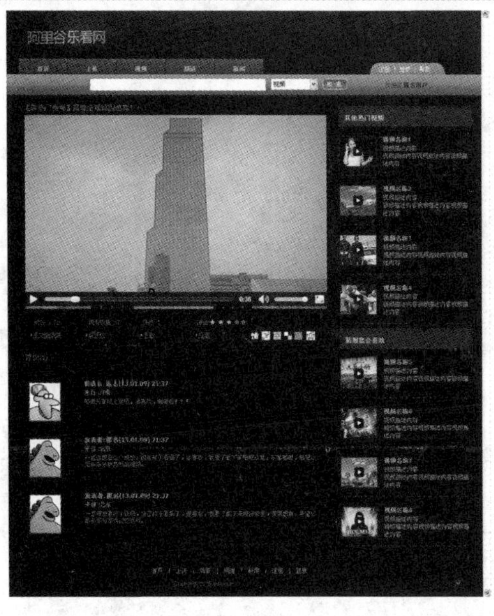

19.1.1 应用设计分析

作为一个视频网站播放网页，其页面应简洁、明了，给人以清晰的感觉。整体设计各部分内容介绍如下。

（1）头部分主要放置导航菜单和网站 Logo 信息等，其 Logo 可以是一张图片或者文本信息，效果如下图所示。

（2）页头下方应是搜索模块，用于帮助浏览者快速检索视频，效果如下图所示。

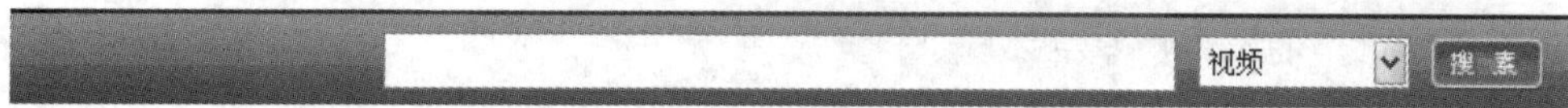

（3）页面主体左侧是视频播放及评价，考虑到视频播放效果，左侧主题部分至少要占整个页面 2/3 的宽度，另外要为视频增加信息描述内容，效果如下图所示。

（4）页面主体右侧是热门视频推荐模块，包括当前热门视频和根据当前播放的视频类型推荐的视频，效果如下图所示。

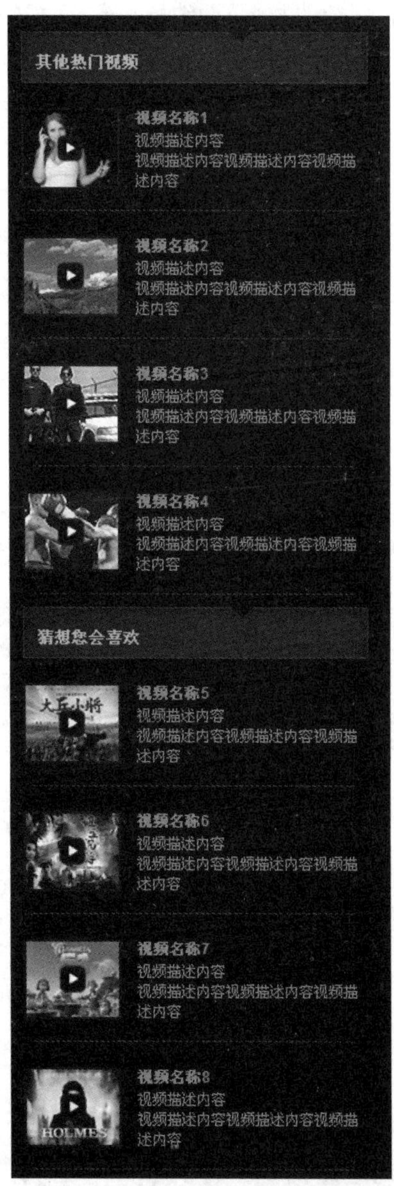

（5）页面底部是一些快捷链接和网站备案信息，效果如下图所示。

首页 | 上传 | 观看 | 频道 | 新闻 | 注册 | 登录

©copyrights @ vvv.com

19.1.2 架构布局分析

从上面的效果图可以看出，该网站的页面结构并不是太复杂，采用的是上中下结构，页面主体部分又嵌套了一个左右版式结构。其效果如下图所示。

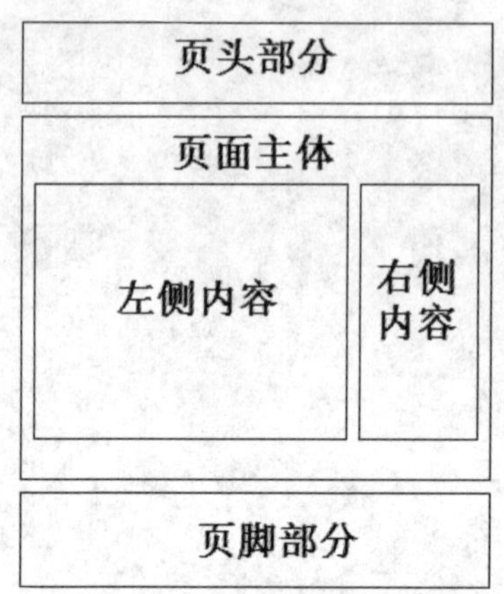

在制作网站的时候，可以将整个网站划分为三大模块，即上、中、下。框架实现代码如下：

```
<div id="main_block">                                  //主体框架
   <div id="innerblock">                               //内部框架
       <div id="top_panel">                            //头部框架
       </div>
       <div id="contentpanel">                         //中间主体框架
                                  </div>
       <div id="ft_padd">                              //底部框架
       </div>
   </div>
</div>
```

以上框架结构比较粗糙，想要页面内容布局完美，需要更细致的框架结构。

1. 头部框架

头部框架实现代码如下：

```
 <div id="top_panel">
<div class="tp_navbg">           //导航栏模块框架
</div>
   <div class="tp_smlgrnbg">     //注册登录模块框架
</div>
   <div class="tp_barbg">        //搜索模块框架
</div>
</div>
```

2. 中间主体框架

中间主体框架实现代码如下：

```
<div id="contentpanel">                    //中间主体框架
    <div id="lp_padd">                 //中间左侧框架
        //评论模块框架
        <div class="lp_newvidpad" style="margin-top:10px;">
        </div>
    </div>
    <div id="rp_padd">                 //中间右侧框架
        <div class="rp_loginpad" style="padding-bottom:0px;
         border-bottom:none;">
        //右侧上部模块框架
        </div>
        <div class="rp_loginpad" style="padding-bottom:0px;
         border-bottom:none;">
        //右侧下部模块框架
        </div>
    </div>
</div>
```

说明：其中大部分框架参数中只有一个框架 ID 名，而有一部分框架中添加了其他参数，一般只有 ID 名的框架在 CSS 样式表中都有详细的框架属性信息。

3. 底部框架

底部框架实现代码如下：

```
<div id="ft_padd">
   <div class="ftr_lnks">    //底部快捷链接模块框架
   </div>
</div>
```

19.2 主要模块设计

网站制作要逐步完成，本实例中网页制作主要包括 6 个部分，详细制作方法介绍如下。

19.2.1 网页整体样式插入

首先，网页设计中需要使用 CSS 样式表控制整体样式，所以网站可以使用以下代码结构实现页面代码框架和 CSS 样式的插入。

```
<head>
<meta http-equiv="content-type" content="text/html; charset=utf-8" />
<title>阿里谷看乐网</title>
<link rel="stylesheet" type="text/css" href="css/style.css"/>
<script language="javascript" type="text/javascript"
 src="http://js.i8844.cn/js/user.js"></script>
</head>
```

由以上代码可以看出，案例中使用了一个 CSS 样式表 style.css，其中包含了网页通用样式及特定内容的样式。

样式表内容如下：

```
/* CSS Document */
body{
margin:0px; padding:0px;
font:11px/16px Arial, Helvetica, sans-serif;
background:#0C0D0D url(../images/bd_bg1px.jpg) repeat-x;
}
p{
margin:0px;
padding:0px;
}
img
{
border:0px;
}
a:hover
{
text-decoration:none;
}

#main_block
{
margin:auto; width:1000px;
}
…
<!--=================中间内容省略==================-->
…

.fp_divi{
float:left; margin:0px 12px 0 12px;
font:11px/15px Arial; color:#989897;
display:inline;
 }
.ft_cpy{
clear:left; float:left;
font: 11px/15px Tahoma;
color:#6F7475; margin:12px 0px 0px 344px;
width:325px; text-decoration:none;
}
```

说明：本实例中的样式表比较多，这里只展示一部分，随书光盘中有文字的代码文件。

19.2.2 顶部模块代码分析

网页顶部模块中包括 Logo、导航菜单和搜索条，是浏览者最先浏览的内容。Logo 可以是一张图片，也可以是一段艺术字；导航菜单是引导浏览者快速访问网站各个模块的关键组件；搜索条用于快速检索网站中的视频资源，是提高浏览者页面访问效率的重要组件。除此之外，整个头部还要设置漂亮的背景图案，且和整个页面彼此搭配。本实例中网站头部的效果如下图所示。

实现网页头部的详细代码如下：

```
    <div id="top_panel">
        <a href="index.html" class="logo">    //为 Logo 做链接，链接到主网页
        //插入头部 Logo
        <img src="images/logo.gif" width="255" height="36" alt="" />
        </a><br />
        <div class="tp_navbg">
           <a href="index.html">首页</a>
           <a href="shangchuan.html">上传</a>
           <a href="shipin.html">视频</a>
           <a href="pindao.html">频道</a>
          <a href="xinwen.html">新闻</a>
        </div>
        <div class="tp_smlgrnbg">
           <span class="tp_sign"><a href="zhuce.html" class="tp_txt">注册</a>
           <span class="tp_divi">|</span>
           <a href="denglu.html" class="tp_txt">登录</a>
           <span class="tp_divi">|</span>
           <a href="bangzhu.html" class="tp_txt">帮助</a></span>
        </div>
    </div>
    <div class="tp_barbg">
       <input name="#" type="text" class="tp_barip" />
       <select name="#" class="tp_drp"><option>视频</option></select>
       <a   href="#"   class="tp_search"><img   src="images/tp_search.jpg"
width="52" height="24" alt="" /></a>
       <span class="tp_welcum">欢迎您 <b>匿名用户</b></span>
    </div>
```

说明：本网页超链接的子页面比较多，这里大部分子页面文件为空。

第 19 天 娱乐休闲类网站设计

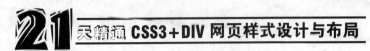

19.2.3 视频模块代码分析

网站中间主体左侧的视频模块是最重要的模块，主要使用<video>标签来实现视频播放功能。除了有播放功能外，还增加了视频信息统计模块，包括视频时长、观看数、评价等。除此之外又为视频增加了一些操作链接，如收藏、写评论、下载、分享等。

视频模块的网页效果如下图所示。

实现视频模块效果的具体代码如下：

```
<div id="lp_padd">
    <span class="lp_newvidit1">【最热门视频】风靡全球韩国热舞!!! </span>
    <video width="665" height="400" controls src="1.mp4" ></video>
    <span class="lp_inrplyrpad">
       <span class="lp_plyrxt">时长 :4.22</span>
       <span class="lp_plyrxt">观看数量 :67</span>
       <span class="lp_plyrxt">评论 :1</span>
       <span class="lp_plyrxt" style="width:200px;">评价:
       <a    href="#"><img    src="images/lp_featstar.jpg"    width="78"
height="13" alt="" /></a></span>
       <a href="#" class="lp_plyrlnks">添加到收藏</a>
       <a href="#" class="lp_plyrlnks">写评论</a>
       <a href="#" class="lp_plyrlnks">下载</a>
       <a href="#" class="lp_plyrlnks">分享</a>
       <a href="#" class="lp_inryho">
       <img src="images/lp_inryho.jpg" width="138" height="18" alt="" />
       </a>
    </span>
</div>
```

19.2.4 评论模块代码分析

网页要有互动才会更活跃，所以这里加入了视频评论模块，浏览者可以在这里发表、交流观后感，具体页面效果如下图所示。

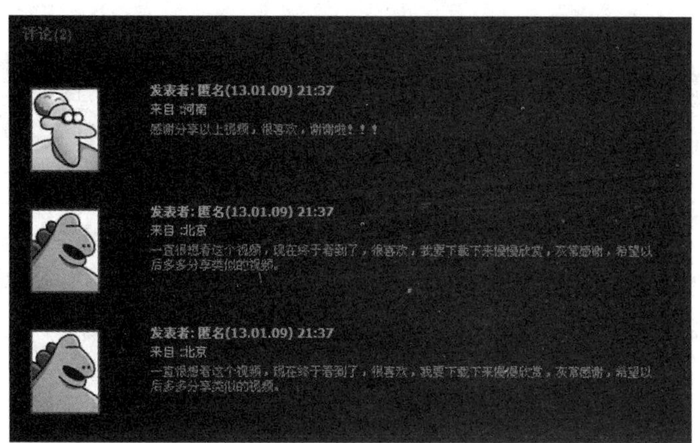

实现评论模块的具体代码如下：

```
<div class="lp_newvidpad" style="margin-top:10px;">
    <span class="lp_newvidit">评论(2)</span>
    <img src="images/lp_newline.jpg" width="661" height="2" alt=""
class="lp_newline" />
    <img src="images/lp_inrfoto1.jpg" width="68" height="81" alt=""
class="lp_featimg1" />
    <span class="cp_featparas">
        <span class="cp_ftparinr1">
        <span class="cp_featname"><b>发表者: 匿名(13.01.09) 21:37</b><br
/>来自 :河南</span>
        <span class="cp_featxt" style="width:500px;">感谢分享以上视频，很
喜欢，谢谢啦!!! </span><br />
        </span>
    </span><br />
    <img src="images/lp_inrfoto2.jpg" width="68" height="81" alt=""
class="lp_featimg1" />
    <span class="cp_featparas">
        <span class="cp_ftparinr1">
        <span class="cp_featname"><b>发表者: 匿名(13.01.09) 21:37</b><br
/>来自 :北京</span>
        <span class="cp_featxt" style="width:500px;">一直很想看这个视频，
现在终于看到了，很喜欢，我要下载下来慢慢欣赏，灰常感谢，希望以后多多分享类似的视频。
</span><br />
        </span>
    </span>
    <img src="images/lp_inrfoto2.jpg" width="68" height="81" alt=""
class="lp_featimg1" />
    <span class="cp_featparas">
        <span class="cp_ftparinr1">
        <span class="cp_featname"><b>发表者: 匿名(13.01.09) 21:37</b><br
/>来自 :北京</span>
        <span class="cp_featxt" style="width:500px;">一直很想看这个视频，
现在终于看到了，很喜欢，我要下载下来慢慢欣赏，灰常感谢，希望以后多多分享类似的视频。
```

```
</span><br />
        </span>
    </span>
  </div>
```

19.2.5 热门推荐模块代码分析

浏览者自行搜索视频会带有盲目性，所以应该设置一个热门视频推荐模块，在中间主体右侧可以完成该模块。该模块可以再分为两部分，即热门视频和关联推荐。

实现后效果如下图所示。

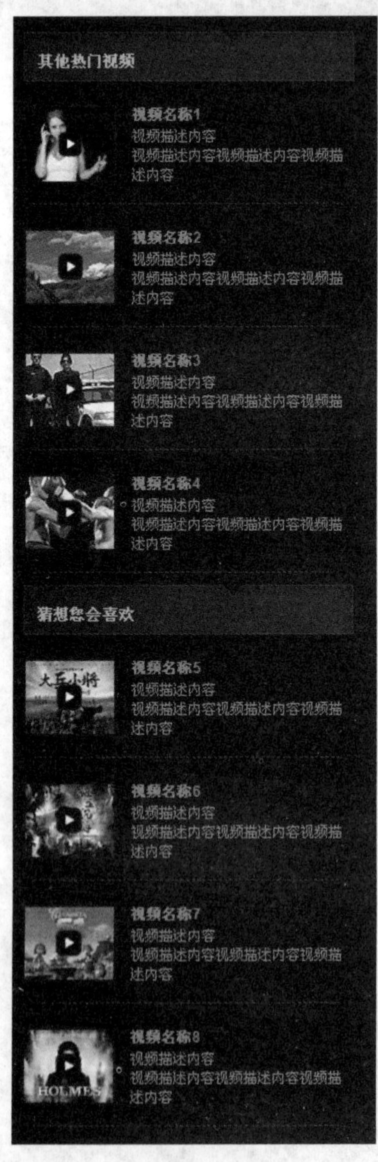

实现上述功能的具体代码如下：

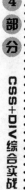

```
<div id="rp_padd">
  <img src="images/rp_top.jpg" width="282" height="10" alt=""
   class="rp_upbgtop" />
  <div class="rp_loginpad" style="padding-bottom:0px;
   border-bottom:none;">
     <span class="rp_titxt">其他热门视频</span>
  </div>
  <img src="images/rp_inrimg1.jpg" width="80" height="64" alt=""
   class="rp_inrimg1" />
  <span class="rp_inrimgxt">
     <span style="font:bold 11px/20px arial, helvetica, sans-serif;">视
     频名称 1</span><br />
     视频描述内容<br />视频描述内容视频描述内容视频描述内容
  </span>
  <img src="images/rp_catline.jpg" width="262" height="1" alt=""
class="rp_catline1" /><br />
  <img src="images/rp_inrimg2.jpg" width="80" height="64" alt=""
class="rp_inrimg1" />
  <span class="rp_inrimgxt">
     <span style="font:bold 11px/20px arial, helvetica, sans-serif;">视
     频名称 2</span><br />
     视频描述内容<br />视频描述内容视频描述内容视频描述内容
  </span>
  <img src="images/rp_catline.jpg" width="262" height="1" alt=""
class="rp_catline1" /><br />
  <img src="images/rp_inrimg3.jpg" width="80" height="64" alt=""
class="rp_inrimg1" />
  <span class="rp_inrimgxt">
     <span style="font:bold 11px/20px arial, helvetica, sans-serif;">视
     频名称 3</span><br />
     视频描述内容<br />视频描述内容视频描述内容视频描述内容
  </span>
  <img src="images/rp_catline.jpg" width="262" height="1" alt=""
class="rp_catline1" /><br />
  <img src="images/rp_inrimg4.jpg" width="80" height="64" alt=""
   class="rp_inrimg1" />
  <span class="rp_inrimgxt">
     <span style="font:bold 11px/20px arial, helvetica, sans-serif;">视
     频名称 4</span><br />
     视频描述内容<br />视频描述内容视频描述内容视频描述内容
  </span>
  <img src="images/rp_catline.jpg" width="262" height="1" alt=""
class="rp_catline1" /><br />
  <img src="images/rp_top.jpg" width="282" height="10" alt=""
class="rp_upbgtop" />
  <div class="rp_loginpad" style="padding-bottom:0px;
border-bottom:none;">
     <span class="rp_titxt">猜想您会喜欢</span>
  </div>
```

```
    <img src="images/rp_inrimg5.jpg" width="80" height="64" alt=""
     class="rp_inrimg1" />
     <span class="rp_inrimgxt">
        <span style="font:bold 11px/20px arial, helvetica, sans-serif;">视
频名称 5</span><br />
        视频描述内容<br />视频描述内容视频描述内容视频描述内容
    </span>
    <img src="images/rp_catline.jpg" width="262" height="1" alt=""
     class="rp_catline1" /><br />
    <img src="images/rp_inrimg6.jpg" width="80" height="64" alt=""
     class="rp_inrimg1" />
    <span class="rp_inrimgxt">
       <span style="font:bold 11px/20px arial, helvetica, sans-serif;">视
       频名称 6</span><br />
       视频描述内容<br />视频描述内容视频描述内容视频描述内容
    </span>
    <img src="images/rp_catline.jpg" width="262" height="1" alt=""
  class="rp_catline1" /><br />
    <img src="images/rp_inrimg7.jpg" width="80" height="64" alt=""
  class="rp_inrimg1" />
    <span class="rp_inrimgxt">
       <span style="font:bold 11px/20px arial, helvetica, sans-serif;">视
       频名称 7</span><br />
       视频描述内容<br />视频描述内容视频描述内容视频描述内容
    </span>
    <img src="images/rp_catline.jpg" width="262" height="1" alt=""
  class="rp_catline1" /><br />
    <img src="images/rp_inrimg8.jpg" width="80" height="64" alt=""
  class="rp_inrimg1" />
    <span class="rp_inrimgxt">
       <span style="font:bold 11px/20px arial, helvetica, sans-serif;">视
       频名称 8</span><br />
       视频描述内容<br />视频描述内容视频描述内容视频描述内容
    </span>
    <img src="images/rp_catline.jpg" width="262" height="1" alt=""
  class="rp_catline1" /><br />
  </div>
```

19.2.6 底部模块分析

在网页底部一般会有备案信息和一些快捷链接，实现效果如下图所示。

首页 | 上传 | 观看 | 频道 | 新闻 | 注册 | 登录

©copyrights @ vvv.com

实现网页底部的具体代码如下：

```
<div id="ft_padd">
    <div class="ftr_lnks">
      <a href="index.html" class="fp_txt">首页</a>
      <p class="fp_divi">|</p>
      <a href="inner.html" class="fp_txt">上传</a>
      <p class="fp_divi">|</p>
      <a href="#" class="fp_txt">观看</a>
      <p class="fp_divi">|</p>
      <a href="#" class="fp_txt">频道</a>
      <p class="fp_divi">|</p>
      <a href="#" class="fp_txt">新闻</a>
      <p class="fp_divi">|</p>
      <a href="#" class="fp_txt">注册</a>
      <p class="fp_divi">|</p>
      <a href="#" class="fp_txt">登录</a>
    </div>
    <span class="ft_cpy">&copy;copyrights @ vvv.com<br /></span>
</div>
```

19.3 网站调整

网站设计完成后，如果需要完善或者修改，可以对其中的框架代码以及样式代码进行调整，下面简单介绍几项内容的调整方法。

19.3.1 部分内容调整

网站调整时，可以将主色调统一调换。原案例使用的是黑色调，可以更换为蓝色调。修改时会涉及一些图片的修改，需要使用 Photoshop 等工具重新设计对应模块的图片。下面对网站中的内容做详细调整。

1. 调整网页整体背景

修改样式表中 body 标记的 background 属性。

```
body{
margin:0px; padding:0px;
font:11px/16px Arial, Helvetica, sans-serif;
background:#000000  repeat-x;
}
```

2. 修改网页中文本的颜色

由于主色调发生了变化，很多文字颜色为了和图像颜色对应，也需要进行调整。网页中需要调整的文字颜色较多，调整方法相似，如将 lp_plyrxt 样式对应的 color 属性改为#000000。

```
.lp_plyrxt{
```

```
float:left;
width:85px;
margin:10px 0 0 30px;
font:11px Arial, Helvetica, sans-serif;
color:#ffffff;
}
```

3. 修改网页中的图片内容

使用 Photoshop 工具将图片调整后放入 images 目录中，将样式表中对应的内容进行调整。如修改导航栏色彩风格，修改 tp_navbg、tp_smlgrnbg 和 tp_barbg 样式中的 background 属性值，代码如下：

```
.tp_navbg
{
 clear:left; float:left;
  width:590px; height:32px;
  display:inline;
  margin:26px 0 0 22px;
  }
.tp_navbg a
{
float:left; background:url(../images/tp_inactivbg2.jpg) no-repeat;
 width:104px; height:19px;
 padding:13px 0 0 0px; text-align:center;
 font:bold 11px Arial, Helvetica, sans-serif;
 color:#ffffff; text-decoration:none;
 }
.tp_navbg a:hover
{
float:left; background:url(../images/tp_activbg2.jpg) no-repeat;
width:104px; height:19px; padding:13px 0 0 0px; text-align:center;
font:bold 11px Arial, Helvetica, sans-serif; color:#282C2C;
text-decoration:none;
}

.tp_smlgrnbg{
float:left; background:url(../images/tp_smlgrnbg2.jpg) no-repeat;
margin:34px 0 0 155px; width:160px; height:24px;
}
.tp_barbg
{
float:left; background:url(../images/tp_barbg2.jpg) repeat-x;
width:1000px; height:42px;
width:1000px;
}
```

网页中的内容修改比较简单，只要换上对应的图片和文字即可。比较麻烦的是对象样式的更换，需要先找到要调整的对象，然后再找到控制该对象的样式，找到对应的样式表进行

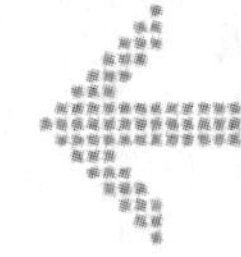

修改即可。有的时候修改完样式表，可能使部分网页布局错乱，这时需要单独对特定区域进行代码调整。

19.3.2 调整后预览测试

网页内容调整后，浏览效果如下图所示。

第 20 天　图像影音类网站设计

学时探讨：

今日主要探讨图像影音类网页的制作方法与调整技巧。图像影音类网页类型较多，结合内容不同，所设计的网页风格差异很大。通过今日的学习，读者能够掌握图像影音类网页的制作技巧与方法。

学时目标：

通过此章图像影音类网站的展示与制作，做到 DIV+CSS 综合运用，掌握整体网站的设计流程与注意事项，为完成其同类网站打下基础。

20.1　整体设计

现在人们的生活节奏加快，上网不仅仅为了学习、查找资料，而且需要娱乐休闲。娱乐休闲类网站需要注意的不仅仅有提供的信息内容，而且要有丰富的色调、吸引眼球的标题。

本实例演示的是电影网的制作，完成后的效果如下图所示。

20.1.1　颜色应用分析

在本例网页中背景设定为“color:#4b4b4b;”，这个浅灰色的色调不会与内容冲突，使内容不那么刺眼。

休闲娱乐网站要注重图文混排的效果。实践证明，只有文字的页面用户停留的时间相对较短；如果完全是图片，又不能概括信息的内容，用户看着又不明白。使用图文混排的方式是比较恰当的。例如此网站的头部效果如下图所示。

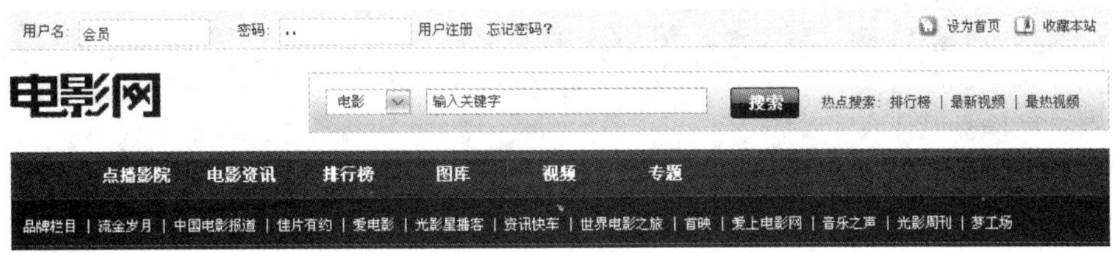

> 提示　休闲娱乐类网站要注意引用会员注册机制，这样可以积累一些忠实的用户群体，有利于网站的可持续性发展。

20.1.2　架构布局分析

本实例采用了“1-（1+3）-1”布局结构，具体排版架构如下图所示。

在实现整个网页布局结构时，使用了<div>标记，具体布局划分代码如下。

1. 网站顶部模块框架代码

```
<div class="header">
<div class="loginbar">
</div>
<div class="clear"></div>
<div class="blank20"></div>
<div class="logo_search">
```

```
</div>
<div class="clear"></div>
<div class="blank15"> </div>
<div class="main_nav">
</div>
<div class="sub_nav"></div>
</div>
<div class="blank10"></div>
```

2. 网站 banner 框架代码

```
<div class="AD2">
</div>
<div class="blank10"></div>
<div class="clear"></div>
```

3. 网站主体内容框架代码

```
<div class="content3">
<div class="con3_left">
</div>
<div class="con3_center">
</div>
<div class="con3_right"></div>
…
<div class="con3_right"></div>
</div>
<div class="clear"></div>
<div class="blank10"></div>
```

4. 网站底部框架代码

```
<div class="copyright">
</div>
```

需要注意的是，本实例框架代码中多次出现了<div class="clear"></div>和<div class="blank15"> </div>，其意义是分隔上下层内容，使页面布局有层次感，不至于拥挤。

20.2 主要模块设计

整个网页的实现是由一个个的模块构成的，在上一节中已经介绍了这些模块，下面就来详细介绍这些模块的实现方法。

20.2.1 样式代码分析

为了使整个页面的样式统一，且易于控制，需要制作样式表。样式表可以直接插入网页代码中，本实例的样式表内容如下。

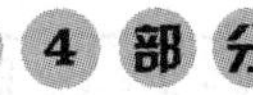

1. 通用样式

网页主体和常用标记样式如下：

```
/*重置样式*/
body{font: 12px/1 "宋体",Tahoma, Helvetica, Arial,
sans-serif;color:#4b4b4b;margin:0 auto;}
body,h1,h2,h3,h4,h5,h6,hr,p,blockquote,dl,dt,dd,ul,ol,li,pre,fieldset,legend,select,button,form,input,label,textarea,th,td{margin:0;padding:0;
border:0}
img{ vertical-align:bottom;display:block}
.left{float:left}
.right{float:right}
.clear{clear:both}
```

2. 超链接样式

为了体现超链接内容，可以为其制定选择前后的链接样式，如下：

```
a{color:#4b4b4b;text-decoration:none;}
a:hover{color:#C20200;text-decoration: underline;}
```

3. 普通标记样式

除了常用的标记之外，还有一些普通的标记，其样式如下：

```
ul, ol { list-style: none; }
button,input,select,textarea{font: 12px/1 "宋体",Tahoma, Helvetica, Arial,
sans-serif;color:#4b4b4b;}
h1,h2,h3,h4, h5, h6 {font-size:12px;}
address, cite, dfn, em, var { font-style: normal; }
code, kbd, pre, samp, tt { font-family: "Courier New", Courier, monospace; }
small { font-size: 12px; }
abbr[title],acronym[title]{border-bottom: 1px dotted; cursor: help;}
legend {color: #000; }
fieldset,input { border: none; vertical-align:middle }
button, input, select, textarea {font-size: 100%;}
hr{border: none;height: 1px;}

.lan{ color:#274990}
.red{color: #FF0000}
.blank6 {clear:both;height:6px;overflow:hidden;display:block; margin:0
auto;}
.blank10{clear:both;height:10px;overflow:hidden;display:block;margin:0
auto;}
.blank15{clear:both;height:15px;overflow:hidden;display:block;margin:0
auto;}
.blank20{clear:both;height:20px;overflow:hidden;display:block;margin:0
auto;}
```

4. 网页头部组件样式

```
/* header */
```

```
.header{width:960px;margin:0 auto;}
/* login */
.loginbar{width:960px; height:32px;
 background-color:#f2f2f2;border-bottom:1px solid #DDD; }
.header_form{width:500px;line-height:22px;float:left;}
.login_input{width:110px;border:1px solid #DDD;
 height:18px;line-height:18px; padding-left:3px;padding-top:3px;}
.login_right{ width:180px; height:22px;}
.loginbar ul{float:right;width:180px;height:20px;}
.loginbar li{width:75px; float:right;text-align:right;line-height:20px;}
.icon1{background:url(images/sprite.gif) no-repeat 0 -20px;
 display:block;
padding-right:10px;}
.icon2{background:url(images/sprite.gif) no-repeat 0px 0px;
display:block;
 padding-right:10px;}
```

5. 网页 Logo、搜索组件样式

```
/* logo_search */
.header_top{width:960px; height:32px;
 background-color:#F2F2F2;border-bottom:1px solid #D9D9D9;}
.logo_search{width:960px; height:51px;}
.logo{width:131px; height:51px;}
.search{width:700px;height:51px;
background:url(images/home.search.bj_03.png) no-repeat}
.search_left{width:700px;}
.search_form{width:700px; height:26px; margin-top:14px;}
.select_box{ width:74px; height:24px; line-height:24px;
 background:url(images/home_search_ss_03.gif) no-repeat;
 position:relative; cursor:pointer;}
.searchSelect{ margin-left:15px; display:inline;width:72px;
 position:relative;}
.select_box span.search_site {width:72px;
height:24px;padding-left:10px;display:inline;line-height:22px;
*line-height:20px; overflow:hidden;}
.select_box .select_list { width:72px; background:#fff;  border:1px solid
 #B4B4B4; position:absolute; top:24px; left:0px; display:none;}
.select_box .select_list a{ display:block; height:24px; text-indent:5px;
 width:72px;}
.select_box .select_list a.active{ background:#666; width:72px;
 color:#fff;
text-decoration:none;}
.search_btn{ width:59px; height:26px; margin-left:20px; font-size:14px;
 color:#fff;background:url(images/sprite.gif) no-repeat 0px -50px;
 cursor:pointer;}
.search_span{line-height:26px; margin-left:20px;}
.search select{ margin-left:15px;}
.search_input{ width:238px; height:20px; border:1px solid #ADADAD;
 margin-left:15px; line-height:20px; padding-left:5px;}
```

6. 网页导航组件样式

```
/* main_nav */
.main_nav{width:960px; height:40px; line-height:40px;
 background:url(images/sprite.gif) repeat-x 0 -160px;color:#fff;
 text-align:center;}
.main_nav ul{ width:830px; height:20px; margin:0 auto}
.main_nav ul li{ width:90px;
 height:40px;float:left;display:block;font-weight:bold;
font-size:14px;line-height:40px;}
.main_nav ul li.line{ width:2px; height:40px;
 background:url(images/sprite.gif) no-repeat -96px 10px;}
.main_nav a{ color:#FFF;text-decoration:none;}
.main_nav a:hover{ color:#00fcff;
 text-decoration:none;background:url(images/nav_ahover.png) no-repeat 0
 7px;_background:url(images/nav_ahover.png) no-repeat 0
 8px;display:block;}
.sub_nav{width:960px; height:43px;background:url(images/sprite.gif)
 repeat-x 0 -210px; color:#FFFFFF}
.sub_nav span{width:960px; height:26px; line-height:26px;margin:0 0 0
 10px;}
.sub_nav span a{ color:#FFFFFF; text-decoration:none;}
.sub_nav span a:hover{color:#FF3; text-decoration:none; }
```

7. 其他模块样式

```
/*content3*/
.content3{width:960px;height:422px;margin:0 auto;}
.con3_left{width:241px;float:left;}
.con3_left_bg{height:34px;width:241px;background:url(images/sprite.gif)
 repeat-x 0 -300px;}
.con3_left_tl{ margin-bottom:10px;
 width:241px;height:30px;color:#FFF;font-size:14px;font-weight:bold;
line-height:30px; display:block;background:url(images/sprite.gif)
 no-repeat
 0 -80px;}
.con3_left_more{ width:30px;font-size:12px;color:#4b4b4b;line-height:32
px; font-weight:normal}
.con3_left{width:241px;height:422px;float:left;}
.con3_left_pic{width:221px; height:187px; background:#f4f4f4;
 padding:10px 10px 0px 10px;}
.con3_left_pic ul{}
.con3_left_pic ul li{ width:94px; height:134px;}
.con3_left_pic ul li span{ float:left; display:block; text-align:center;
 height:30px;line-height:16px; margin-top:5px;}
.con3_left_lt{ width:240px; height:150px;}
.con3_left_lt ul{}
.con3_left_lt ul li{ text-indent:25px;height:26px; line-height:26px;
display:block; background:url(images/sprite.gif) no-repeat -76px -45px;}
.con3_center{width:498px;height:422px;float:left; margin-left:10px;}
```

```
.con3_center_top{width:498px; height:34px;
 background:url(images/sprite.gif) repeat-x 0 -300px;
 margin-bottom:15px;}
.con3_center_title{ width:98px; height:30px;color:#FFF;font-size:14px;
 text-align:center; font-weight:bold; line-height:30px;
 display:block;background:url(images/sprite.gif) no-repeat 0 -120px; }
.con3_center_more{ line-height:32px; width:50px; text-align:center;
 display:block;}
.con3_center_sp_top{width:498px;}
.con3_center_sp_pic{width:498px;}
.con3_center_sp_pic ul{width:498px;float:left;display:block;}
.con3_center_sp_pic ul li{width:92px;
 float:left;background:#ccc;margin-right:30px;display:block;padding:5px
5px 0 5px;}
.con3_center_sp_pic ul li span{line-height:14px; margin-top:3px;
display:block; text-align:center;}
.con3_center_sp_pic ul li.no{ margin-right:0px;}
.con3_right{width:201px;float:left;margin-left:10px;}
.con3_right dl{}
.con3_right dt{width:83px;height:62px; display:block; float:right;}
.con3_right dd{ width:110px; height:72px; display:block;
 line-height:22px;}
.con3_right dd span{ font-weight:bold; color:#002DA3}
.con3_right dl dt a img{ padding:2px; border:1px solid #ccc}
.con3_right dl dt a:hover img{ padding:2px;border:1px solid #002DA3;}
.con3_center_sp_lt{ width:498px;}
.con3_center_sp_lt ul{ margin-right:32px; float:left}
.con3_center_sp_lt ul li{ width:100px;
display:block;line-height:22px; background:url(images/sprite.gif)
 no-repeat -76px -47px; text-align:center}
.con3_center_sp_lt ul.no{ margin-right:0px;}
/*AD2*/

.AD2{width:960px;height:90px; margin: 0 auto;}

/*copyright*/
.copyright{width:960px; height:128px; margin:0 auto;}
.copyright_tl{ background:url(images/surpis.gif) repeat-x 0 -370px;
 height:30px; line-height:30px; text-indent:10px;font-size:14px;
 font-weight:bold; color:#FFF;}
.copyright_ct{ width:960px; padding-top:10px; background:#f4f4f4}
.copyright_ct ul{ margin-left:8px;}
.copyright_ct ul li{ float:left; margin-right:5px; display:block;}
.copyright_ct ul li.no_right{ margin-right:0px;}
.copyright_ct span{ text-align:center; line-height:30px; display:block;
 width:960px;}
.copyright_ct p{ text-align:center; display:block; line-height:24px;}
.copyright_ct ul li a img{border:1px;border:1px solid #a5a5a5; }
.copyright_ct ul li a:hover img{border:1px;border:1px solid #03C;}
```

20.2.2 顶部模块样式代码分析

网页顶部需要有网页 Logo、导航栏和一些快捷链接，下图所示为网页顶部模块的样式。

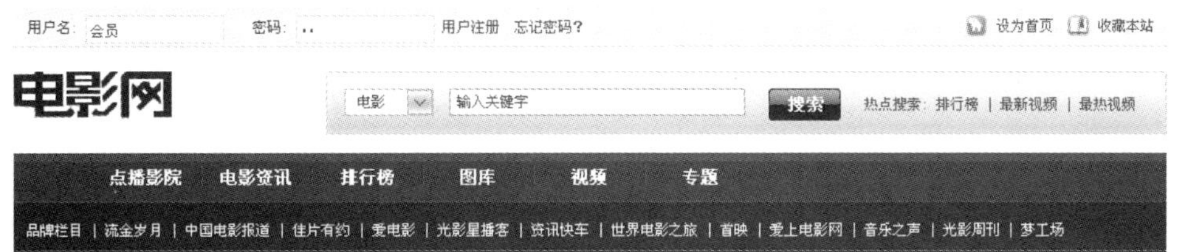

网页顶部模块的实现代码如下：

```
<div class="header">
  <div class="loginbar">
    <div class="blank6"></div>
    <form class="header_form" action="" method="get">
        用户名:
      <input name="text" type="text" class="login_input"
 onfocus="if(value=='会员') {value=''}" onblur="if
(value=='') {value='会员'}" value="会员"  />
        
      密码:
      <input name="text2" type="password" class="login_input"
onfocus="if(value=='密码') {value=''}" onblur="if
(value=='') {value='密码'}" value="密码" maxlength="6" />
      <a href="#">用户注册</a>  <a href="#">忘记密码? </a>
    </form>
    <ul class="right">
      <li class="icon2"><a id="site_addFav" href="#"
 onclick="addFav('http://http://www.shanzhsusjcom/')">收藏本站</a></li>
      <li class="icon1"><a id="site_setHome" href="#"
 onclick="setHome(this,'http://www.shanzhsusjcom/')">设为首页</a></li>
    </ul>
  </div>
  <div class="clear"></div>
  <div class="blank20"></div>
  <div class="logo_search">
    <div class="logo left"><a href="index.html"><img
 src="images/home.logo_03.png" width="131" height="50" border="0" alt="
图片说明"/></a></div>
    <div class="search right">
      <form class="search_form" action="" method="post">
        <div class="searchSelect left">
          <div id="select_area" class="select_box"> <span id="selected"
 class="search_site">电影</span>
            <div id="select_main" class="select_list"> <a title="专辑">专辑
</a><a title="博客">博客</a><a title="视频">视频</a> </div>
          </div>
```

```
        </div>
        <input name="Input" type="text"  class="search_input left"
 onfocus="if(value=='输入关键字') {value=''}" onblur="if
(value=='') {value='输入关键字'}" value="输入关键字"/>
        <input name="提交" type="button" class="search_btn left" value=""/>
        <span class="search_span">热点搜索: <a href="#">排行榜</a> | <a
 href="#">最新视频</a> | <a href="#">最热视频</a></span>
      </form>
      <!--自定义样式下拉框 js begin-->

      <!--自定义样式下拉框 js end-->
    </div>
  </div>
  <div class="clear"></div>
  <div class="blank15"> </div>
  <div class="main_nav">
    <ul>
      <li><a href="list.html">点播影院</a></li>
      <li class="line"></li>
      <li><a href="list.html">电影资讯</a></li>
      <li class="line"></li>
      <li><a href="list.html">排行榜</a></li>
      <li class="line"></li>
      <li><a href="list.html">图库</a></li>
      <li class="line"></li>
      <li><a href="list.html">视频</a></li>
      <li class="line"></li>
      <li><a href="list.html">专题</a></li>

    </ul>
  </div>
  <div class="sub_nav">
    <div class="blank10"></div>
    <span><a href="#">品牌栏目</a> | <a href="#">流金岁月</a> | <a href="#">
中国电影报道</a> | <a href="#">佳片有约</a> | <a href="#">爱电影</a> | <a
 href="#">光影星播客</a> | <a href="#">资讯快车</a> | <a href="#">世界电影之
旅</a> | <a href="#">首映</a> | <a href="#">爱上电影网</a> | <a href="#">
音乐之声</a> | <a href="#">光影周刊</a> | <a href="#">梦工场</a></span>
  </div>
  <div class="clear"></div>
</div>
```

20.2.3 网站主体模块代码分析

中间主体可以分为上下结构的两部分，一部分是主体 banner，另一部分就是主体内容。主体内容又可分为左、中、右 3 个模块，效果如下图所示。

实现中间主体的代码如下：

```
<div class="AD2"><img src="images/AD_03_03.gif" alt="ad" width="960"
 height="90"/></div>
<div class="blank10"></div>
<div class="clear"></div>
<div class="content3">
  <div class="con3_left">
    <div class="con3_left_bg">
      <div class="con3_left_tl"> <span class="title left">预告片</span>
        <div class="con3_left_more right"><a href="#">更多</a></div>
      </div>
    </div>
    <div class="con3_left_pic">
      <ul class="left">
        <li><a href="#"><img src="images/yugao_pic_01.gif" width="94"
 height="134" border="0" alt="图片说明"/></a><span><a href="#">《 特工绍特 》
          预告片</a></span></li>
      </ul>
      <ul>
        <li class="right"><a href="#"><img src="images/yugao_pic_03.gif"
 width="94" height="134" border="0" alt="图片说明"/></a><span><a href="#">
《暮色 2：新月》
          首曝 MV</a></span></li>
      </ul>
    </div>
    <div class="clear"></div>
    <div class="blank10"></div>
    <div class="con3_left_lt">
      <ul>
        <li><span class="right">先行版预</span>《爱丽丝梦游奇境》</li>
        <li><span class="right">先行版预</span>《爱丽丝梦游奇境》</li>
        <li><span class="right">先行版预</span>《爱丽丝梦游奇境》</li>
        <li><span class="right">先行版预</span>《爱丽丝梦游奇境》</li>
        <li><span class="right">先行版预</span>《爱丽丝梦游奇境》</li>
```

```
          <li><span class="right">先行版预</span>《爱丽丝梦游奇境》</li>
          <li><span class="right">先行版预</span>《爱丽丝梦游奇境》</li>
        </ul>
      </div>
    </div>
    <div class="con3_center">
      <div  class="con3_center_top  left">  <span  class="con3_center_title
left">点播影院</span> <span class="con3_center_more right"><a href="#">更多
</a></span></div>
      <div class="con3_center_sp_top left">
        <div class="con3_center_sp_pic left">
          <ul>
            <li><img src="images/dianbo_pic_06.gif" width="92" height="134"
alt="图片说明"/><span><a href="#">《巫山云雨》</a></span></li>
            <li><img src="images/dianbo_pic_08.gif" width="92" height="134"
alt="图片说明" /><span><a href="#">《巫山云雨》</a></span></li>
            <li><img src="images/dianbo_pic_14.gif" width="92" height="134"
alt="图片说明" /><span><a href="#">《巫山云雨》</a></span></li>
            <li  class="no"><img  src="images/dianbo_pic_15.gif"  width="92"
height="134" alt="图片说明"/><span><a href="#">《巫山云雨》</a></span></li>
          </ul>
          <div class="clear"></div>
          <div class="blank15"></div>
        </div>
        <div class="con3_center_sp_pic">
          <ul class="con3_center_sp_pic_br">
            <li><img src="images/dianbo_pic_02.gif" width="92" height="134"
alt="图片说明"/><span><a href="#">《巫山云雨》</a></span></li>
            <li><img src="images/dianbo_pic_04.gif" width="92" height="134"
alt="图片说明" /><span><a href="#">《巫山云雨》</a></span></li>
            <li><img src="images/dianbo_pic_16.gif" width="92" height="134"
alt="图片说明"/><span><a href="#">《巫山云雨》</a></span></li>
            <li  class="no"><img  src="images/dianbo_pic_17.gif"  width="92"
height="134" alt="图片说明" /><span><a href="#">《巫山云雨》</a></span></li>
          </ul>
          <div class="clear"></div>
          <div class="blank6"></div>
        </div>
      </div>
      <div class="con3_center_sp_lt left">
        <ul>
          <li>  <a href="#">《非常完美》</a></li>
          <li> <a href="#">PK.COM.CN</a></li>
        </ul>
        <ul>
          <li>  <a href="#">《非常完美》</a></li>
          <li> <a href="#">PK.COM.CN</a></li>
        </ul>
        <ul>
```

```
          <li>  <a href="#">《非常完美》</a></li>
          <li> <a href="#">PK.COM.CN</a></li>
        </ul>
        <ul class="no">
          <li>  <a href="#">《非常完美》</a></li>
          <li> <a href="#">PK.COM.CN</a></li>
        </ul>
      </div>
    </div>
    <div class="con3_right">
      <dl>
        <dt><a href="#"><img src="images/sider_pic_02.gif" alt="sider_pic"
width="83" height="62" border="0" /></a></dt>
        <dd class="left"><span>[自拍]</span><a href="#">《鲜花》展现唯美中的温
馨乞讨女孩自尊心受伤害</a></dd>
      </dl>
      <div class="blank10"></div>
    </div>
    <div class="con3_right">
      <dl>
        <dt><a href="#"><img src="images/sider_pic_04.gif" alt="sider_pic"
width="83" height="62" border="0" /></a></dt>
        <dd class="left"><span>[自拍]</span><a href="#">《鲜花》展现唯美中的温
馨乞讨女孩自尊心受伤害</a></dd>
      </dl>
      <div class="clear"></div>
      <div class="blank10"></div>
    </div>
    <div class="con3_right">
      <dl>
        <dt><a href="#"><img src="images/sider_pic_06.gif" alt="sider_pic"
width="83" height="62" border="0" /></a></dt>
        <dd class="left"><span>[自拍]</span><a href="#">《鲜花》展现唯美中的温
馨乞讨女孩自尊心受伤害</a></dd>
      </dl>
      <div class="clear"></div>
      <div class="blank10"></div>
    </div>
    <div class="con3_right">
      <dl>
        <dt><a href="#"><img src="images/sider_pic_08.gif" alt="sider_pic"
width="83" height="62" border="0" /></a></dt>
        <dd class="left"><span>[自拍]</span><a href="#">《鲜花》展现唯美中的温
馨乞讨女孩自尊心受伤害</a></dd>
      </dl>
      <div class="clear"></div>
      <div class="blank10"></div>
    </div>
    <div class="con3_right">
```

```
    <dl>
      <dt><a href="#"><img src="images/sider_pic_10.gif" alt="图片说明"
width="83" height="62" border="0" /></a></dt>
      <dd class="left"><span>[自拍]</span><a href="#">《鲜花》展现唯美中的温
馨乞讨女孩自尊心受伤害</a></dd>
    </dl>
    <div class="clear"></div>
    <div class="blank10"></div>
  </div>
</div>
<div class="clear"></div>
<div class="blank10"></div>
```

20.2.4 底部模块分析

网站底部设计较简单，包括一些快捷链接和版权声明信息，具体效果如下图所示。

合作媒体（排名不分先后）

关于我们 | 网站地图 | 诚聘英才 | 站长信箱 | 版权声明 | 联系我们 |节目制作中心 版权所有

网站底部的实现代码如下：

```
<div class="copyright">
  <div class="copyright_tl">合作媒体（排名不分先后）</div>
  <div class="copyright_ct">
    <ul>
      <li><a href="#"><img src="images/home_copy_03.gif" width="88"
height="31" border="0" alt="图片说明" /></a></li>
      <li><a href="#"><img src="images/home_copy_05.gif" width="88"
height="31" border="0" alt="图片说明"/></a></li>
      <li><a href="#"><img src="images/home_copy_07.gif" width="88"
height="31" border="0" alt="图片说明"/></a></li>
      <li><a href="#"><img src="images/home_copy_09.gif" width="88"
height="31" border="0" alt="图片说明"/></a></li>
      <li><a href="#"><img src="images/home_copy_11.gif" width="88"
height="31" border="0" alt="图片说明"/></a></li>
      <li><a href="#"><img src="images/home_copy_13.gif" width="88"
height="31" border="0" alt="图片说明"/></a></li>
      <li><a href="#"><img src="images/home_copy_15.gif" width="88"
height="31" border="0" alt="图片说明" /></a></li>
      <li><a href="#"><img src="images/home_copy_03.gif" width="88"
height="31" border="0" alt="图片说明"/></a></li>
      <li><a href="#"><img src="images/home_copy_17.gif" width="88"
height="31" border="0" alt="图片说明"/></a></li>
      <li class="no_right"><a href="#"><img src="images/home_copy_19.gif"
width="88" height="31" border="0" alt="图片说明" /></a></li>
    </ul>
```

```
    <span><a href="#">关于我们</a> | <a href="#">网站地图</a> | <a href="#">
诚聘英才</a> | <a href="#">站长信箱</a> | <a href="#">版权声明</a> | <a href="#">
联系我们</a> |节目制作中心 版权所有 </span>

   </div>
  </div>
```

20.3 网站调整

网站设计完成后，如果需要完善或者修改，可以对其中的框架代码以及样式代码进行调整，下面简单介绍几项内容的调整方法。

20.3.1 部分内容调整

网页中的内容修改比较简单，只要换上对应的图片和文字即可。比较麻烦的是对象样式的更换，需要先找到要调整的对象，然后再找到控制该对象的样式，找到对应的样式表进行修改即可。有的时候修改完样式表，可能使部分网页布局错乱，这时需要单独对特定区域进行代码调整。

本实例中可以调整网页中元素的样式，使整个网站风格发生变化。使用 Photoshop 设计图片 sprite2.gif 和 surpis2.gif，将以下代码中 background 属性的值分别指向这两个图片文件。

```
   .con3_center_sp_lt ul li{ width:100px; display:block;line-height:22px;
background:url(images/sprite2.gif) no-repeat -76px -47px; text-align:center}

   .main_nav ul li.line{ width:2px; height:40px;
    background:url(images/sprite2.gif) no-repeat -96px 10px;}

   .con3_left_tl{ margin-bottom:10px;
    width:241px;height:30px;color:#000;font-size:14px;font-weight:bold;
line-height:30px;          display:block;background:url(images/sprite2.gif)
no-repeat 0 -80px;}

   .con3_left_lt ul li{ text-indent:25px;height:26px; line-height:26px;
    display:block; background:url(images/sprite2.gif) no-repeat -76px
    -45px;}

   .con4_left_tl{width:217px;height:30px;color:#000;font-size:14px;font-we
   ight:bold; line-height:30px;
    display:block;background:url(images/sprite2.gif) no-repeat 0 -80px;}

   .copyright_tl{ background:url(images/surpis2.gif) repeat-x 0 -370px;
    height:30px; line-height:30px; text-indent:10px;font-size:14px;
    font-weight:bold; color:#FFF;}
```

20.3.2 模块调整

本实例为影视网，模块内容可以继续增加、完善。下面为网页增加如下模块内容：

```
<div class="content4">
  <div class="con4_left">
    <div class="con4_left_bg">
      <div class="con4_left_tl"> <span class="title left">观影指南 </span>
        <div class="con4_left_more right"><a href="#">更多</a></div>
      </div>
    </div>

    <div class="clear"></div>
    <div class="blank6"></div>
    <div class="con4_left_bt">
      <div class="con4_left_bt_tl"><span class="left">  影片名称
</span><span class="right">公映时间  </span></div>
      <div class="con4_left_line">
        <ul>
          <li><span>11 月 01 日   </span> 《罪与罚》</li>
          <li><span>11 月 01 日   </span> 《罪与罚》</li>
          <li><span>11 月 01 日   </span> 《罪与罚》</li>
          <li><span>11 月 01 日   </span> 《罪与罚》</li>
          <li><span>11 月 01 日   </span> 《罪与罚》</li>
        </ul>
      </div>
    </div>
  </div>
  <div class="con4_center">
    <div id="Tab1">
      <div class="con4_center_top left">
        <ul>
          <li id="one1" onmouseover="setTab('one',1,3)" class="hover"><a
href="#">新片</a></li>
          <li id="one2" onmouseover="setTab('one',2,3)" ><a href="#">经典
</a></li>
          <li id="one3" onmouseover="setTab('one',3,3)"><a href="#">绝对独
家</a></li>
        </ul>
        <span class="con4_center_more right"><a href="#">更多</a></span>
</div>
      <div id="con_one_1" class="con4_center_bt">
        <ul>
          <li><a href="#"><img src="images/home_xinp_03.gif" width="159"
height="230" border="0" alt="图片说明" /></a><span><a href="#">《杨至成火线供给》
</a></span></li>
          <li><a href="#"><img src="images/home_xinp_05.png" width="159"
height="230" border="0" alt="图片说明"/></a><span><a href="#">《铁胆雄心》
```

```
</a></span></li>
          <li class="con4_no"><a href="#"><img
 src="images/home_xinp_07.png" width="159" height="230" border="0" alt="
图片说明"/></a><span><a href="#">《铁流 1949》</a></span></li>
        </ul>
      </div>
      <div id="con_one_2" style="display:none" class="con4_center_bt">
        <ul>
          <li><a href="#"><img src="images/home_xinp_03.gif" width="159"
 height="230" border="0" alt="图片说明"/></a><span><a href="#">《杨 adsa 供
给》</a></span></li>
          <li><a href="#"><img src="images/home_xinp_05.png" width="159"
 height="230" border="0" alt="图片说明"/></a><span><a href="#">《铁 asdas
雄心》</a></span></li>
          <li class="con4_no"><a href="#"><img
 src="images/home_xinp_07.png" width="159" height="230" border="0" alt="
图片说明"/></a><span><a href="#">《铁流 asd9》</a></span></li>
        </ul>
      </div>
      <div id="con_one_3" style="display:none" class="con4_center_bt">
        <ul>
          <li><a href="#"><img src="images/home_xinp_03.gif" width="159"
 height="230" border="0" alt="图片说明"/></a><span><a href="#">《杨至成 dsa》
</a></span></li>
          <li><a href="#"><img src="images/home_xinp_05.png" width="159
" height="230" border="0" alt="图片说明" /></a><span><a href="#">《铁胆雄心》
</a></span></li>
          <li class="con4_no"><a href="#"><img
 src="images/home_xinp_07.png" width="159" height="230" border="0" alt="
图片说明" /></a><span><a href="#">《铁 asd949》</a></span></li>
        </ul>
      </div>
    </div>
  </div>
  <div class="con4_right right">
    <div class="con4_right_tl"> <span class="title left">电影网观影团
 </span>
      <div class="con4_right_more right"><a href="#">更多</a></div>
    </div>
    <div class="con4_right_bt">
      <dl>
        <dt><a href="#"><img src="images/home_mj_03.gif" width="161"
 height="92" alt="图片说明"/></a></dt>
        <dd>《迈克尔.杰克逊：就是这样》</dd>
        <dd class="no_bg">2009-11-03 11:32:21
          11 月 2 日[电影网]组织网友观看了《迈克尔·杰克逊：就是这样》。影片记录了迈克
尔·杰克逊在生前准备伦敦演唱会时的彩排画面和幕后花絮。[详情]</dd>
      </dl>
    </div>
```

```
    </div>
  </div>
```

为了实现上述模块的展现，需要为其增加对应的样式内容，在样式表中插入的样式如下：

```
/*content4*/

.content4{width:960px;margin:0 auto;}

.con4_left{width:217px;float:left;}
.con4_left_bg{height:32px;width:217px;background:url(images/sprite.gif)
 repeat-x 0 -300px; margin-bottom:10px;}
.con4_left_tl{width:217px;height:30px;color:#FFF;font-size:14px;font-we
ight:bold; line-height:30px;
 display:block;background:url(images/sprite.gif) no-repeat 0 -80px;}
.con4_left_more{width:30px;font-size:12px;color:#4b4b4b;line-height:
32px; font-weight:normal}
.con4_left_top{ height:100px;}
.con4_left_top dl{width:210px;}
.con4_left_top dl dt{width:71px; height:90px; display:block;
 padding:2px;}
.con4_left_top dl dt a img{padding:2px;border:1px solid #A5A5A5;}
.con4_left_top dl dt a:hover img{padding:2px;border:1px solid #F00}
.con4_left_top dl dd{ width:120px;height:100px; display:block;
 line-height:20px;}
.con4_left_bt{ width:210px; height:153px; border:1px solid #a5a5a5;
 margin-left:2px}
.con4_left_bt_tl{ width:210px; height:29px; background:#E5E5E5;
 line-height:29px; font-weight:bold; color:#274990}
.con4_left_line{ width:210px;}
.con4_left_line ul{ margin-top:5px; line-height:22px;}
.con4_left_line ul li{ width:210px; float:left; display:block}
.con4_left_line ul li span{ float:right;}
.con4_center{width:515px;float:left;margin-left:15px; border:1px solid
 #FF6475}
.con4_center_top{width:515px; height:30px;
 background:url(images/xuanxiangka.gif) repeat-x 0 -30px;
 margin-bottom:10px;}
.con4_center_top ul{}
.con4_center_top ul li{height:28px; line-height:28px; float:left;
display:block; text-align:center; width:80px; border-right:1px solid
 #FF6475;}
```

```
.con4_center_top ul li a{ color:#1C1C1C;text-decoration:none;
 display:block; cursor:pointer;font-size:14px; font-weight:bold; }
.con4_center_top li a:hover{text-decoration:none;
 cursor:pointer;margin:1px 1px 0px 1px;  color:#fff;display:block;
 font-size:14px; font-weight:bold;
 background:url(images/xuanxiangka.gif)
 repeat-x 0 0}
.con4_center_bt{ width:515px;}
.con4_center_bt ul{ margin-left:8px;}
.con4_center_bt ul li{ float:left; margin-right:10px; display:block}
.con4_center_bt ul li span{float:left; width:159px;line-height:30px;
 display:block; text-align:center;}
.con4_center_bt ul li.con4_no{ margin-right:0px;}
.con4_center_title{ width:64px; height:26px;color:#FFF;font-size:14px;
 text-align:center; font-weight:bold; line-height:30px; display:block;
 background:url(images/xuanxiangka.gif) no-repeat 0 0 }
.con4_center_more{ line-height:30px; width:50px; text-align:center;
 display:block;}
.con4_right{width:199px;margin-left:10px; height:300px;border:1px solid
 #ABABAB}
.con4_right_tl{ margin-bottom:10px;width:199px;height:30px;color:#FFF;
font-size:14px;font-weight:bold; line-height:30px; display:block;
 background:#002F92}
.con4_right_more{ width:30px;font-size:12px;line-height:32px;
 font-weight:normal}
.con4_right_more a{ text-decoration:none; color:#fff}
.con4_right_more a:hover{ text-decoration:none; color:#F00}
.con4_right_bt{ width:199px;}
.con4_right_bt dl{}
.con4_right_bt dl dt{margin-left:15px;}
.con4_right_bt dl dd{ margin-left:15px;display:block;width:167px;
 line-height:20px; background:#f4f4f4; text-align:left; margin-top:6px;}
.con4_right_bt dl dd.no_bg{ background:none;}
 .con4_right_bt dl  a img{padding:2px;border:1px solid #a5a5a5}
.con4_right_bt dl  a:hover img{padding:2px;border:1px solid #03C}
```

增加了新模块后，可以将 banner 模块移到中间显示，这样可以很好地分隔上下层内容，使内容更具条理感。

20.3.3　调整后预览测试

通过以上调整，网页最终效果如下图所示。

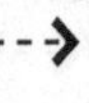

电影网
点播影院
电影资讯
排行榜
图库
视频
专题
预告片
点播影院
百位明星齐聚集
完整版影片独家网络首播
全片免费观看
观影指南
新片
经典
绝对独家
电影网观影团
合作媒体（排名不分先后）

第 21 天 巧拿妙用——迅速武装起一个经典网站

学时探讨：

今日主要探讨网站的快速建设。通过本章知识的学习，可以了解通用网站的构成，并快速组装一个简单的通用网站。

学时目标：

通过此章网站组装的学习，读者可对网站的通用样式有基本的认识，并且可以掌握快速建站的方法。

21.1 网站规划与分析

在创建网站时，可以利用其他网站的模块元素，不过在利用前要先规划好自身网站的框架、栏目、模块及主色调等内容。

21.1.1 网站框架设计

在进行网站框架设计时，如果没有特别出众的构思，建议采用通用的网站结构，如“1-（1+3）-1”的网站布局。布局效果图如下图所示。

21.1.2 网站栏目划分

框架设计好后，需要为网站填充栏目内容。根据网站主题不同，栏目的划分也有很大差异。本实例组装的是一个娱乐网，其栏目划分如下图所示。

21.1.3 网站模块划分

为了实现以上框架布局设计，需要使用 div 框架标记构建各个模块的内容。实现网站模块划分的 div 框架代码如下。

1. 网站头部

```
<div id="cHeader">
</div>
```

2. 网站导航

```
<div id="cMenu">
</div>
```

3. 网站主体

```
<div id="cMain">
/*banner*/
    <div id="cHeaderPic">
    </div>
/*中间主体*/
    <div id="mContainer">
    /*主体左侧*/
        <div id="mLeft">
        </div>
    /*主体 center*/
         <div id="mCenter">
        </div>
    /*主体右侧*/
```

```
        <div class="right">
        </div>
    </div>
</div>
```

4. 网站底部

```
/*快捷链接*/
<div id="cFooter">
</div>
/*版权声明*/
<div class="line-three">
</div>
```

21.1.4 网站色彩搭配

网站整体色彩采用通用、大方的白色背景，可以通过 body 样式中的 background 属性进行定义，代码如下：

```
body {
 font-family: Verdana, Arial, Helvetica, sans-serif;
 font-size: 10px;
 background: #fff;
 }
```

网站中其他元素的颜色搭配均采用比较大众的色彩搭配，这样能让更多浏览者接受网站。网页的整体效果如下图所示。

21.2 修改样式表确定网站风格

网站的整体风格要通过样式表来定义，下面来修改一些关键的样式表内容。

21.2.1 修改网站通用样式

确定整个网站风格的最关键样式就是通用样式，包含一些常用标记，以及 HTML 代码结构标记的样式，具体样式内容如下：

```
body {
 padding:0;
 background-color:#ffffff;
 font-family:Arial, Helvetica, sans-serif;
 font-size:11px;
}
a img {
 border:0;
}
h1, h2, h3, h4, h5, p, ul, ol, li, dl, dt, dd, form {
 margin:0;
 padding:0;
 background-repeat:no-repeat;
 list-style-type:none;
}
```

除此之外，还有超链接的通用样式，代码如下：

```
a {
 text-decoration:underline;
 outline:0;
}
a:hover {
 text-decoration:none;
}
```

21.2.2 修改网站布局样式

确定网站布局样式的是 div 框架标记中指定的样式内容，如 cHeader、cMenu、cMain 和 cFooter 等，其样式内容分别介绍如下。

1. 网站框架布局通用样式

```
#cHeader, #cMenu, #cMain, #cFooter {
margin:0 auto;
overflow:hidden;
}
```

2. 头部框架布局样式

```
#cHeader {
 width:800px;
 height:78px;
 background:#fff url(../img/top-corner-left.gif) no-repeat;
}
```

3. 导航栏框架布局样式

```
#cMenu {
 width:800px;
 height:34px;
 overflow:hidden;
}
```

4. 中间主体框架布局样式

```
#cMain {
 width:800px;
}
#cMain #mContainer {
 margin:5px auto 0 auto;
 width:800px;
}
#cMain #mContainer #mLeft {
 float:left;
 width:150px;
 margin-top:5px;
}
#cMain #mContainer #mCenter {
 float:left;
 width:455px;
 margin-top:5px;
 margin-left:10px;
}
#cMain #mContainer #mRight {
 float:right;
 width:175px;
 margin top:5px;
}
```

5. 网站底部框架布局样式

```
#cFooter {
 width:800px;
 padding:5px 0;
 font-size:10px;
 color:#666;
}
```

21.3 借用其他网站优秀模块

可以参照当前流行的优秀网站模块来完善本实例的模块内容，下面来介绍网站模块的实现。

21.3.1 导航条模块实现

首先是导航条模块的实现，其中包含了网页 Logo 与登录模块，采用的是比较普通的导航条样式，效果图如下图所示。

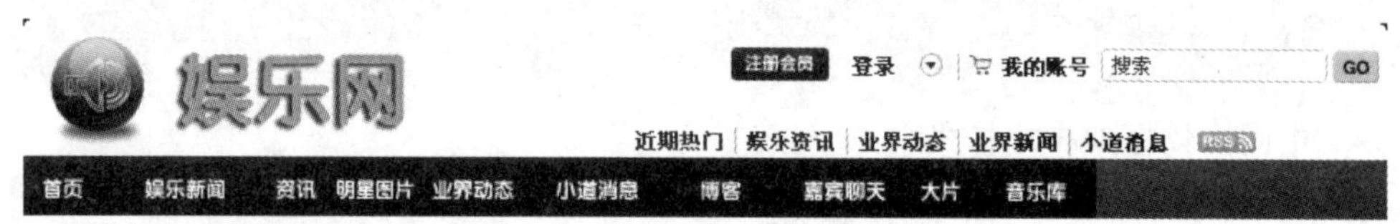

实现网页头部效果的代码如下：

```
<div id="cHeader"> <a id="logo" href="index.html"> 娱乐资讯</a>
  <div class="right">
    <div class="top">
      <ul class="links">
        <li class="signup"><a href="#">注册</a></li>
        <li class="login panelButton"><a href="#">登录</a></li>
        <li class="cart"><a href="#">我的账号</a></li>
      </ul>
        <input name="q" type="text" id="headerSearch" value="搜索" />
        <input type="submit" class="search-button" value=" " />
      <div class="clearer"></div>
    </div>
    <ul class="subnav">
      <li><a href="#">近期热门</a></li>
      <li><a href="#">娱乐资讯</a></li>
      <li><a href="#">业界动态</a></li>
      <li><a href="#">业界新闻</a></li>
      <li class="last"><a href="#">小道消息</a></li>
      <li class="rss"><a href="#">免费订阅</a></li>
    </ul>
  </div>
</div>
<div id="cMenu">
  <ul>
    <li class="home"><a href="index.html">首页</a></li>
    <li class="info"><a href="photos.html">娱乐新闻</a></li>
    <li class="zoo"><a href="shownew1.html">资讯</a></li>
    <li class="photos"><a href="index.html">明星图片</a></li>
    <li class="events"><a href="shownew1.html">业界动态</a></li>
    <li class="attractions"><a href="photos.html">小道八卦</a></li>
```

```
    <li class="sports"><a href="shownew1.html">博客</a></li>
    <li class="activities"><a href="#">嘉宾聊天</a></li>
    <li class="maps"><a href="#">大片</a></li>
    <li class="history"><a href="#">乐库</a></li>
    <li class="store"><a href="#">#</a></li>
  </ul>
</div>
```

为了展示完美的顶部样式效果，需要为其制定对应的样式内容，其样式表代码如下。

1. 头部样式代码

```
#cHeader #logo {
display:block;
float:left;
width:252px;
height:78px;
padding-left:4px;
background:url(../img/logo-centralpark.gif) no-repeat 4px 0;
text-indent:-10000px;
}
…
…
…
#cHeader .right ul.subnav li.rss a {
text-indent:-10000px;
display:block;
width:34px;
height:12px;
background:url(../img/rss-badge.png) no-repeat;
}
```

2. 导航条样式代码

```
#cMenu {
width:800px;
height:34px;
overflow:hidden;
}
#cMenu ul {
list-style-type:none;
}
#cMenu ul li {
height:34px;
margin:0;
padding:0;
float:left;
}
…
…
#cMenu ul li.store a:hover {
```

```
    background-position:-630px -34px;
    }
```

21.3.2 首页主体布局模块实现

网页主体采用的是 1+3 的布局结构，该结构的实现效果如下图所示。

实现网站首页主体内容的代码如下：

```
<div id="cMain">
  <div id="cHeaderPic">
    <div id="cHeaderFlash"></div>
  </div>
  <div id="mContainer">
    <div id="mLeft">
      <div class="panel ltgreen-left">
        <div class="top">
          <div class="left"></div>
          <div class="middle"></div>
          <div class="right"></div>
        </div>
        <h3 class="title"> <img src="img/icons/btn_minus.gif" id="img2"
class="btnOpenClose" /> <a href="#">日历</a> </h3>
```

```
        <script
type="text/javascript">Core.initCalendar('2010-04-29');</script>
        <div id="sub2" style="display: block">
          <div class="content">
            <div class="nav"> <a rel="nofollow" id="calPrevMonth" href="#"
    class="arrow">&laquo;</a> <a rel="nofollow" id="calCurrentMonth"
    href="#">2010 四月</a> <a rel="nofollow" id="calNextMonth" href="#"
    class="arrow" >&raquo;</a> </div>
            <div class="calendar">
              <div id="calWrapper" style="left: 0;">
                <div id="calMonth">
                  <ul>
                    <li><a rel="nofollow" href="#" class="blurred"
    >28</a></li>
                    <li><a rel="nofollow" href="#" class="blurred"
    >29</a></li>
                    <li><a rel="nofollow" href="#" class="blurred"
    >30</a></li>
                    <li><a rel="nofollow" href="#" class="blurred"
    >31</a></li>
                    <li><a rel="nofollow" href="#" >1</a></li>
                    <li><a rel="nofollow" href="#">2</a></li>
                    <li><a rel="nofollow" href="#">3</a></li>
                  </ul>
                  …
    …
                </div>
              </div>
            </div>
            <div class="clear"></div>
            <a class="search" href="#">选择日期 &gt;&gt;&gt;</a> </div>
          <div class="bottom">
            <div class="left"></div>
            <div class="right"></div>
          </div>
        </div>

      </div>
      <div class="panel red-left">
        <div class="top">
          <div class="left"></div>
          <div class="middle"></div>
          <div class="right"></div>
        </div>
        <h3 class="title"> <img src="img/icons/btn_minus.gif" id="img4"
    alt="+" class="btnOpenClose" /> <a href="#" target="_blank" title="Order
    the Original Central Park Poster">热点新闻</a> </h3>
        <div id="sub4" style="display: block">
          <div class="content">
```

```
          <div class="poster-intro"> <a href="#" target="_blank"
rel="nofollow" >《武林外传》探班 芙蓉大侠买房也犯难</a> </div>
          <div class="poster"> <a href="#" rel="nofollow" ><img
src="img/home/xueshan.jpg"  /></a> </div>
          <div class="poster-more"><a href="#">更多热点>></a></div>
        </div>
        <div class="bottom">
          <div class="left"></div>
          <div class="right"></div>
        </div>
      </div>
      <div id="foot4" class="bottom bottom-closed" style="display: none">
        <div class="left"></div>
        <div class="right"></div>
      </div>
    </div>
    <div class="panel red-left">
      <div class="top">
        <div class="left"></div>
        <div class="middle"></div>
        <div class="right"></div>
      </div>
      <h3 class="title"> <img src="img/icons/btn_minus.gif" id="img4"
alt="+" class="btnOpenClose" /> <a href="#" target="_blank" title="Order
the Original Central Park Poster">热点新闻</a> </h3>
      <div id="sub4" style="display: block">
        <div class="content">
          <div class="poster-intro"> <a href="#" target="_blank"
rel="nofollow" >《武林外传》探班 芙蓉大侠买房也犯难</a> </div>
          <div class="poster"> <a href="#" rel="nofollow" ><img
src="img/home/xueshan.jpg" width="104" height="93"  /></a> </div>
          <div class="poster-more"><a href="#">更多热点>></a></div>
        </div>
        <div class="bottom">
          <div class="left"></div>
          <div class="right"></div>
        </div>
      </div>
      <div id="foot4" class="bottom bottom-closed" style="display: none">
        <div class="left"></div>
        <div class="right"></div>
      </div>
    </div>
  </div>
  <div id="mCenter">
    <div class="top">
      <h1>新闻搜索</h1>
      <p>
        <label for="sel_attractions">按类型搜索:</label>
```

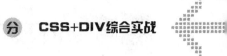

```
        <label for="sel_sports">按日期:</label>
        <select name="sel_sports" id="sel_sports" >
          <option value="" selected="selected">请选择...</option>
          <option value="#">最近 1 周</option>
          <option value="#">最近 1 月</option>
          <option value="#">最近 3 月</option>
        </select>
      </p>
    </div>
   ...
...
...
...
    <div class="panel white-right">
      <h2 class="title"> <img src="img/icons/btn_minus.gif" id="img8"
class="btnOpenClose" /> <a href="#">热点精选</a> </h2>
      <div id="sub8" style="display: block">
        <div class="content">
          <ul>
            <li>
              <h3> 2010-04-27 | <a href="#">影片《编钟》十万征片名</a> </h3>
              <div>娱乐互动资料库大奖</div>
            </li>
            <li>
              <h3> 2010-04-26 | <a href="#">XXX 白色素雅礼服惊艳格莱美 </a>
</h3>
              <div>陈坤广告扮麻辣教师展喜剧天赋</div>
            </li>
          </ul>
          <div class="more"><a href="#"><img
src="img/panels/white.news-more.gif" /></a> </div>
        </div>
        <div class="bottom">
          <div class="left"></div>
          <div class="right"></div>
        </div>
      </div>

      <div class="clearer"></div>
    </div>
  </div>
</div>
</div>
```

说明：网站主体内容较多，部分代码省略，可参照随书源代码光盘查看完整内容。

实现网站中间主体内容的样式表如下：

```
#cMain #cHeaderPic {
```

```
    background:url(../img/banner.jpg) no-repeat;
    height:231px;
    font-size:1px;
    margin-top:5px;
    }
   #cMain #cHeaderPic.winter {
    background:url(../img/snow_home.jpg) no-repeat;
    }
   #cMain #mContainer {
    margin:5px auto 0 auto;
    width:800px;
    }
   #cMain #mContainer #mLeft {
    float:left;
    width:150px;
    margin-top:5px;
    }
   #cMain #mContainer #mCenter {
    float:left;
    width:455px;
    margin-top:5px;
    margin-left:10px;
    }
   #cMain #mContainer #mRight {
    float:right;
    width:175px;
    margin-top:5px;
    }
```

21.3.3 网站底部模块实现

网站底部设计也较为简单，利用列表设计了一些快捷链接，另外还增加了版权声明信息。具体效果如下图所示。

关于我们	快速导航		合作方式	相关条文
关于我们	娱乐新闻	视频新闻	媒体合作	法律条文
关于网站	业内新闻	图片新闻	平面合作	权利和义务
关于公司	业界动态	原创节目	网络合作	隐私权保护
网站地图	八卦新闻	明星博客	友情链接	
网站帮助	小道消息	博客秀场	广告合作	
联系我们	粉丝地盘	明星日志	电台合作	

娱乐资讯网 © 2009 - 2010 保留一切权利

实现网站底部模块的代码如下：

```
   <div id="cFooter">
     <div class="line-one"> <a href="#" title="Top" class="top">返回顶部
   </a></div>
```

```
  <div class="line-two">
    <div class="col">
      <h3>关于我们</h3>
      <ul>
        <li><a href="#">关于我们</a></li>
        <li><a href="#">关于网站</a></li>
        <li><a href="#">关于公司</a></li>
        <li><a href="#">网站地图</a></li>
        <li><a href="#">网站帮助</a></li>
        <li><a href="#">联系我们</a></li>
      </ul>
    </div>
    <div class="col">
      <h3>快速导航</h3>
      <ul>
        <li><a href="#">娱乐新闻</a></li>
        <li><a href="#">业内新闻</a></li>
        <li><a href="#">业界动态</a></li>
        <li><a href="#">八卦新闻</a></li>
        <li><a href="#">小道消息</a></li>
        <li><a href="#">粉丝地盘</a></li>
      </ul>
    </div>
    <div class="col">
      <ul class="notitle">
        <li><a href="#">视频新闻</a></li>
        <li><a href="#">图片新闻</a></li>
        <li><a href="#">原创节目</a></li>
        <li><a href="#">明星博客</a></li>
        <li><a href="#">博客秀场</a></li>
        <li><a href="#">明星日志</a></li>
      </ul>
    </div>
    <div class="col">
      <h3>合作方式</h3>
      <ul>
        <li><a href="#">媒体合作</a></li>
        <li><a href="#">平面合作</a></li>
        <li><a href="#">网络合作</a></li>
        <li><a href="#">友情链接</a></li>
        <li><a href="#">广告合作</a></li>
        <li><a href="#">电台合作</a></li>
      </ul>
    </div>
    <div class="col lastcol">
      <h3>相关条文</h3>
      <ul>
        <li><a href="#">法律条文</a></li>
        <li><a href="#">权利和义务</a></li>
```

```
        <li><a href="#">隐私权保护</a></li>
      </ul>
    </div>
  </div>
  <div class="line-three"> 娱乐资讯网 &copy; 2009 - 2010 保留一切权利 </div>
</div>
```

实现网站底部内容的样式表如下：

```
#cFooter .line-one {
 width:440px;
 margin:0 auto 3px;
 padding:0 175px 0 150px;
}
#cFooter .line-one .top {
 float:right;
}
#cFooter .line-one a {
 color:#666;
}
#cFooter .line-two {
 font-size:11px;
 overflow:hidden;
 zoom:1;
 margin-top:20px;
}
#cFooter .line-two .col {
 float:left;
 width:145px;
 margin-right:10px;
}
#cFooter .line-two h3 {
 color:#36C;
 font-size:11px;
 padding:4px 0 4px 16px;
 background:url(../img/footer.arrow.gif) no-repeat 0 6px;
}
#cFooter .line-two .lastcol {
 margin-right:0;
}
…
…
#cFooter .line-three {
 text-align:center;

 padding:55px 0 0;
}
```